MATLAB 在大学数学中的应用

同济大学数学系　项家樑　主编

内容提要

在各高校中，参加各级别数学建模竞赛的学生越来越多，而MATLAB更是成为参加建模竞赛同学的极为有力的计算工具.基于此，本书着重介绍了MATLAB在大学数学的基础学科“微积分”、“线性代数”、“概率统计”中的各项应用；通过大量数学实验使读者加深了解MATLAB解决相关问题的途径和方法，并体会到MATLAB求解数学模型的强大功能.

本书提供了大量的MATLAB求解程序，这些程序均在MATLAB平台上得到验证，相信这些程序对MATLAB的初学者、参加数学建模竞赛的学生以及用MATLAB作为计算工具的科技工作者会有所帮助.

图书在版编目(CIP)数据

MATLAB在大学数学中的应用/项家樑主编. --上海：同济大学出版社，2014.8

ISBN 978-7-5608-5577-6

Ⅰ.①M… Ⅱ.①项… Ⅲ.①MATLAB软件—应用—高等数学—研究 Ⅳ.①O13-39

中国版本图书馆CIP数据核字(2014)第176651号

同济数学系列丛书

MATLAB在大学数学中的应用

同济大学数学系　项家樑　主编

责任编辑　张　莉　**责任校对**　徐春莲　**封面设计**　陈益平

出版发行　同济大学出版社　www.tongjipress.com.cn

（地址：上海市四平路1239号　邮编：200092　电话：021-65985622）

经　　销　全国各地新华书店

印　　刷　同济大学印刷厂

开　　本　787mm×1092mm　1/16

印　　张　19.75

印　　数　1-3 100

字　　数　492 000

版　　次　2014年8月第1版　2014年8月第1次印刷

书　　号　ISBN 978-7-5608-5577-6

定　　价　39.00元

前　言

传统的大学数学教学是教会学生如何求导、如何积分、如何计算逆矩阵以及方阵的特征值与特征向量等大学数学中的一些基本内容. 但是对于一些较为复杂的问题,学生往往会束手无策. 在"高等数学"课程中,我们所计算的导数、积分大多针对一些比较简单的函数,这样会让学生形成一个误解:导数和积分都是可以求出来的,只要你掌握了基本的公式和相应的方法,再加一些小小的技巧. 尽管老师们经常会说有些积分,例如,$\int \frac{\sin x}{x} dx$ 是"积不出来"的,但学生往往也不以为然,并没有意识到,实际上,能求出来的积分往往是少之又少,积分表达式稍微复杂点,可能就不能完成. 翻开众多的《线性代数》教科书,我们所看到的情况是,矩阵的阶数不超过5阶,行列式中元素的值也大多不会大于10. 而在工程技术上遇到的矩阵,其阶数高达几十,矩阵中的数据也要复杂得多. 如何面对这些实际情况,又如何加以解决,这是以往经常遇到的实际问题.

MATLAB为解决这类复杂的问题提供了一个有力的工具. 将MATLAB深入到大学数学的教学中,将复杂的问题具体化、形象化,会大大降低教学难度,也会提高学生学习数学的积极性;以MATLAB作为辅助教学手段,将数学实验融入到大学数学的多个学科中,不仅能将一些复杂问题简单化,而且能帮助学生更好地理解数学中的某些抽象问题. 例如,通过MATLAB的数据模拟,可以更好地理解大数定律和中心极限定理;同时,通过编程也提高了学生分析问题和解决问题的能力.

如今,在各高校中,参加各级别数学建模竞赛的学生越来越多,仅在同济大学,近几年参加国赛和美赛的队伍呈现两位数的增长,而MATLAB更是成为参加建模竞赛同学的极为有力的计算工具. 经验表明,熟悉MATLAB编程的参赛队,往往能在比赛中获得较好的成绩.

全书共分12章,第1—11章着重介绍MATLAB在大学数学的基础学科"微积分"、"线性代数"、"概率统计"中的各项应用;第12章着重介绍多项实验,读者除了可以加深了解MATLAB解决相关问题的途径和方法,还将体会到MATLAB求解数学模型的强大功能.

本书的最大特色是提供了大量的MATLAB求解程序,这些程序均在MATLAB平台上得到验证,相信这些程序对MATLAB的初学者、参加数学建模竞赛的学生以及用MATLAB作为计算工具的科技工作者会有所帮助;同时对正在学习大学数学课程的学生们,在用MATLAB作为辅助学习手段方面也会起到积极的推动作用.

由于时间仓促和作者水平有限,书中难免有不足之处,恳请读者批评指正.

编　者

2014年5月

目　　录

第 1 章　MATLAB 基础

MatLab(Matrix Laboratory)是一个计算功能强大、运算效率很高的优秀数学工具软件. 经过数十年的发展，MatLab 从单一的数值计算，发展成可以进行复杂的数值计算、图形处理、信号分析、工程计算、控制系统设计以及计算机仿真处理. 如今，MatLab 几乎是科研人员、工程技术人员以及其他进行数据处理的工作人员首选的计算软件. 它在各行各业都具有极大的应用价值.

1.1 启动和功能介绍

1. MatLab 的启动

在计算机上安装了 MatLab 后，如同标准的 Windows 应用软件，用户可以有多种方式进入 MatLab 的工作界面，比较典型的是在桌面上创建 MatLab 图标，双击该图标即可进入 MatLab 的工作界面. 也可以从“开始”→“程序”→MatLab. 进入 MatLab 系统，其工作界面大致如图 1-1 所示(界面随版本不同而有所不同，本书采用 MatLab R2010b).

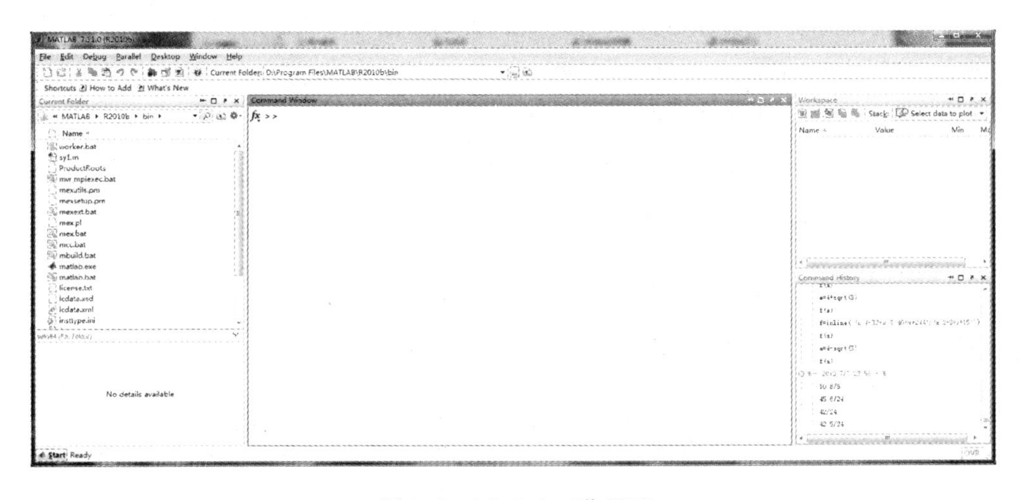

图 1-1　MatLab 工作界面

2. 功能介绍

MatLab 的操作界面中最主要的是命令窗口，在该窗口中输入简单的 MatLab 语句，即可完成相应的操作并得到对应的计算结果.

右下窗口为命令历史区,在该窗口中,系统保留了近阶段用户的操作语句,双击该语句,MatLab 即可完成对应的操作.

在历史区上方的窗口为内存变量窗口,在该窗口中,显示了用户当前正在使用的内存变量名,用户可以通过执行命令“clear”删除所有的内存变量.

1.2 简单操作

在 MatLab 的命令窗口中,输入一些简单的语句,可完成一些常用的计算.

例 1 计算 $\frac{123+(45.25-26.01)\times 15.3}{21.4}$ 的值.

操作 在命令窗口中输入表达式:(123+(45.25−26.01) * 15.3)/21.4,回车后即可得到计算值(注意括号的匹配):

```
ans=
   19.5034
```

注 若不指定内存变量,系统默认地将数据存放在名为“ans”的内存变量中.

例 2 求函数值 $e^{2.035}$.

操作 在命令窗口中输入表达式 exp(2.035)并回车即可得到计算结果:

```
ans=
   7.6523
```

注 MatLab 数值输出时默认的保留小数 4 位,此时输出形式为 format short;若要改变输出形式,在窗口中可输入语句:format long,此时 MatLab 输出的数保留小数 15 位.

例 3 画出正弦函数 $y=\sin x$ 在区间 $[0, 2\pi]$ 中对应的图形.

操作 在命令窗口中输入下面语句并回车即可得到图形.

```
x=0:pi/100:2*pi;y=sin(x);plot(x,y),grid on
```

图形如图 1-2 所示.

例 4 计算不定积分 $\int \frac{\ln^2 x}{x^2}dx$.

操作 在命令窗口中输入语句 syms x, int(log(x)^2/x^2,x)

结果为 −(log(x)^2+2*log(x)+2)/x $\left(=-\frac{\ln^2 x+2\ln x+2}{x}+C\right)$

注 ① 在 MatLab 中,对数函数 $\ln x$ 的表达式为 $\log(x)$;

② 在 MatLab下计算不定积分返回的是不带任意常数的原函数.

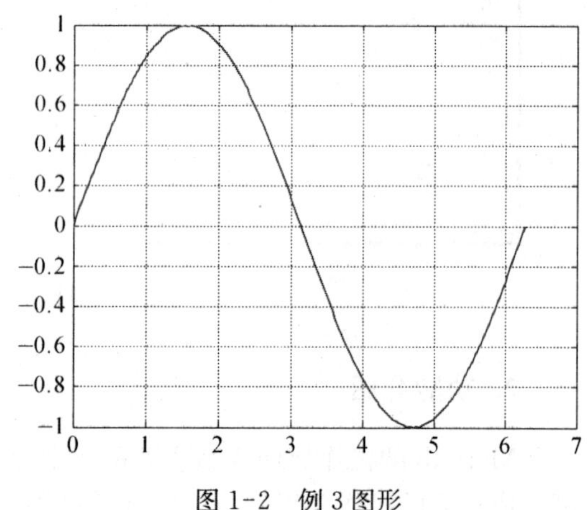

图 1-2 例 3 图形

例 5　计算定积分 $\int_0^1 \frac{x}{1+x^2}dx$.

操作　在命令窗口中输入语句 syms x，int(x/(1+x^2),0,1)

结果为 log(2)/2 $\left(=\frac{1}{2}\ln 2\right)$

例 6　计算二重积分 $\iint_D \frac{x^2}{y^2}d\sigma$，其中，$D$ 是由 $y=x$，$y=\frac{1}{x}$，$x=2$ 所围成的区域.

操作　输入语句 syms x y，int(int(x^2/y^2,y,1/x,x),x,1,2)

结果为　9/4

例 7　求级数 $\sum_{n=1}^{+\infty}\frac{1}{n^2}$ 的和.

操作　输入语句:syms n,symsum(1/n^2,n,1,inf)

结果为　pi^2/6 $\left(=\frac{\pi^2}{6}\right)$

例 8　设 3 阶实对称矩阵 $\boldsymbol{A}=\begin{pmatrix}2 & -2 & 0\\ -2 & 1 & -1\\ 0 & -1 & -4\end{pmatrix}$，求矩阵 $\boldsymbol{A}$ 的特征值与矩阵 $\boldsymbol{P}$，使 $\boldsymbol{P}^{-1}\boldsymbol{AP}=\boldsymbol{\Lambda}$，这里 $\boldsymbol{\Lambda}$ 是由 $\boldsymbol{A}$ 的特征值所构成的对角阵，即 $\boldsymbol{\Lambda}=\mathrm{diag}\{\lambda_1, \lambda_2, \cdots, \lambda_n\}$.

操作　首先定义矩阵. 在提示符下输入语句　A=[2 −2 0;−2 1 −1;0 −1 −4]

结果为 A=

```
     2    -2     0
    -2     1    -1
     0    -1    -4
```

再输入语句　[P,D]=eig(A)

结果为

```
P=
    0.0685   -0.6271    0.7759
    0.2130   -0.7506   -0.6255
    0.9746    0.2081    0.0822
D=
   -4.2186         0         0
         0   -0.3937         0
         0         0    3.6123
```

此说明矩阵 $\boldsymbol{A}$ 的特征值为分别为 $\lambda_1=-4.2186$，$\lambda_2=-0.3937$，$\lambda_3=3.6123$.

为验证矩阵关系 $\boldsymbol{P}^{-1}\boldsymbol{AP}=\boldsymbol{\Lambda}$，在命令窗口中输入语句:inv(P) * A * P

结果为

ans=

```
  -4.2186    0.0000   0.0000
   0.0000   -0.3937   0.0000
   0.0000    0.0000   3.6123
```

例 9 设 $X \sim N(1, 5.5)$,求 $P(-0.6 < X < 3.24)$.

操作 输入语句

```
mu=1.5;sigma=sqrt(5.5);p=normcdf(3.24,mu,sigma)-normcdf(-0.6,mu,sigma)
```

结果为 p=0.5857

上述几个例子说明了 MatLab 在"微积分"、"线性代数"、"概率统计"等多个学科中的具体应用. 事实上,MatLab 不仅在这些学科中有着广泛的应用,它在数值分析、微分方程求解、数学模型求解及计算机仿真模拟等计算中有着广泛的应用. 尤其是在数学建模过程中,它几乎是参加数学建模竞赛学生的必备工具.

1.3 常用菜单命令功能介绍

1. 窗口中的字体设置

打开"File"下拉式菜单,选择"Preferences...",进入 Preferences 对话框再进行相关操作. 例如,欲将命令窗口中的字体设置为"Times New Roman"10 号字体,可在左侧列表中选择"Font"(字体),再选择"custom",然后在中间窗口中选择"Command Windows",在右侧的下拉式列标中分别选择"Times New Roman"及"10",相应的窗口结果如图 1-3 所示.

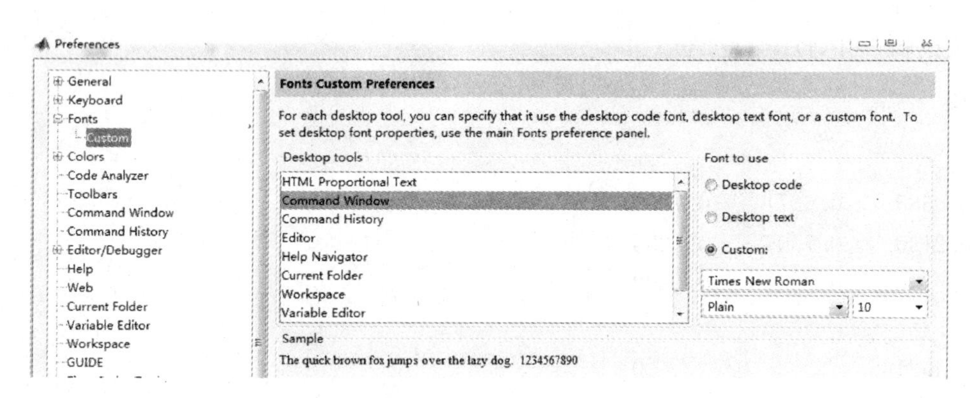

图 1-3 窗口结果(1)

最后单击"Ok"按钮,完成操作.

再如,若要改变"Command Window"下数值的输出格式,可以通过"File"下的菜单命令 Preferences,然后选择"Numeric format"下的选项,见图 1-4.

确认后即可改变输出形式.

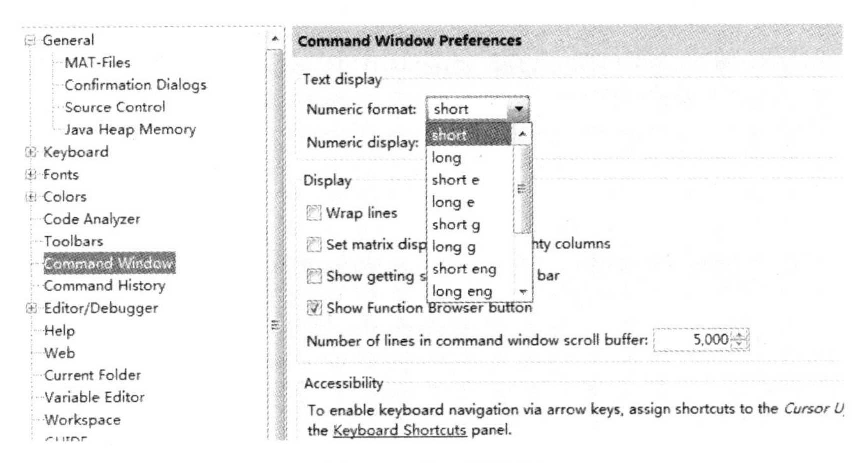

图 1-4　窗口结果(2)

2. MatLab 的路径设置

路径的概念　对在命令窗口输入的某一字符串或在程序文件中出现的字符串,MatLab 先检查该字符串是否为当前正在使用的内存变量名.若是某一内存变量名,则执行对该变量的相关操作,否则按照 MatLab 设置的工作路径去寻找该文件名,找到后加载并运行,否则显示“??? Undefined function or variable”.

用户可以通过菜单操作,将新路径添加到 MatLab 的路径列表中.

例 10　将桌面“Desktop”添加到 MatLab 的路径列表中,并置于顶层.

操作　打开“File”下拉式菜单,选择“Add folder...”,选择“桌面”,最后单击“Save”按钮,即可将“C:\...\Desktop”文件夹保存到路径列表中,如图 1-5 所示.

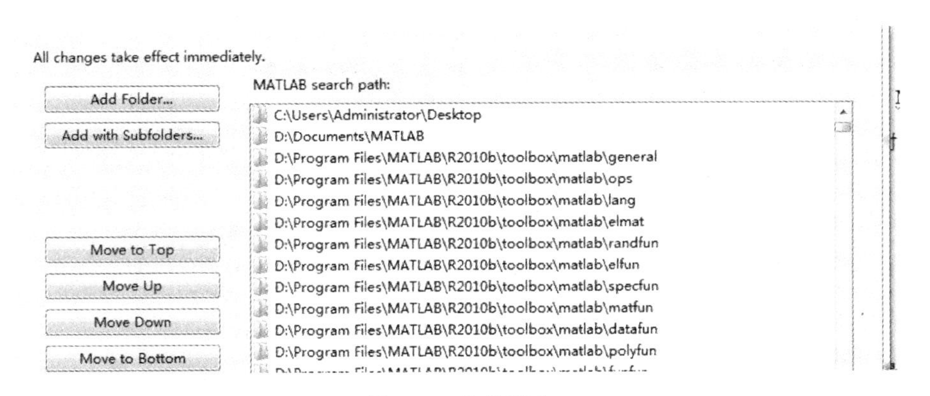

图 1-5　路径列表

3. “Help”的使用

MatLab 提供了功能十分强大的帮助系统,通过该系统,用户可以比较深入地了解有关操作、函数的意义、函数中的语法及使用方法.

(1) 方法 1

在命令窗口中输入“help”,进入帮助主题,然后寻找相关内容.

(2) 方法2

使用帮助导航.在命令窗口中,选择"help"(图1-6),可以选择"Product Help"也可选择"Function Browser"进入下一窗口.

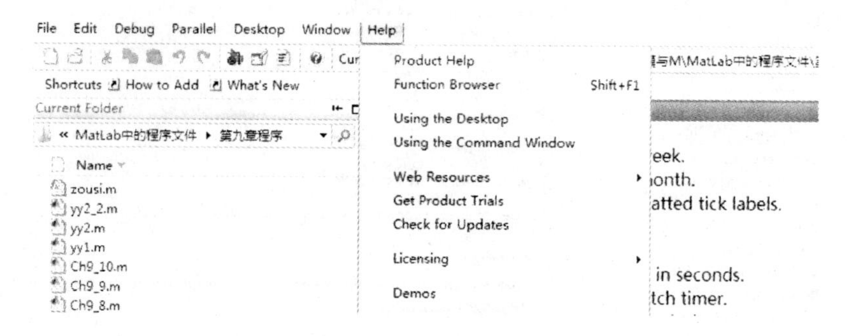

图1-6 "help"页面

例如,寻找"plot"功能.

操作如下:在"Function Browser"输入"plot"(图1-7),再选择第二项,打开下一级目录(图1-8).

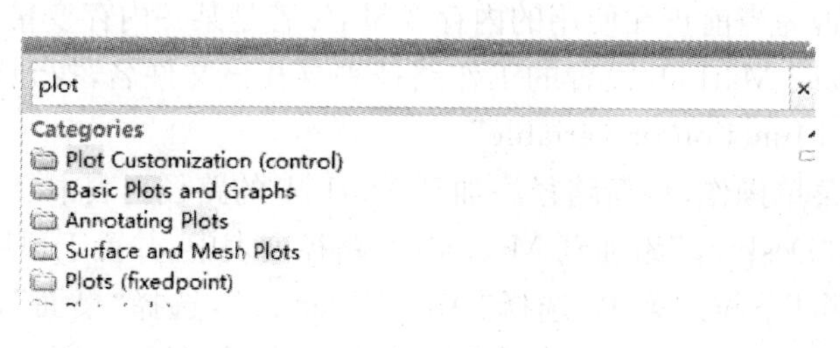

图1-7 "plot"功能

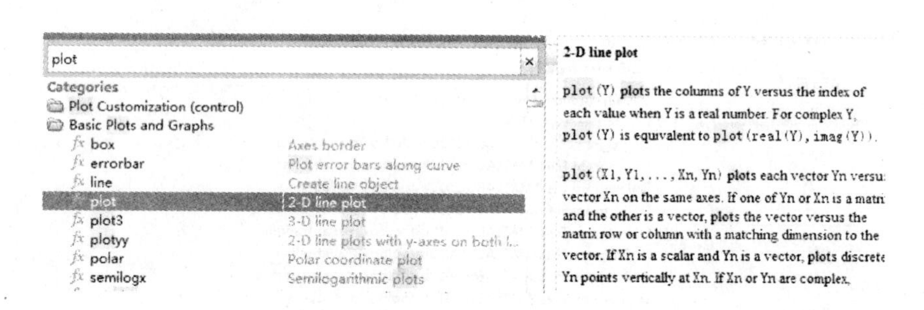

图1-8 下一级目录

若要查看更多信息,可选择右上角的"More help".

(3) 方法3

直接在命令窗口中输入"help"关键字,例如,输入"help plot",则进入上面窗口.

例11 查询函数"Sum"的功能,并对矩阵$\boldsymbol{A}=\begin{bmatrix}1 & 2 & 3\\4 & 5 & 6\end{bmatrix}$查看执行sum(A),sum(A,1),sum(A,2)的结果.

操作 在命令窗口中输入:A=[1 2 3;4 5 6](建立矩阵$\boldsymbol{A}$);再执行语句:

```
sum(A),sum(A,1),sum(A,2)
```

结果依次为

```
ans=
    5     7     9
ans=
    5     7     9
ans=
    6
    15
```

注意结果的差别.

理解某一函数的具体功能的最好办法,即是完成相应的操作,以体会其具体作用(表 1-1—表 1-5). 强调:MatLab 严格区分大小写!

表 1-1　　预定义变量名表

变量名	意义	变量名	意义
ans	系统默认的赋值变量	i, j	虚数单位
pi	圆周率的近似值	eps	机器中最小正数
realmax	最大浮点数	nargin	输入的参数个数
realmin	最小浮点数	nargout	输出的参数个数
inf	正无穷大	lasterr	最新出错信息
nan, NaN	不定值	lastwarn	最新警告信息

表 1-2　　常用数学函数

函数名	意义	函数名	意义	函数名	意义
sin	正弦函数	atanh	反双曲正切函数	conj	共轭复数
cos	余弦函数	sqrt	平方根函数	mod	模运算
tan	正切函数	log	自然对数函数	rem	取余数
asin	反正弦函数	log10	常用对数函数	round	四舍五入
acos	反余弦函数	log2	以 2 为底的对数	fix	向零方向取整
atan	反正切函数	exp	自然指数函数	ceil	向正无穷方向取整
sinh	双曲正弦函数	pow2	以 2 为底的指数	floor	向负无穷方向取整
cosh	双曲余弦函数	abs	绝对值函数	sign	符号函数
tanh	双曲正切函数	real	复数的实部	gcd	最大公因子
asinh	反双曲正弦函数	imag	复数的虚部	lcm	最小公倍数
acosh	反双曲余弦函数	angle	复数的辐角		

表 1-3 逻辑运算符

<table>
<tr><th>运算符</th><th>意 义</th></tr>
<tr><td>&</td><td>逻辑与 当操作数都取1时,运算结果为1,否则为零</td></tr>
<tr><td>|</td><td>逻辑或 当操作数都取零时,运算结果为零,否则为1</td></tr>
<tr><td>~</td><td>逻辑非 单目运算符</td></tr>
</table>

表 1-4 关系运算符号

运算符	意义	运算符	意义
>	大于	<	小于
>=	大于等于	<=	小于等于
==	等于	~=	不等于

表 1-5 MatLab中的输出格式

符号	意义	符号	意义
short	保留4位小数	short g	在short和short e中自动选择
long	保留15位小数	long g	在long和long e中自动选择
short e	科学计数法,保留4位小数	bank	银行格式
long e	科学计数法,保留15位小数	hex	十六进制表示

第1章练习

1. 计算下列数值.

(1) $\ln 2.35$;

(2) $\sin\frac{2\pi}{5}$;

(3) $\arctan 2$;

(4) $\frac{\sqrt{1+\ln 2}-\cos\frac{\pi}{4}}{4+e^3}$.

2. 在同一窗口中作出函数 $y=x^2$, $y=x^3(-1\leqslant x\leqslant 1)$ 的图形.

3. 求下列表达式的和.

(1) $\sum_{n=1}^{100}\frac{(-1)^{n-1}}{n2^n}$;

(2) $\sum_{n=1}^{\infty}\frac{2^n}{n3^{n-1}}$.

4. 求下列积分.

(1) $\int x\sin(2x+1)\mathrm{d}x$;

(2) $\int_1^3 x\sqrt{2x-1}\mathrm{d}x$.

5. 求行列式 $\begin{vmatrix} 2 & 1 & 3 & 5 \\ -1 & 2 & 7 & 6 \\ 8 & 1 & 2 & 5 \\ 9 & 5 & 6 & 3 \end{vmatrix}$ 的值.

6. 求矩阵 $\boldsymbol{A} = \begin{pmatrix} 3 & 1 & 1 \\ 1 & 3 & 1 \\ 1 & 1 & 3 \end{pmatrix}$ 的逆.

7. 利用帮助系统,了解函数 fix, ceil, floor 的功能,并完成下表.

函　数	3.25	−6.57	5.0	2.36−4.23i	−1.2+3.5j
fix					
ceil					
floor					

第 2 章　矩阵与矩阵运算

在数学的各个分支或是工程技术中的许多方面,矩阵都占有很重要的地位.本章将详细介绍 MatLab 矩阵运算的多种方式.

2.1 定义矩阵

格式　$\mathbf{A}=[a_{11}, a_{12}, \cdots, a_{1n}; a_{21}, \cdots, a_{2n}; \cdots, a_{mn}]$

功能　定义矩阵 $\mathbf{A}=(a_{ij})_{mn}$.

例 1　定义矩阵 $\mathbf{A}=\begin{pmatrix}1 & 2 & 3 & 4\\ 5 & 6 & 7 & 8\\ 9 & 10 & 11 & 12\end{pmatrix}$.

操作　在命令窗口中输入　A=[1 2 3 4;5 6 7 8;9 10 11 12]

结果为

```
A=
    1    2    3    4
    5    6    7    8
    9   10   11   12
```

也可用冒号表达式定义向量或矩阵.

格式　$a=n_1:k:n_2$

这里 n_1 表示初始值,n_2 表示终止值,k 称为步长,默认值 $k=1$.

例如,下面语句表示建立一个以 1 为初始值,20 为终止值,步长为 2 的向量并存于内存变量 a 中.

输入语句　a=1:2:20

结果为　a=1　3　5　7　9　11　13　15　17　19.

利用冒号表达式可简化矩阵输入.

例 2　输入语句　A=[1:4,2:3:15;3.5:2:20]

结果为

```
A=
   1.0000   2.0000   3.0000   4.0000   2.0000   5.0000   8.0000  11.0000
   3.5000   5.5000   7.5000   9.5000  11.5000  13.5000  15.5000  17.5000
  19.5000
```

MatLab 的几个常用矩阵函数如表 2-1 所示.

表 2-1　常用矩阵函数

函数名	格　式	结　　果
magic	magic(n)	产生 n 阶魔方阵
zeros	zeros(m, n)	产生 $m \times n$ 阶的零阵
eye	eye(m, n)	产生 $m \times n$ 阶的单位阵
ones	ones(m, n)	产生 $m \times n$ 阶的元素全为 1 的矩阵
diag	diag(a)	产生以 $a = (a_1, \cdots, a_n)$ 为对角线元素的对角阵
rand	rand(m, n)	产生 $m \times n$ 的随机矩阵,其列元素服从 (0, 1) 区间上的均匀分布
vander	vander(V)	范德蒙德矩阵,其中,$\boldsymbol{V}$ 是基础向量
hilb	hilb(n)	产生 n 阶的希尔伯特矩阵

注　① 在 MatLab 中,单位阵不一定为方阵;

② 范德蒙德矩阵和线性代数中的范德蒙德矩阵的表达式有所不同;

③ 在 $n(n > 2)$ 阶魔方阵中,其行和、列和及两条对角线元素的和均为常数;

④ 对 diag 函数,若 a 为向量,则生成一个以 a 中元素为对角线元素的对角阵;若 a 为矩阵,则生成一个以 a 的对角线元素所构成的一个向量.

注意下面操作的差别:

```
≫ a=[1 2 3 4];A=diag(a)
≫ a=magic(5),diag(a)
≫ a=magic(5),diag(diag(a))
```

例 3　产生 4×5 的单位矩阵.

操作　在命令窗口中输入　A=eye(4,5)

结果为

```
A=
    1    0    0    0    0
    0    1    0    0    0
    0    0    1    0    0
    0    0    0    1    0
```

2.2 矩阵运算及矩阵运算函数

也如同线性代数一样,对应矩阵可以引入矩阵间的相应运算:$\boldsymbol{A} \pm \boldsymbol{B}$,$\boldsymbol{A} \times \boldsymbol{B}$ 等(当运算有意义时),如表 2-2 所示.

表 2-2　　矩阵运算

运算	功　能
$\boldsymbol{A}+\boldsymbol{B}$	矩阵 $\boldsymbol{A}$ 与 $\boldsymbol{B}$ 的加法
$\boldsymbol{A}*\boldsymbol{B}$	矩阵 $\boldsymbol{A}$ 与 $\boldsymbol{B}$ 的乘法
$\boldsymbol{A}+m$	矩阵 $\boldsymbol{A}$ 中每个元素都加常数 m
$\boldsymbol{A}$^ n	方阵 $\boldsymbol{A}$ 的 n 次幂
$\boldsymbol{A}/\boldsymbol{B}$	$\boldsymbol{A}\boldsymbol{B}^{-1}$
$\boldsymbol{A}\backslash\boldsymbol{B}$	$\boldsymbol{A}^{-1}\boldsymbol{B}$
polyvalm(P, $\boldsymbol{A}$)	矩阵 $\boldsymbol{A}$ 的多项式，这里 P 为由系数向量确定的多项式

在矩阵运算中，“点”运算是个重要运算，它表达的是对应元素间的操作. 主要有点乘、点除、点幂次方等.

例 4　设 $\boldsymbol{\alpha}=(3,2,2)$，$\boldsymbol{\beta}=(2,3,-3)$，求 $\alpha.*\beta$; $\alpha./\beta$; $\alpha.$^ 2; $\alpha.$^ β.

操作　在命令窗口中输入：a=[3,2,2];b=[2,3,-3];a.*b,a./b,a.^2,a.^b

结果依次为

```
ans=
   6     6    -6
ans=
   1.5000    0.6667    -0.6667
ans=
   9     4     4
ans=
   9.0000    8.0000    0.1250
```

例 5　设矩阵 $\boldsymbol{A}=(a_{ij})$ 为 4 阶魔方阵，多项式 $f(x)=2x^3-3x^2+4$，求矩阵多项式 $\boldsymbol{B}=f(\boldsymbol{A})$ 及每个元素的多项式所对应的矩阵 $\boldsymbol{C}=(f(a_{ij}))$.

操作　在命令窗口中输入下列语句：

```
p=[2 -3 0 4];              %定义多项式
A=magic(4);
B=polyvalm(p,A)            %计算矩阵多项式
C=polyval(p,A)             %计算矩阵中每个元素的多项式值对应的矩阵
```

结果为

```
B=
     19821     17841     17929     19553
     18321     19117     18977     18729
     18889     18497     18317     19441
     18113     19689     19921     17421
```

```
C=
    7428        8       31     3891
     179     2303     1704      836
    1219      543      328     3028
      84     4904     6079        3
```

另有一些常用的矩阵数值计算函数如表 2-3 所示.

表 2-3　　**矩阵数值计算函数**

函　数	功　　能
sum(A)	求矩阵 **A** 列元素的和,返回行向量
mean(A)	求矩阵 **A** 列元素的平均值,返回行向量
median(A)	求矩阵 **A** 列元素的中位数,返回行向量
std(A)	求矩阵 **A** 的列元素的标准差,返回行向量
trace(A)	求方阵 **A** 的迹
eig(A)	求方阵 **A** 的特征值和线性无关的特征向量
det(A)	求方阵 **A** 的行列式
inv(A)	求方阵 **A** 的逆
rank(A)	求矩阵 **A** 的秩
diag(A)	取方阵 **A** 的对角线元素,返回向量
cumsum(α)	求向量 $\boldsymbol{\alpha}$ 的累和
cumprod(α)	求向量 $\boldsymbol{\alpha}$ 的累积
rot90(A, k)	对矩阵 **A** 按逆时针方向旋转 $k \times 90°$

2.3 矩阵元素操作

设矩阵 $\boldsymbol{A} = (a_{ij})$,注意下列操作的意义:

$A(i, j)$　　元素 a_{ij}

$A(i, :)$　　矩阵中第 i 行

$A(:, j)$　　矩阵中第 j 列

$A(i_1 : i_2, j)$　　$\boldsymbol{A}$ 中第 j 列中从第 i_1 到第 i_2 个的元素

例 6　设矩阵 **A** 为 4 阶魔方阵,完成下列操作.

(1) 将 $a_{14} - 1$;

(2) 第三行的元素扩大 3 倍;

(3) 将第一、第二列的元素予以交换;

(4) 求两对角线元素的和;

(5) 先将向量 (1, 1, 1, 1) 追加到矩阵 **A** 的第五行,再将向量 $(1, 0, 0, 0, 0)^T$ 追加到新矩阵的第五列.

操作

```
A=magic(4);
B=A;B(1,4)=B(1,4)-1;
C=A;C(3,:)=3*C(3,:);                          %第三行扩大3倍
D=A;s=D(:,1);D(:,1)=D(:,2);D(:,2)=s;          %交换第一和第二列的元素
a=trace(A);E=rot90(A);b=trace(E);             %求两对角线元素的和
c=[1 1 1 1];d=[1,0 0 0 0]';
F=[A;c];F=[F,d];                              %添加行和列
```

各项结果依次为

```
A=
    16    2    3   13
     5   11   10    8
     9    7    6   12
     4   14   15    1
B=
    16    2    3   12
     5   11   10    8
     9    7    6   12
     4   14   15    1
C=
    16    2    3   13
     5   11   10    8
    27   21   18   36          (比矩阵A的第三行扩大3倍)
     4   14   15    1
D=
     2   16    3   13
    11    5   10    8
     7    9    6   12
    14    4   15    1          (交换前二列的元素)
    a=34,b=34                  (对角线元素的和)
```

例7 用克拉默法则求解方程组.

$$\begin{cases} x_1+x_2+x_3+x_4=5, \\ x_1+2x_2-x_3+4x_4=-2, \\ 2x_1-3x_2-x_3-5x_4=-2, \\ 3x_1+x_2+2x_3+11x_4=0. \end{cases}$$

操作

```
A=[1 1 1 1;1 2 -1 4;...
    2 -3 -1 -5;3 1 2 11];
```

```
b=[5 -2 -2 0]';
d=det(A);
B=A; B(:,1)=b;d1=det(B);x1=d1/d;
B=A; B(:,2)=b;d2=det(B);x2=d2/d;
B=A; B(:,3)=b;d3=det(B);x3=d3/d;
B=A; B(:,4)=b;d4=det(B);x4=d4/d;
x=[x1 x2 x3 x4]; disp(x)
```

结果为　1.0000　　2.0000　　3.0000　 -1.0000

即方程的解为 $x_1=1$，$x_2=2$，$x_3=3$，$x_4=-1$.

注　上例中可看到许多语句是重复的，由此启发我们去寻找比较简单的描述来完成相应的操作，这就是程序文件中的流程控制. 第3章将详细讨论 MatLab 中的流程控制问题.

例8　(1) 产生一个10阶的随机矩阵 **A**，其中的元素为[120，150]中的随机整数；

(2) 将 A 的主对角线上的元素分别加 10，20，…，100；

(3) 将矩阵 **A** 的第1～5行分别乘以 1，2，3，4，5；

(4) 对矩阵 **A** 进行行变换：从第一行开始，每行减后一行.

操作

```
A=fix(30*rand(10))+120;                    %产生相应的随机数
B=diag(diag(A));A1=A-B;
C=10*[1:10];C=diag(C);
A2=A+C;                                    %对角线元素分别加10，20，...，100；
a=[1:5,ones(1,5)];C=diag(a);A3=C*A2;       %第i行乘i
a=ones(1,10);b=-1*ones(1,9);
C=diag(a)+diag(b,1);
B=C*A3;                                    %前一行减后一行
```

一个可能的结果为

```
A=
    142   124   126   147   128   131   142   148   138   124
    146   145   148   142   132   137   142   122   127   127
    127   125   140   144   145   144   131   135   133   141
    123   135   148   137   138   123   132   135   145   131
    126   149   133   143   149   144   148   122   125   149
    130   130   148   129   126   145   137   147   129   149
    128   121   120   126   144   130   145   146   134   139
    147   126   138   129   140   132   128   133   130   145
    121   131   144   137   127   137   138   143   143   132
    137   130   126   144   134   141   137   124   149   138
A2=
    152   124   126   147   128   131   142   148   138   124
```

```
    146   165   148   142   132   137   142   122   127   127
    127   125   170   144   145   144   131   135   133   141
    123   135   148   177   138   123   132   135   145   131
    126   149   133   143   199   144   148   122   125   149
    130   130   148   129   126   205   137   147   129   149
    128   121   120   126   144   130   215   146   134   139
    147   126   138   129   140   132   128   213   130   145
    121   131   144   137   127   137   138   143   233   132
    137   130   126   144   134   141   137   124   149   238
```

(注意对角线元素的变化)

```
A3=
    152   124   126   147   128   131   142   148   138   124
    292   330   296   284   264   274   284   244   254   254
    381   375   510   432   435   432   393   405   399   423
    492   540   592   708   552   492   528   540   580   524
    630   745   665   715   995   720   740   610   625   745
    130   130   148   129   126   205   137   147   129   149
    128   121   120   126   144   130   215   146   134   139
    147   126   138   129   140   132   128   213   130   145
    121   131   144   137   127   137   138   143   233   132
    137   130   126   144   134   141   137   124   149   238
```

(注意前五行元素的变化)

```
B=
   -140   -206   -170   -137   -136   -143   -142    -96   -116   -130
    -89    -45   -214   -148   -171   -158   -109   -161   -145   -169
   -111   -165    -82   -276   -117    -60   -135   -135   -181   -101
   -138   -205    -73     -7   -443   -228   -212    -70    -45   -221
    500    615    517    586    869    515    603    463    496    596
      2      9     28      3    -18     75    -78      1     -5     10
    -19     -5    -18     -3      4     -2     87    -67      4     -6
     26     -5     -6     -8     13     -5    -10     70   -103     13
    -16      1     18     -7     -7     -4      1     19     84   -106
    137    130    126    144    134    141    137    124    149    238
```

(前行减后行的结果)

2.4 矩阵的指数运算和开方运算

1. 矩阵的指数运算

矩阵的指数运算如同矩阵的多项式运算，分为对矩阵元素的指数运算和对矩阵的指数运算.

(1) 矩阵元素的指数运算

格式 exp(A)

功能 对矩阵中的每个元素求相应的指数形成新矩阵.

例 9 设 $\boldsymbol{A}=\begin{pmatrix}1 & 2 & 3\\ -1 & -2 & -3\end{pmatrix}$,求 $\exp(\boldsymbol{A})$.

输入语句 A=[1 2 3;-1 -2 -3],exp(A)

结果
```
2.7183    7.3891    20.0855
0.3679    0.1353    0.0498
```

再输入 B=[exp(1) exp(2) exp(3);exp(-1) exp(-2) exp(-3)]

结果为

```
B=
   2.7183     7.3891      20.086
  0.36788    0.13534    0.049787
```

(2) 矩阵的指数运算

格式 expm(A)

功能 求矩阵 $\boldsymbol{A}$ 的指数运算

$$e^{A}=\sum_{n=0}^{+\infty}\frac{1}{n!}\boldsymbol{A}^{n}.$$

例 10 设 $\boldsymbol{A}=\begin{pmatrix}2 & -2 & 0\\ -2 & 1 & -2\\ 0 & -2 & 0\end{pmatrix}$,求 expm(A)并加以验证.

输入下面语句

```
A=[2 -2 0;-2 1 -2;0 -2 0];
e1=expm(A);
[v,d]=eig(A);
e2=v*diag(exp(diag(d)))/v;
disp(e1);disp(e2)
```

结果为

```
  25.4890   -23.6317    10.9549
 -23.6317    24.6280   -12.6768
  10.9549   -12.6768     7.3347

  25.4890   -23.6317    10.9549
 -23.6317    24.6280   -12.6768
  10.9549   -12.6768     7.3347
```

说明两个运算结果相同.

2. 矩阵的开方运算

矩阵的开方运算也分为矩阵元素的开方运算及矩阵的开方运算.

(1) 矩阵元素的开方运算

格式 sqrt(A)

功能 对矩阵中的每个元素作相应的开方运算形成新矩阵.

例 11 设 $\boldsymbol{A}=\begin{pmatrix}2&-2&0\\-2&1&-2\\0&-2&0\end{pmatrix}$, 求 sqrt(A).

输入语句 A=[2 -2 0;-2 1 -2;0 -2 0],B=sqrt(A),B.*B

结果为

```
A=
     2    -2     0
    -2     1    -2
     0    -2     0

B=
     1.4142    0+1.4142i            0
0+1.4142i         1.0000    0+1.4142i
          0    0+1.4142i            0

ans=
   2.0000   -2.0000         0
  -2.0000    1.0000   -2.0000
        0   -2.0000         0
```

(2) 矩阵的开方运算

格式 sqrtm(A)

功能 求矩阵 $\boldsymbol{B}$ 满足 $\boldsymbol{B}*\boldsymbol{B}=\boldsymbol{A}$.

例 12 设 $\boldsymbol{A}=\begin{pmatrix}2&-2&0\\-2&1&-2\\0&-2&0\end{pmatrix}$, 求 sqrtm(A).

输入语句 A=[2 -2 0;-2 1 -2;0 -2 0],B=sqrtm(A),B*B

结果为

```
A=
     2    -2     0
    -2     1    -2
     0    -2     0
```

```
B=
   1.3333+0.1571i  -0.6667+0.3143i   0.0000+0.3143i
  -0.6667+0.3143i   1.0000+0.6285i  -0.6667+0.6285i
   0.0000+0.3143i  -0.6667+0.6285i   0.6667+0.6285i
ans=
   2.0000+0.0000i  -2.0000+0.0000i  -0.0000+0.0000i
  -2.0000+0.0000i   1.0000-0.0000i  -2.0000-0.0000i
  -0.0000+0.0000i          -2.0000   0.0000+0.0000i
```

值得注意的是，若 $\boldsymbol{A}$ 是对称正定阵，B=sqrtm(A)也是对称正定阵. 此时 $\boldsymbol{B}$ 的特征值恰为 $\boldsymbol{A}$ 的特征值的算术平方根.

例 13　设 $\boldsymbol{A}=\begin{pmatrix} 1 & -1 & 2 & 1 \\ -1 & 3 & 0 & -3 \\ 2 & 0 & 9 & -6 \\ 1 & -3 & -6 & 19 \end{pmatrix}$，求 sqrtm(A).

输入语句

```
A=[1 -1 2 1;-1 3 0 -3;2 0 9 -6;1 -3 -6 19];
[v,d1]=eig(A);
B=sqrtm(A);c=eig(B);
B1=sqrt(d1);
disp(c),disp(B1)
```

结果为

```
c=
    0.2537
    1.4973
    2.7376
    4.7116
B1=
    0.2537        0        0        0
         0   1.4973        0        0
         0        0   2.7376        0
         0        0        0   4.7116
```

验证了上面的结论.

第 2 章练习

1. 设 $\boldsymbol{A}$ 为四阶魔方阵，求 $\boldsymbol{A}$ 的转置矩阵，$\boldsymbol{A}$ 的逆阵，$\boldsymbol{A}$ 的秩，$\boldsymbol{A}$ 的行列式，$\boldsymbol{A}^5$ 及由所有元素的 5 次幂构成的四阶矩阵.

2. 定义 $\boldsymbol{A}$ 为五阶魔方阵，完成下列操作：

(1) 取出 $\boldsymbol{A}$ 的对角线元素,以这些元素构成一个五阶的对角阵;

(2) 取出 $\boldsymbol{A}$ 的负对角线元素,以这些元素构成一个五阶的对角阵;

(3) 将矩阵 $\boldsymbol{A}$ 分解成一个下三角矩阵和一个上三角矩阵(对角线的元素为零)的和.

(4) 生成一个 1×5 的零向量,将该向量放在矩阵 $\boldsymbol{A}$ 的最后行;

(5) 生成一个 6×1 的元素均为 3 的列向量,将该向量放在矩阵 $\boldsymbol{A}$ 的第四列,原来矩阵相应的列向后移一列.

3. 产生一个 10 阶的随机矩阵,其元素为 [100, 500] 中的整数,完成下列操作:

(1) 对角线元素均加 200;

(2) 将 $\boldsymbol{A}$ 中的第一行元素与 $\boldsymbol{A}$ 中的第一列元素作交换;

(3) 在 $\boldsymbol{A}$ 中的第一行找最大数,然后将该矩阵的对角线的元素均减该数.

4. 设 $\boldsymbol{A}=\begin{pmatrix} 1 & 2 & -1 & 3 \\ 2 & 2 & 4 & 1 \\ 6 & 3 & 5 & 9 \\ -3 & 4 & -7 & 5 \end{pmatrix}$, $\boldsymbol{B}=\begin{pmatrix} 2 & 2 & 4 & 7 \\ -3 & 7 & 5 & 6 \\ 3 & 8 & 2 & 4 \\ -8 & -6 & 7 & 5 \end{pmatrix}$, 求

(1) $\boldsymbol{A}\times\boldsymbol{B}$, $\boldsymbol{B}\times\boldsymbol{A}$;　　(2) $\boldsymbol{A}.\times\boldsymbol{B}$, $\boldsymbol{A}^{-1}\boldsymbol{B}$, $\boldsymbol{B}\boldsymbol{A}^{-1}$;

(3) $\boldsymbol{A}/\boldsymbol{B}$, $\boldsymbol{A}\backslash\boldsymbol{B}$;　　(4) $\boldsymbol{A}.\wedge\boldsymbol{B}$.

5. 用克拉默法则求解方程组.

$$\begin{cases} x_1+x_2+x_3+x_4=1, \\ 2x_1+3x_2+4x_3+5x_4=-1, \\ 4x_1+9x_2+16x_3+25x_4=1, \\ 8x_1+27x_2+64x_3+125x_4=-1. \end{cases}$$

6. 设 $\boldsymbol{A}=\begin{pmatrix} 1 & 1 & 1 & 1 \\ 1 & 2 & -1 & 4 \\ 2 & -3 & -1 & -5 \\ 3 & 1 & 2 & 11 \end{pmatrix}$, 求 $\boldsymbol{A}$ 的迹、$\boldsymbol{A}$ 的特征值和对应的特征向量.

第 3 章　MATLAB 的程序设计

在命令窗口中输入相关语句后，可以得到对应的计算结果，但这样的处理还是比较麻烦，尤其是在语句出现输入错误时，重新输入会带来较多麻烦，在处理大型问题时，这样的处理方式显然不行. 如同其他高级语言，MatLab 也可将相应的语句存放到某一文件中，运行相应的语句可以通过运行该文件加以实现，这就是 MatLab 的程序文件.

MatLab 的程序文件是在 MatLab 环境下运行的文件，通过文件的运行，完成一系列的计算，从而满足用户的要求. MatLab 的程序文件的扩展名均为“. m”，故又称为 M 文件. MatLab 的程序文件分为两类：函数文件和脚本文件. 脚本文件可在命令窗口中直接运行，而函数文件在运行时要赋予相应的参数.

相对于其他环境下的高级语言，MatLab 的语句显得比较简单，对变量的使用也比较宽松，语言风格类似于 C 语言，因此，对学过 C 和 C++ 的人来说更容易上手.

3.1 建立一个程序文件

(1) 在主窗口中的菜单栏上(图 3-1)，打开 File 菜单项，选择“new”，再选择脚本文件或函数文件，进入程序编辑窗口. 或者单击菜单条上的新建文件图标进入编辑器窗口.

图 3-1　菜单栏

(2) 在编辑器窗口中，按照程序的目的和设计要求编写相应的 MatLab 语句. 语句必须遵从 MatLab 的风格，并充分注意流程控制，语句尽可能简单明了，必要时增加相应的说明语句以增加程序的可读性(图 3-2).

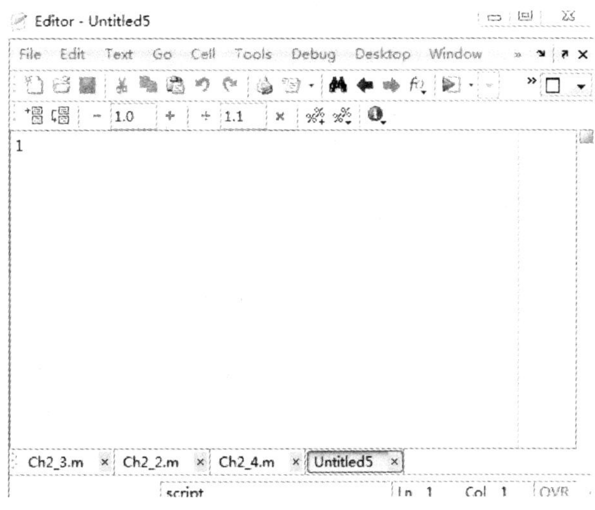

图 3-2　编辑窗口

(3) 编写完毕后注意存盘，存盘过程中给文件起一个合法的文件名. 注意：MatLab 的合法文件名必须以字符开始. 尤其是对于 MatLab 的新手而言，要引起足够的重视.

(4) 在命令窗口中，输入程序文件名即可运行该程序；若该程序为函数文件,则按要求输入相应的参数. 对脚本文件,也可在编辑窗口的菜单条上,单击“save and run”图标,即可运行该程序(函数文件不能以此方法运行).

3.2 文件的分类

MatLab 的程序文件按运行方式分为函数文件(Function File)和脚本文件(Script File).

1. 函数文件

MatLab 的函数文件的特征是具有参数的输入和输出,其参数可以是一个数或是向量. 在函数体中通过对输入参数的运算和操作,完成程序达到的目标,最后输出参数. 在主窗口的“File”下选择“New”→“Function”进入函数文件编辑窗口,在该窗口中输入相应的语句,最后存盘退出. 在 MatLab 中,函数文件名与函数名保持一致(默认). 其界面如图 3-3 所示.

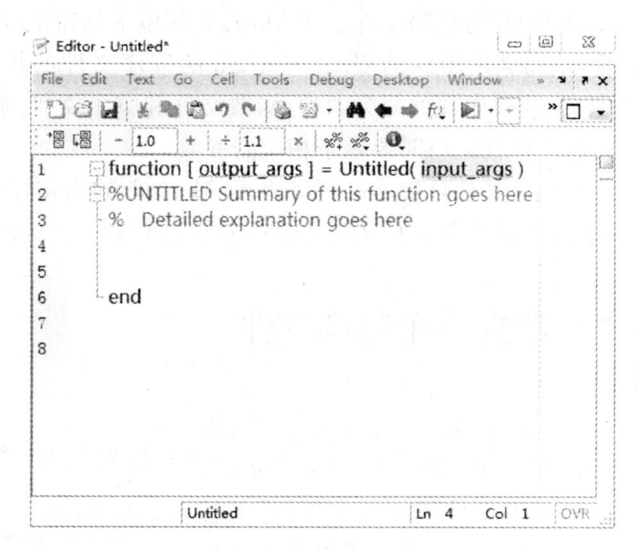

图 3-3 函数文件界面

在该窗口中,等式左边的表示为输出变量,右边的表示为输入变量,输入变量个数与函数文件中要求输入的个数保持一致. 从第二行以“%”开始的内容是函数文件的说明部分,该部分说明了函数的功能和大致的使用方法,这一部分的位置和脚本文件的说明部分位置有所不同.

用户也可以通过单击主窗口中的菜单条上“新建”函数文件图标进入程序文件编辑窗口. 该窗口没有前面窗口中的相关内容,因而用户可以自己建立.

原则 正确表达程序的目的和完成工作的过程!

例 1 建立函数 $f(x)=x^3+2x-3$ 对应的函数文件并求函数值 $f(1.25)$.

操作 单击“新建”文件图标,进入编辑窗口,并输入下列语句:

```
function y=f(x);
    y=x^3+2*x-3;
```

见图 3-4. 注意,窗口中的函数名与函数文件保持一致. 存盘后退出,在命令窗口中输入语句:

```
f(1.25)
```

结果为

```
ans=
    1.4531
```

再输入语句

```
fplot('f',[-4,5]), grid
```

便可画出函数在区间 [-4, 5] 中的图形(图 3-5).

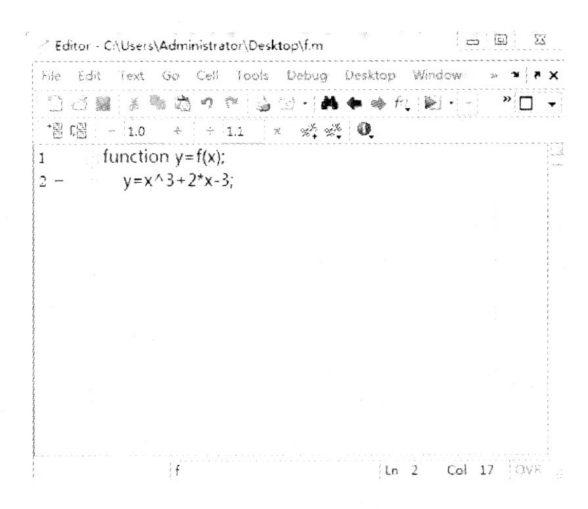

图 3-4　输入语句

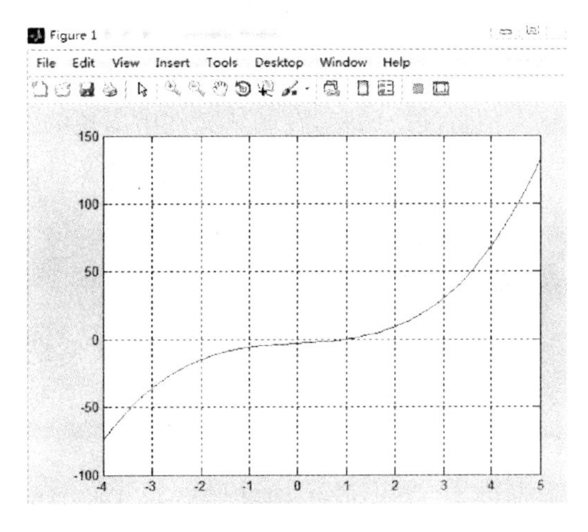

图 3-5　输出图形

例 2　建立函数文件,对输入的数值向量求出向量中的最大、最小值和平均值,并输出一个 3 维向量,其元素分别是最大值、最小值和平均值.

操作　单击"新建"文件图标进入文件编辑窗口并输入下面语句:

```
function y=f1(a);
                    %该程序计算输入向量的最大数、最小数及相应的平均值,要求向
                    %量中分量个数至少是 3 个,否则报错
  n=length(a);      %判定分量个数
  if n<=2
    disp('The number of elements in a must be larger than 2!')
  else
    a1=max(a);a2=mean(a);a3=min(a);
    a=[a1 a2 a3];
    disp(a)
  end
```

在命令窗口中输入　a=[1 3 5 7 9]; f1(a)

结果为　9　5　1

若输入　b=[2 4];f1(b)

结果为　The number of elements in a must be larger than 2!

例 3　建立阶乘函数.

操作 在文件编辑窗口中输入

```
function y=gamma1(n);
    a=1:n;
    b=cumprod(a);
    disp(b(end))
```

在命令窗口中输入 gamma1(9)

返回值 362880

值得注意的是，在函数文件中出现的变量都是局部变量，程序结束后将自动消失，外部变量在函数文件中也无法使用；若在文件中声称某一内存变量为整体(global)，则该变量在程序结束后继续保留.

2. 脚本文件

不同于函数文件的另一类程序文件是脚本文件，该文件在使用时不需要输入相应的参数，运行该程序文件时，系统按照程序中的指令，完成程序指定的任务并在需要时输出有关数据.

例 4 求正整数 1～100 的和并输出，并以文件名"sum1"存盘.

操作 进入程序文件编辑器窗口，输入下面语句(图 3-6)：

```
clear,clc
n=100;
a=1:n;b=cumsum(a);
x=b(end);
disp(x)
```

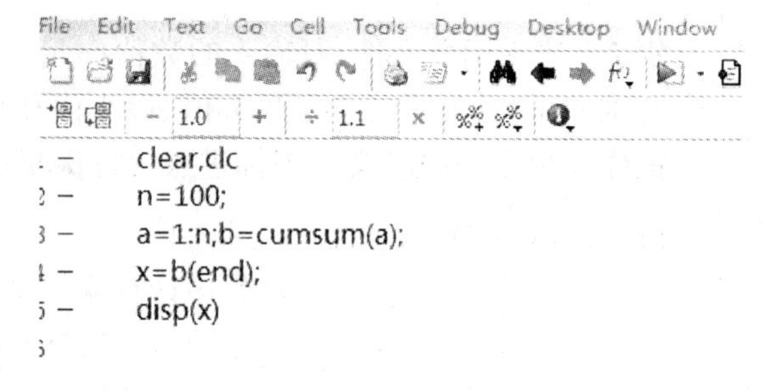

图 3-6 语句输入

结果为 5050

例 5 建立一个名为"Ch3_1"的脚本文件，运行文件时，由用户通过键盘输入 3 个数，编写程序求出相应的最大数并输出.

程序如下：

```
clear,clc
a=input('input a number please,a=');
b=input('input a number please,b=');
c=input('input a number please,c=');
x=max([a,b,c]);
disp(x)
```

在主窗口的提示下，分别输入

```
input a number please,a=35
input a number please,b=44
input a number please,c=21
```

结果为　44

在例4的求和计算中，程序计算了所有的和，从而造成内存单元的极大浪费.通过程序中的流程控制，将会极大改变这种状况.

3.3 MATLAB程序中的流程控制

如同其他的高级语言，MatLab的程序文件也有相应的流程控制，通过流程控制，用户可以编写出高效率的程序文件. MatLab的流程控制主要有顺序结构、选择结构和循环结构三种.

1. 顺序结构

在顺序结构型MatLab程序文件中，其语句的执行程序是自上而下的运行过程，即从程序的第一句一直执行到最后一句，其中没有转向过程.

例6　编写一个求解一元二次方程的脚本文件.

程序为

```
clear,clc
a=input('输入首项系数 a');
b=input('输入一次项系数 b');
c=input('输入常数项 c');
s=(b^2-4*a*c)^(1/2);
x1=(-b+s)/(2*a); x2=(-b-s)/(2*a);
disp([x1,x2])
```

运行时一个可能的过程为

```
输入首项系数 a  1
输入一次项系数 b  2
输入常数项 c  -3
```

结果为　1　　-3

在程序运行过程中，如果首项系数为零，系统将会出现报错信息.例如，在下面的过程中：

```
输入首项系数 a  0
输入一次项系数 b  1
输入常数项 c  2
NaN  -Inf
```

引入选择结构，对输入的首项系数是否为零进行判定，从而避免上面的错误.

2. 选择结构

选择结构的基本功能是，对程序运行中的某些数据进行逻辑判定，对符合条件的进行某些处理.

注 expr是一个由变量和运算符构成的一个逻辑表达式.常用的运算符"=="(相等)、"&"(并且)、"~="(不等)、"||"(或者)等.值得注意的是,相等用"=="表示,而不是简单的"=",在MatLab中,"="表示赋值而不是等式左右是否相等的匹配检查.

选择结构有下列几种情况:

(1) 单分支结构

格式

```
if  expr
    语句行
end
```

功能 程序运行到if语句时,对if后面的expr(表达式)进行判定,若条件成立,则执行后面的语句,否则执行end后面的语句.

前面的程序中,增加下面语句,将会避免上述错误.

```
if a~=0
    x1=(-b+s)/(2*a); x2=(-b-s)/(2*a);
    disp([x1,x2])
end
```

在程序运行过程中,若输入的首项系数为零,则MatLab跳过中间语句而结束程序,但是此时用户可能并不清楚出现的问题,下面的修改将为用户提供必要的说明.

(2) 双分支if结构

格式

```
if  expr
   语句行1
else
   语句行2
end
```

功能 对逻辑表达式进行判定,若返回值为1,则执行语句行1,否则执行语句行2.

将上面的程序修改为

```
a=input('输入首项系数a');
b=input('输入一次项系数b');
c=input('输入常数项c');
s=(b^2-4*a*c)^(1/2);
if a~=0
    x1=(-b+s)/(2*a); x2=(-b-s)/(2*a);
    disp([x1,x2])
else
    disp('首项系数不能为0')
```

```
end
```

一个可能的结果为

```
输入首项系数 a  2
输入一次项系数 b  3
输入常数项 c  4
```

返回值　−0.7500+1.1990i　−0.7500−1.1990i

即方程 $2x^2+3x+4=0$ 的解为一对共轭复根：$x=0.75\pm1.990i$.

若输入的首项系数为零，则程序运行的最后结果为："首项系数不能为零".

(3) 多分支 if 结构

格式

```
if  expr1
    语句行 1
elseif  expr2
    语句行 2
elseif  expr3
    语句行 3
……
elseif exprn
    语句行 n
else
    语句行
end
```

功能　在执行到 if 语句时，对表达式进行判定，如果第 k 个条件成立则执行第 k 组语句，否则执行 else 后的语句.

值得注意的是，若程序执行的是第 k 组语句，则意味着前 $k-1$ 个条件都是错误的.

例 7　建立一个成绩判定程序，若输入的成绩(Score)≥90，则评定成绩为优(Excellent)；若输入的成绩(Score)80≤Score<90，则评定成绩为良(Good)；……；若成绩低于60则评定成绩为不及格(Fail).

程序为

```
Score=input('input a score,please');
if Score>=90
    jidian='Excellent';
elseif Score >=80
    jidian='Good';
elseif Score >=70
    jidian='OK';
elseif Score >=60
```

```
    jidian='Pass';
else
    jidian='Fail';
end
```

运行时会显示如下的可能结果：

```
input a score,please   72
    jidian=
        OK
input a score,please     85
    jidian=
        Good
    input a score,please     54
    jidian=
        Fail
```

上面程序的功能也可以通过switch来实现

(4) 选择结构的switch结构

格式

```
switch expr
    case expr 1
        语句组 1
    case expr 2
        语句组 2
    ……
    case expr m
        语句组 m
    otherwise
        语句组
end
```

功能 对输入的表达式进行判定，执行对应的语句组，若表达式均不匹配，则执行最后一组语句.

例8 用switch语句实现例7中的相应功能.

程序如下：

```
Score=input('input a score,please      ');
switch  fix(Score/10);
    case {9,10};
        jidian='Excellent';
    case  8
        jidian='Good';
```

```
    case  7
        jidian='OK';
    case 6
        jidian='Pass';
    otherwise
        jidian='Fail';
end
```

输入各项成绩后的结果为

```
input a score,please    85
jidian=
    Good
input a score,please    93
jidian=
    Excellent
```

使用if语句,还可以建立分段函数.

例 9 建立函数 $f(x)=\begin{cases}x^2+1, & x>0,\\ x-1, & x\leqslant 0\end{cases}$ 的函数文件并计算函数值 $f(-1)$,$f(0)$,$f(2)$.

在文件编辑器窗口中输入下面语句:

```
function y=fdhs1(x);
    if x<=0
        y=x-1;
    else
        y=x^2+1;
    end
disp(y)
```

该函数的一个简单表达为

```
function  y=fdhs2(x);
    y=(x-1).*(x<=0)+(x^2+1).*(x>0);
```

思考:如何建立对应函数 $f(x)=\begin{cases}x^2+1, & x>1,\\ 1, & -1<x\leqslant 1,\\ x-1, & x\leqslant -1\end{cases}$ 的函数文件?

3. 循环结构

循环结构是 MatLab 程序中最重要的形式,较好地使用循环语句,将大大简化程序表达,也将节省大量的内存单元和运算时间.

循环结构有以下两种形式:for 结构和 while 结构.

两种循环形式的差别是：在 for 结构中，循环是按照指定形式进行循环，用户清楚循环的起点和终点；而在 while 结构中，用户并不清楚循环的终点，循环是按条件进行的. 在 while 循环中，用户要在循环体中修改相应的循环变量值以避免进入死循环.

例 4 中，是用 cumsun 函数求和，如果用循环语句来求和值的话，问题将变得简单，所占内存也将大为减少.

(1) for 结构

格式

```
for  循环变量 = n1:n2:n3
     循环体语句
end
```

功能 程序按循环变量取值执行循环体中的语句，取值完毕则循环结束.

例 10 求正整数 1 ~ 100 的和并输出，并以文件名"sum2"存盘.

程序如下(图 3-7)：

```
clear,clc
msum=0;                    %初始化
for i=1:100                %循环体开始
    msum=msum+i;           %加法运算
end                        %循环体结束
disp(msum)                 %输出结果
```

图 3-7 编辑窗口

注 ① 在编辑窗口中，循环体有相应的标记，这是高版本 MatLab 的特色之一，用户可以很方便地观察循环体的重数并注意匹配情况；

② 在整个程序的运行过程中，系统只使用了两个内存变量，因而大大节省了系统的资源，提高了程序的运行效率.

例 11 当 $n=100$ 时，求和 $\sum_{k=1}^{n}\frac{1}{2k-1}$，$\sum_{k=1}^{n}\frac{1}{(2k-1)^2}$.

程序如下：

```
clear,clc
n=100; s1=0;s2=0;        %预定义变量及取值
for i=1:n
    s1=s1+1/(2*i-1);s2=s2+1/(2*i-1)^2;
end
disp([s1,s2])
```

返回值　3.2843　1.2312

注 ① 在程序中建立内存变量 n，并赋予初始值 100，其好处在于，若要计算不同的和值，只需修改 n 的取值即可；

② 级数 $\sum_{n=1}^{+\infty}\frac{1}{2n-1}$ 是发散的，而级数 $\sum_{n=1}^{+\infty}\frac{1}{(2n-1)^2}$ 是收敛的且和值为 $\frac{\pi^2}{8}$. 为此，修改

程序中 n 的取值(取 $n=1\,000$ 观察相应的结果). 此时相应的计算结果为

```
4.4356    1.2335
```

而 $\frac{\pi^2}{8}\approx 1.233\,7$. 当 $n=10\,000$ 时,相应的结果为

```
5.5869    1.2337
```

在 MatLab 的程序文件中,往往既有循环又有选择,二者交叉使用以方便快捷地达到程序的目的.

例 12 建立一个排序的函数文件,对输入的向量进行排列,若输入的第二个参数为 1,则做降序的排列,否则做升序的排列.

程序如下:

```
function  b=sort1(a,n);
                    %该文件对输入的向量进行降序或升序的排列,如果输入的参数 n=1,则
                    %进行降序的排列;
                    %否则进行升序的排列
m=length(a);        %返回向量的长度
if n==1             %判定排序形式
    for i=1:m
        for j=i+1:m
            if a(j)>a(i)
                s=a(i);a(i)=a(j);a(j)=s;
            end
        end
    end
else
    for i=1:m
        for j=i+1:m
            if a(j)<a(i)
                s=a(i);a(i)=a(j);a(j)=s;
            end
        end
    end
end
disp(a)
```

在命令窗口中分别输入 a=[1 3 5 7 9 8 6 4 2]; sort1(a,1)

结果为 9 8 7 6 5 4 3 2 1

a=[1 3 5 7 9 8 6 4 2]; sort1(a,2)

结果为 1 2 3 4 5 6 7 8 9

前者为降序排列，而后者为升序的排列.

在程序窗口中，MatLab 很清楚地显示了循环的嵌套情况以及每一层的配对情况，单击⊖图标，可以关闭当前循环层，以检查匹配情况（图 3-8）.

```
function b=sort1(a,n);
%该文件对输入的向量进行降序或升序的排列,
%如果输入的参数n=1，则进行降序的排列；
%如果输入的参数n=2，则进行升序的排列
m=length(a);            %返回向量的长度
if n==1                 %判定排序形式
    for i=1:m
        for j=i+1:m
            if a(j)>a(i)
                s=a(i);a(i)=a(j);a(j)=s;
            end
        end
    end
else
    for i=1:m
        for j=i+1:m
            if a(j)<a(i)
                s=a(i);a(i)=a(j);a(j)=s;
            end
        end
    end
end
disp(a)
```

图 3-8　程序窗口

例 13　编写脚本文件，求所有的水仙花数（一个三位数，如果各位上数的立方和即为该数，称此数为水仙花数）.

程序为

```
clear,clc
a=[];
for k=100:999
    k1=fix(k/100);
                          %取k的百位数
    k2=rem(fix(k/10),10); %取k的十位数
    k3=rem(k,10);         %取k的个位数
    if k==k1^3+k2^3+k3^3
        a=[a,k];
    end
end
disp(a)
```

总共有 4 个水仙花数　　153　370　371　407.

本问题的另外一个解法：

```
clear,clc
a=[];
 for i=1:9
    for j=0:9
        for k=0:9;
            if i*100+j*10+k==i^3+j^3+k^3
                a=[a, i*100+j*10+k];
            end
        end
    end
end
disp(a)
```

结果相同.

例 14　若一个数等于它的各真因子的和，则该数称为完全数（数 6 就是完全数）. 求 1～500 中的所有完全数.

程序如下：

```
clear,clc
a=[];
for n=2:500
    s=0;
    for k=1:n/2
        if rem(n,k)==0              %检查是否为真因子
            s=s+k;
        end
    end
    if s==n                         %检查是否为完全数
        a=[a,n];
    end
end
disp(a)
```

结果为　　6　　28　496

(2) while 结构

格式

```
while  循环条件判定
       循环体语句
       修改循环变量取值
end
```

功能　当程序执行到 while 语句时，对循环体条件判定，若满足条件，则执行循环体语句，否则执行 end 后的语句(退出循环).

例 15　从键盘上输入不超过 100 个数，以零表示结束，输出输入数的个数和相应的平均值.

程序如下：

```
clear,clc
msum=0;cnt=0;
val=input('Enter a number please(end in zero)!');
while cnt<100 & val~=0
    msum=msum+val;cnt=cnt+1;
    val=input('Enter a number please(end in zero)!');
end
if cnt>0
    mmean=msum/cnt;
    disp([mmean,cnt])
else
```

```
    disp('No number you enter!')
end
```

(3) break 的使用

在循环体中,若出现 break 语句,则程序将退出当前循环.

例 15 求 100 ~ 500 的第一个数,使其每位数的立方和大于 1 000,返回该数和相应的立方和.

程序如下:

```
clear,clc
for n=100:500
    n1=fix(n/100);
    n2=rem(fix(n/10),10);
    n3=rem(n,10);
    m=n1^3+n2^3+n3^3;
    if m>1000
        break
    end
end
disp([n,m])
```

第3章练习

1. 编写一个 m(函数)文件,对于输入的参数 a, b, $n(n\leqslant 10)$, 计算所有的 $(a+b)^n$ 和 $(a-b)^n$, 最后输出一个 $3\times n$ 的矩阵,第一行为 n 值,第二行为 $(a+b)^n$, 第三行为 $(a-b)^n$, 其中, $n\leqslant 10$, 若 $n>10$, 则取 $n=10$.

2. 建立一个函数文件,输入的参数为向量,返回值为该向量的长度及向量的中位数(中位数的定义:若长度为奇数,则中位数恰为中间值;若长度为偶数,则中位数为两个中间值的平均值).

3. 建立一个函数文件,对输入的向量进行排列. 当向量的个数为奇数时,最大数放中间,第二大的数放最大数的左边,第三大的数放最大数的右边,依次类推;若向量的个数为偶数,则将最后一个数删除,然后做上面的排列.

4. 建立一个函数文件,参数为一个向量,若向量的分量个数为奇数,则做一个对称交换(a_1 与 a_n, a_2 与 a_{n-1}… 的交换), 中间数不变;若个数为偶数,则做 a_1 与 $a_{\frac{n}{2}+1}$, a_2 与 $a_{\frac{n}{2}+2}$… 的交换.

5. 用多种方法对函数

$$f(x)=\begin{cases}x^2+1, & x>1;\\ 1, & -1\leqslant x\leqslant 1;\\ x-1, & x<-1\end{cases}$$ 建立相应的函数文件并加以验证.

6. 建立一个函数文件,有三个参数,前两个参数为输入的矩阵,第三个参数为正整数 n,

若 $n=1$，则相应的运算为矩阵的乘积(用循环方式建立乘积)；若 $n=2$，则作对应元素的乘积(循环方式计算). 当阶数不匹配时显示相应的报错信息.

7. 建立一个函数文件，对输入的参数 n (n 为正整数)输出下面三项的和值：

$$\sum_{i=1}^{n}\frac{1}{i},\ \sum_{i=1}^{n}\frac{1}{i^2},\ \sum_{i=1}^{n}\frac{1}{i^i}.$$

8. 建立一个函数文件，文件要求有2个参数，第一个参数为用户建立的一个随机整数(1～100)向量的维数，第二个参数表示最后输出的方式，若该参数为1，则输出该向量的所有偶数，若该参数为2，则输出奇数；若该参数为3，则输出向量本身，其他情况显示：no such action!

9. 设 $x_1=3$，$x_{n+1}=\dfrac{x_n(x_n+1)}{2}$，编写脚本文件，求满足 $x_n>100$ 的最小的 n，输出 n 及相应的 x_n.

10. 编写生成 pascal 矩阵的函数文件.

11. 编写一个脚本文件，生成一个50阶的随机矩阵，其中的元素为介于100～1 000的随机整数，找出其中既是6又是8的倍数，产生3个向量，分别记录这些数以及每个数的行标和列标.

12. 编写脚本文件，对应和值 $S_n=\sum\limits_{k=1}^{n}\dfrac{1}{k^2}$：

(1) 找到满足 $S_{n+1}-S_n<1\mathrm{e}-7$ 的第一个 n；

(2) 找到满足 $\dfrac{\pi^2}{6}-S_n<1\mathrm{e}-7$ 的第一个 n.

第 4 章　曲线与曲面的绘制

在前面 3 章中可看到，MatLab 具有强大的数据处理功能. 但很多情况下，数据间的关系并不清楚，此时可能要借助图形来探索变量间的关联从而找到解决问题的途径. MatLab 提供了功能十分强大的绘图功能，利用这些功能，可以比较方便地画出已知数据所对应的平面和空间图形.

平面图形的绘制是 MatLab 图形绘制的基础，较为复杂图形的绘制是平面图形绘制的延伸. 因此，熟练掌握平面图形的绘制是 MatLab 图形绘制的前提. 本章首先介绍平面图形的绘制，然后介绍空间曲线和曲面的绘制.

4.1 平面图形的绘制

1. 使用 plot 函数绘制平面曲线

格式　plot(x,y,options)

功能　根据 x, y 的数据点绘制平面图形，其中，x, y 均为 $1\times n$ 的向量，options 是参数设置，包括线型、线宽、颜色设置等.

例 1　画出函数 $y = x\sin x^2$ 在 $[0, 4\pi]$ 中的图形.

程序如下：

```
clear,clc,clf
x=0:pi/100:4 * pi;
y=x. * sin(x. ^ 2);
plot(x,y), grid
```

在命令窗口中运行该程序，即可得到相应的图形(图 4-1).

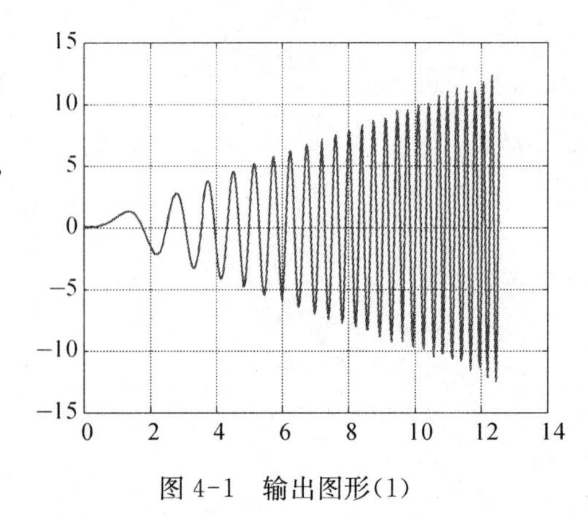

图 4-1　输出图形(1)

注　在上面程序中的乘法和幂次方都是"点"运算.

例 2　在同一个图形窗口中，画出 $y = \sin x$, $y = \cos x$, $y =-\sin x$, $x \in [-2\pi, 2\pi]$ 的图形.

程序如下：

```
clear,clc,clf
x=-2 * pi:pi/50:2 * pi;
```

```
y1=sin(x);y2=cos(x);y3=-sin(x);
plot(x,y1,x,y2,'m--',x,y3,'r*'),grid on
```

其结果如图 4-2 所示.

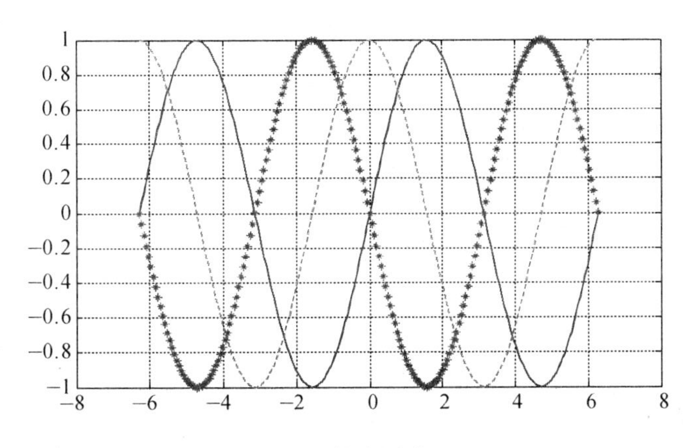

图 4-2　输出图形(2)

在该图形中,有以下几个问题似乎不能令人满意:

(1) 曲线与函数名称的对应关系;

(2) 坐标点的表达;

(3) 窗体中的空白部分.

此时需要引入适当的参数设置(表 4-1—表 4-3)来加以解决.

表 4-1　　曲线颜色、线型和数据点类型参数值

颜色符号	含　义	数据点类型	含　义	线　型	含　义
b	蓝色	,	点	—	实线
g	绿色	x	X 标记	.	点线
r	红色	+	+号	—.	点划线
c	青色	h	六角星	——	虚线
m	紫红色	*	星号		
y	黄色	s	方形		
k	黑色	d	菱形		
w	白色	∨	下三角		
		∧	上三角		
		＜	左三角		
		＞	右三角		
		p	正五边型		

表 4-2　　　　常用设置

表达式	意义	表达式	意义
xlabel	设置坐标轴 x	legend	设置图例
ylabel	设置坐标轴 y	axis	设置坐标轴范围
title	定义标题	box	设置边框
text	增加文字		

表 4-3　　　　常见 LaTex 字符

标识符	字符	标识符	字符	标识符	字符	标识符	字符	标识符	字符
\alpha	α	\sigma	σ	\zeta	ζ	\Delta	Δ	\partial	∂
\beta	β	\phi	ϕ	\chi	χ	\Theta	Θ	\div	$\div$
\gamma	γ	\psi	Ψ	\Gamma	Γ	\Lambda	Λ	\times	$\times$
\delta	δ	\rho	ρ	\Xi	Ξ	\infty	∞	\pm	$\pm$
\theta	θ	\mu	μ	\Pi	Π	\int	$\int$	\leq	$\leqslant$
\lambda	λ	\nu	υ	\Omega	Ω	\leftarrow	$\leftarrow$	\geq	$\geqslant$
\xi	ξ	\epsilon	ε	\Sigma	Σ	\rightarrow	$\rightarrow$	\neq	$\neq$
\pi	π	\eta	η	\Phi	φ	\uparrow	$\uparrow$	\forall	$\forall$
\omega	ω	\tau	τ	\Psi	ϕ	\downarrow	$\downarrow$	\exists	$\exists$

对例 2，增加适当的参数能更好地表现图形，程序如下：

```
clear,clc,clf
x=-2*pi:pi/50:2*pi;
y1=sin(x);y2=cos(x);y3=-sin(x);
plot(x,y1,x,y2,'m--',x,y3,'r*'),grid on
legend('sinx','cosx','-sinx',4)
xlabel('-2\pi \leq x\leq 2\pi')
ylabel('Y')
title('The sketche of functions','FontSize',16,...
    'color','b')
axis([-2*pi,2*pi,-1,1])
set(gca,'XTick',-2*pi:pi/2:2*pi)
set(gca,'XTickLabel',{'-2pi','-3pi/2','-pi','-pi/2','0','pi/2','pi','3pi/2','2pi'})
```

其结果如图 4-3 所示.

在"微积分"课程中，函数 $y=\frac{1}{x}\sin\frac{1}{x}$ 在点 $x=0$ 的任何邻域中无界，但不是无穷大，下面的图形说明这个情况.

程序如下：

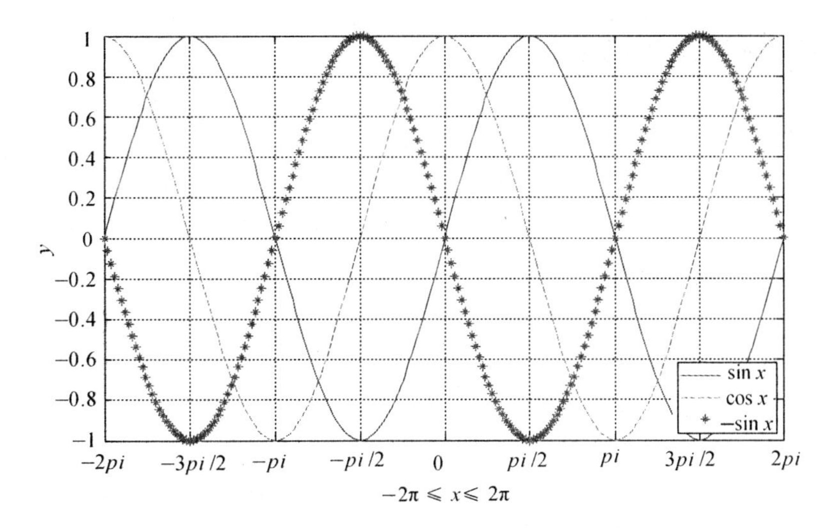

图 4-3　输出图形(3)

```
clear,clc,clf
x1=[-0.1:0.001:-0.01];x2=0.01:0.001:0.1;
y1=1./x1.*sin(1./x1);y2=1./x2.*sin(1./x2);
plot(x1,y1),
grid on,hold on
plot(x2,y2),
y3=1./x1;plot(x1,y3,'r--',x1,-y3,'r--')
y4=1./x2;plot(x2,y4,'r--',x2,-y4,'r--')
title('曲线和其包络线','FontSize',16, 'color','b')
text(0.03,40,'\leftarrow 包络线','color','r','FontSize',14)
```

其结果如图 4-4 所示.

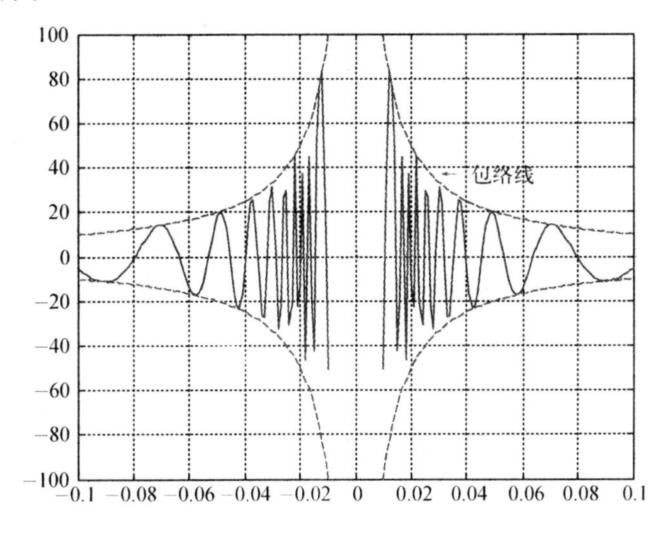

图 4-4　曲线和其包络线

2. 使用 fplot 函数绘制平面曲线

格式 fplot(f,[a,b],options)

功能 对已知函数 f,做出函数在区间$[a, b]$中的图形.

例 3 作出函数 $y = \arctan x$ 在区间 [−10, 10] 中的图形.

程序如下:

```
clear,clc,clf
fplot('atan(x)',[-10,10]),grid
```

其结果如图 4-5 所示.

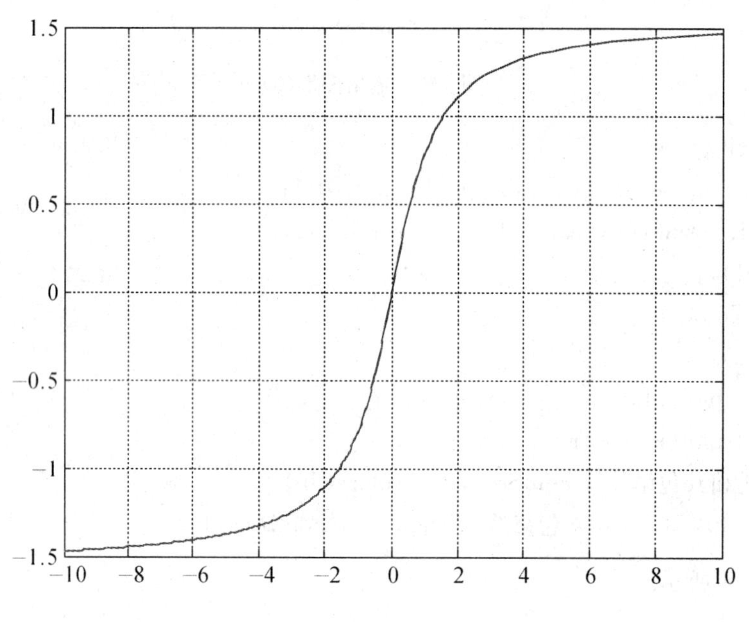

图 4-5 输出图形(4)

3. 使用 polar 作极坐标曲线图形

格式 polar(theta,rho,options)

功能 极坐标曲线作图,theta 表示转角,rho 表示向径.

例 4 作出三叶及四叶玫瑰线图形.

程序如下:

```
clear,clc,clf
theta=0:.01:2*pi;
rho1=sin(2*theta)/2;                %四叶玫瑰线方程
subplot(1,2,1);
```

```
polar(theta,rho1,'r')
rho2=5*cos(3*theta);              %三叶玫瑰线方程
subplot(1,2,2)
polar(theta,rho2,'r')
```

其结果如图 4-6 所示.

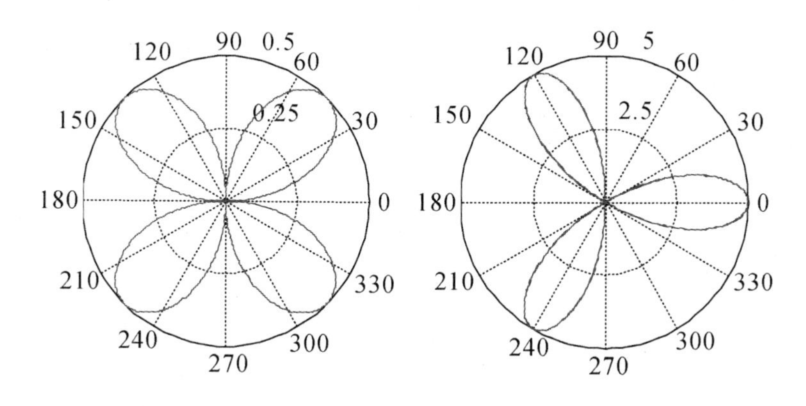

图 4-6　四叶、三叶玫瑰线图形

4. 用 ezplot 函数作图

格式

```
(1) ezplot('f(x)',[a,b])                 %在区间[a, b]上作出函数 f(x)的图形
(2) ezplot('f(x,y)',[a,b,c,d])           %在矩形区域作出隐函数 f(x, y) = 0 的
                                          %图形
(3) ezplot('x(t)','y(t)',[a,b])          %参数方程作图
```

例 5　用 ezplot 做出 $y=x^2$、星形线、隐函数 $e^x+\sin xy=0$ 和隐函数 $x^3+y^3-3xy=0$ 的图形.

程序如下：

```
clear,clc,clf
subplot(2,2,1),
ezplot('x^2',[-1,3]), grid
subplot(2,2,2),
ezplot('sin(t)^3','cos(t)^3',[0, 2*pi]), grid
subplot(2,2,3),
ezplot('exp(x)+sin(x*y)',[-2,0.5,0, 2,3]), grid
subplot(2,2,4),
ezplot('x^3+y^3-sin(x*y)',[-3,3]), grid
```

其结果如图 4-7 所示.

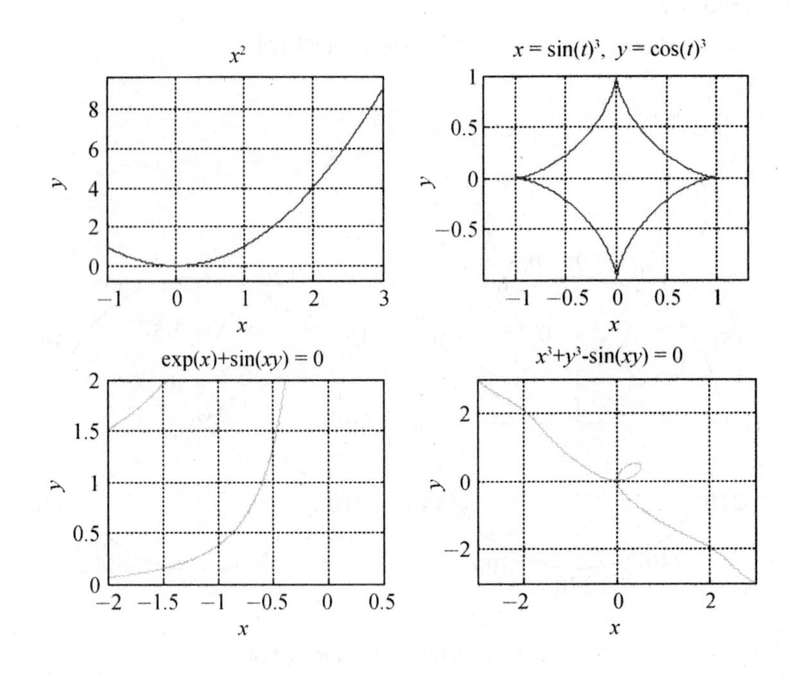

图 4-7 输出图形(5)

5. 其他作图方式

例 6 分别以条形图、阶梯图、杆图和填充图绘制曲线 $y = x^2 (x \in [0, 2])$.

程序如下：

```
clc,clear,clf
x=0:0.25:5;y=x.^2;
subplot(2,2,1);bar(x,y,'b'),grid
axis([0,5,0, 25]),title('条形图')
subplot(2,2,2);stairs(x,y,'b'),grid
axis([0,5,0, 25]),title('阶梯图')
subplot(2,2,3);stem(x,y,'b'),grid
axis([0,5,0, 25]),title('杆图')
y1=25:-1:0;
x1=5*ones(1,length(y1));
x2=5:-1:0;
y2=0*ones(1,length(x2));
x=[x,x1,x2];y=[y,y1,y2];
subplot(2,2,4);fill(x,y,'y'),grid
axis([0,5,0, 25]),title('填充图')
```

其结果如图 4-8 所示.

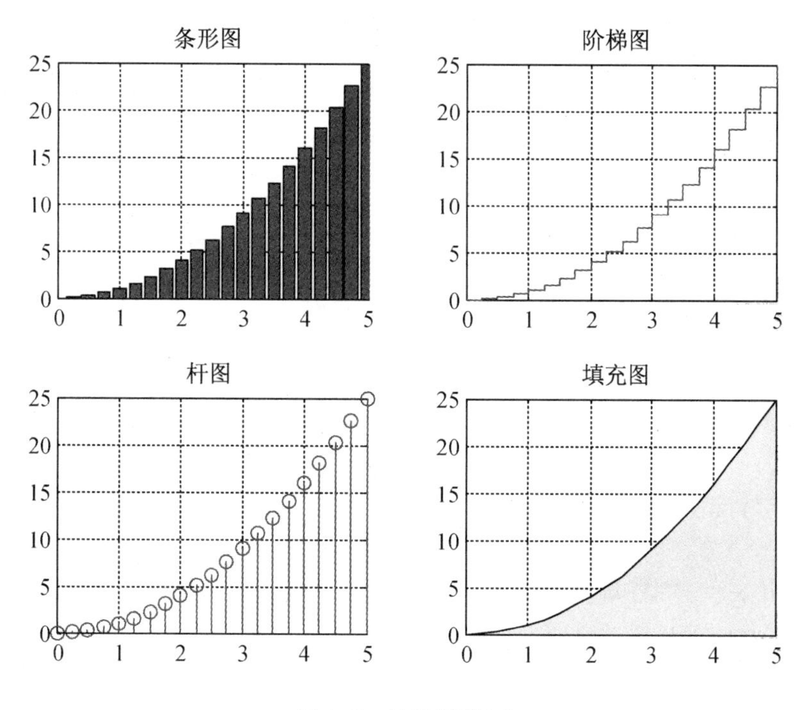

图 4-8　输出图形(6)

例 7　根据下面数据做出成绩分布图.

成绩范围(分)	90～100	80～89	70～79	60～69	0～59
人数	16	26	26	27	28

程序如下：

```
clear,clc,clf
a=[16 26 27 27 28];
pie(a)
legend('优秀','良','中','及格','不及格')
```

其结果如图 4-9 所示.

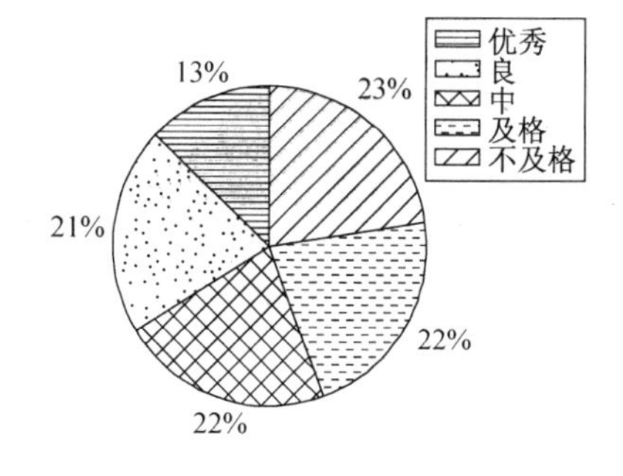

图 4-9　成绩分布图

4.2 空间图形的描绘

1. 用 plot3 描绘空间曲线

格式　plot3(x,y,z,options)

例 8 做出由参数方程 $\begin{cases} x = \mathrm{e}^{-0.2t}\cos\dfrac{\pi t}{2}, \\ z = \sqrt{t}, \\ y = \mathrm{e}^{-0.2t}\sin\dfrac{\pi t}{2} \end{cases}$ $(0 \leqslant t \leqslant 20)$ 所确定的函数对应的曲线图形.

程序如下：

```
clear,clc,clf
t=0:.1:20;r=exp(-0.2*t);th=0.5*pi*t;
x=r.*cos(th);y=r.*sin(th);z=sqrt(t);
plot3(x,y,z)
title('helix');text(x(end),y(end),z(end),'end')
xlabel('\it x=e^{\rm-0.2\it t}\rm cos(\pi\it t\rm/2)')
ylabel('Y');zlabel('Z');
axis([-1,1 -1 1 0 4])
grid on
```

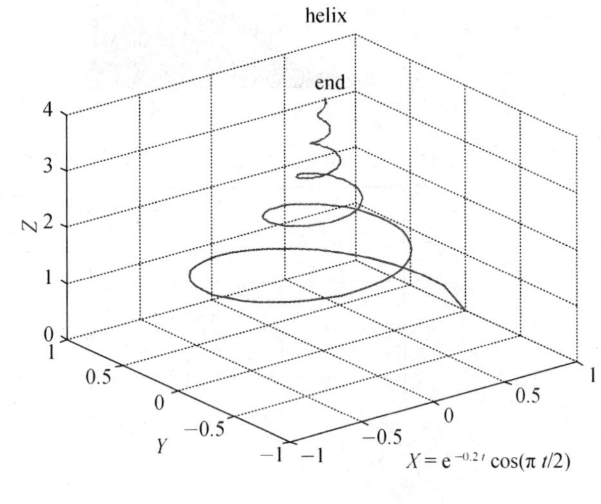

图 4-10 曲线图形

其结果如图 4-10 所示.

2. 用 mesh 函数做图

格式 mesh(x,y,z,options)

功能 绘制空间网格图形.

绘制空间网格图形的要点是产生网格点.

(1) 产生网格点

例 9 注意下面程序和结果.

```
clear,clc
x=1:4;y=5:10;
[X,Y]=meshgrid(x,y);
disp(X),disp(Y)
```

结果为

```
X=
    1    2    3    4
    1    2    3    4
    1    2    3    4
    1    2    3    4
    1    2    3    4
```

```
     1     2     3     4
Y=
     5     5     5     5
     6     6     6     6
     7     7     7     7
     8     8     8     8
     9     9     9     9
    10    10    10    10
```

这两个矩阵的意义：**X** 中的第 $i\,(i=1, 2, 3, 4)$ 列的元素与 **Y** 中的第 $j\,(j=1, 2, 3, 4, 5, 6)$ 行的元素构成平面上的坐标点 (x_i, y_j).

再输入语句

```
Z=X+Y
```

则有

```
     6     7     8     9
     7     8     9    10
     8     9    10    11
     9    10    11    12
    10    11    12    13
    11    12    13    14
```

注意这三个矩阵的相互关系.

(2) 使用 mesh 等函数作图

常用的空间曲面作图函数有：

① mesh　网格线作图方式.

② surf　以网格线和补片填充色彩作图.

③ meshc　网格线作图方式,带等高线.

④ surfc　以网格线和补片填充色彩作图,带等高线.

例 10　作出函数 $z=\dfrac{1}{2\sqrt{2\pi}}e^{\frac{-x^2-y^2}{8}}$ 在 $[-4, 4]\times[-5, 5]$ 上的图形.

程序如下：

```
clear,clc,clf
x=-4:.2:4;y=-5:.2:5;
[X,Y]=meshgrid(x,y);
Z=exp(-(X.^2+Y.^2)/8)/(2*sqrt(2*pi));
mesh(X,Y,Z)
figure(2)
surf(X,Y,Z)
```

其结果分别如图 4-11(a),(b)所示.

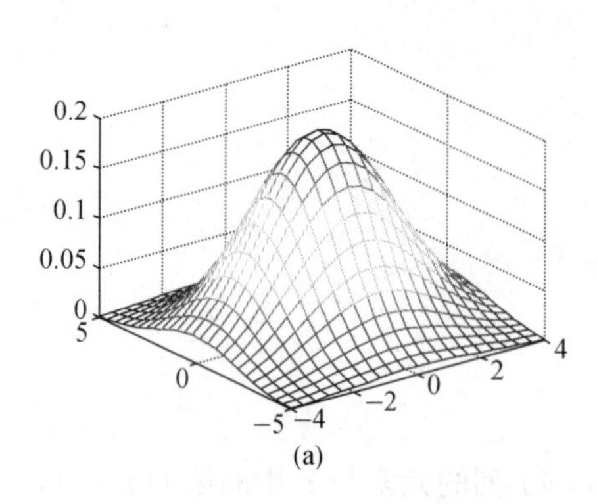

(a)

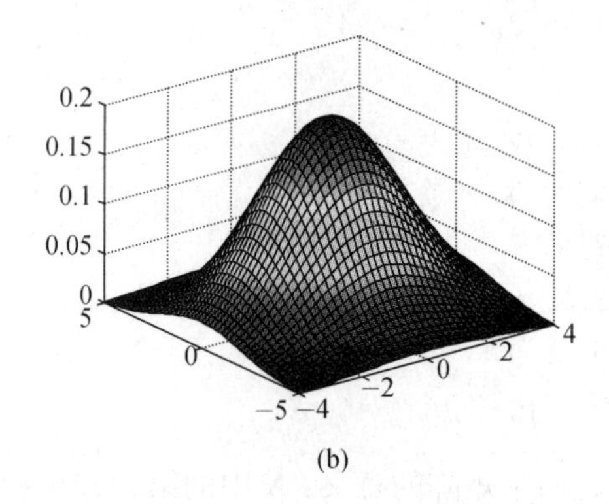

(b)

图 4-11　输出图形(7)

例 12　做出曲面 $z=\dfrac{\sin\sqrt{x^2+y^2}}{\sqrt{x^2+y^2}}$ 在 $[-9,\ 9]\times[-9,\ 9]$ 上的图形.

程序为

```
clear,clc,clf
x=-9:.3:9;
[x,y]=meshgrid(x);
r=sqrt(x.^2+y.^2)+eps;              %避免分母为零
z=sin(r)./r;
subplot(1,2,1),mesh(x,y,z)
subplot(1,2,2),
surf(x,y,z)
```

其结果分别如图 4-12 所示. 这样的效果并不好,其原因是曲面为旋转曲面,故可考虑极坐标方式作图.

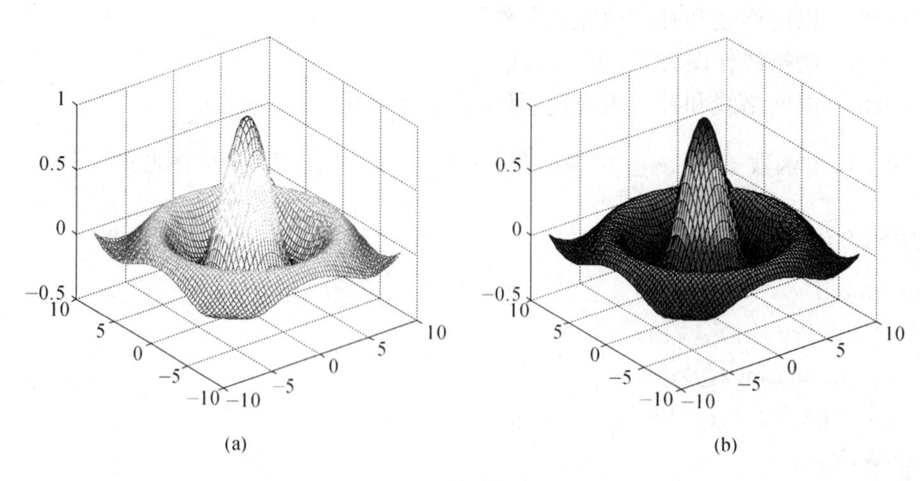

图 4-12　输出图形(8)

程序为

```
clear,clc
theta=0:pi/30:2*pi;rho=0:.1:9;
[T,R]=meshgrid(theta,rho);
x=R.*cos(T);y=R.*sin(T);
r=sqrt(x.^2+y.^2)+eps;
z=sin(r)./r;
subplot(1,2,1),
mesh(x,y,z)
subplot(1,2,2)
meshc(x,y,z)
```

其结果如图 4-13 所示.

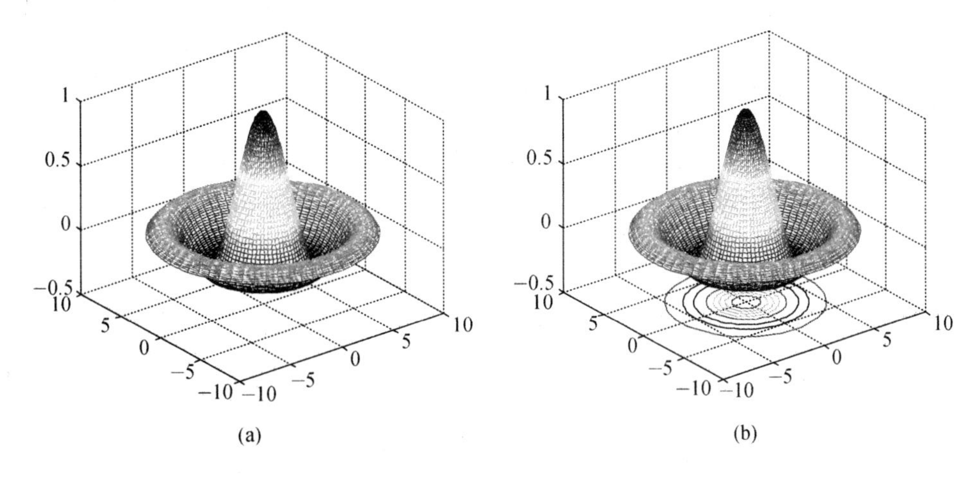

图 4-13　极坐标方式所作图形

3. 图像的进一步处理

(1) 设置观察点

在很多情况下,对空间曲面的观察需要选择一定的观察点. MatLab 提供了改变视点角度的函数 view.

格式　view(α,β)

这里 α 为方位角,表达视点与 y 轴负向的夹角; β 表达视点与坐标原点的连线与 xOy 平面的夹角,默认值: $\alpha=-37.5$, $\beta=30$ (单位:"°").

(2) 光源设置

为增强视觉效果,对画出的曲面设置光照.

格式　light('position',[n1,n2,n3])

(3) 着色处理

格式　colormap('设置')

常见的设置有 spring, summer, autumn, winter, cool, hot, copper, gray, bone, copper, pink 等.

注意下面程序的结果,并可以调整参数设置,以观察不同的效果.

```
clear,clc,clf
h=surf(peaks);
set (h,'FaceLighting','phong','FaceColor','interp',...
    'AmbientStrength',0.5)
light('Position',[1 0 0],'Style','infinite');
lighting phong
axis off
set(h,'facecolor',[1,0.8,1])
colormap('cool')
shading interp
camlight(100,150)
```

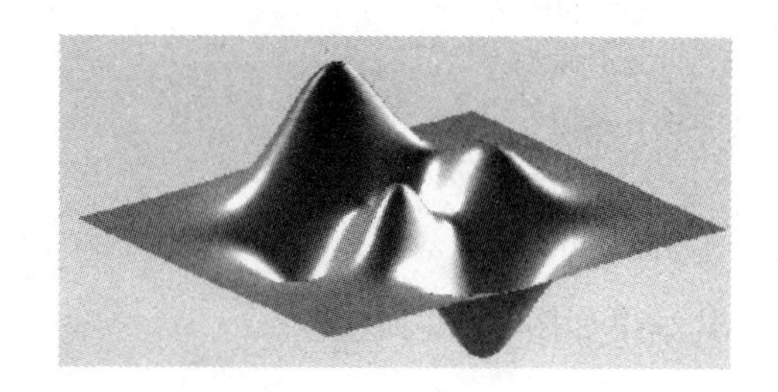

图 4-14　进一步处理后的图形

结果如图 4-14 所示.

第 4 章练习

1. 在同一窗口中作出函数 $y=x$, $y=x^2$, $y=x^3$, $y=\frac{1}{x}$, $x=y^2$ $(-2\leqslant x\leqslant 2)$ 的图形,给出坐标轴范围,给出图例.

2. 在区间 $[-4\pi, 4\pi]$ 中作出函数 $y=\sin x$, $y=2\sin 2x$, $y=\frac{1}{2}\sin\frac{x}{2}$ 的图形,刻度标记为 $\frac{k\pi}{2}$.

3. 作出摆线 $\begin{cases} x=2(t-\sin t), \\ y=2(t-\cos t) \end{cases}$ $(0\leqslant t\leqslant 12\pi)$ 的图形.

4. 用两种方式(参数方程,隐函数)作出星型线 $x^{\frac{2}{3}}+y^{\frac{2}{3}}=2^{\frac{2}{3}}$ 的图形.

5. 作出伯努利双纽线 $(x^2+y^2)^2=4(x^2-y^2)$ $(\rho^2=4\cos 2\theta)$ 的曲线.

6. 画出心脏线 $\rho=2(1-\cos\theta)$ $(x^2+y^2+2x=2\sqrt{x^2+y^2})$ 及 $\rho=2(1+\cos\theta)$ 的图形.

7. 作出三叶玫瑰线 $\rho=2\cos 3\theta$ 及四叶玫瑰线 $\rho=2\cos 2\theta$ 的图形.

8. 将一个长度为 3 的正方形分成 9 等份,并在每份中着不同的颜色.

9. 作出空间曲面 $z=\frac{\sin\sqrt{x^2+y^2}}{\sqrt{1+x^2+y^2}}$ 在 $-10\leqslant x, y\leqslant 10$ 中的图形,并作出相应的等高线.

10. 用隐函数作图或者参数方程作图方法,作出下面曲面的图形:

(1) $\frac{x^2}{4}+\frac{y^2}{6}+\frac{z^2}{9}=1$;　　(2) $\frac{x^2}{4}+\frac{y^2}{6}-z^2=1$;

(3) $z=2x^2-4y^2$;　　(4) $z=xy$.

11. 作出环面 $(1-\sqrt{x^2+y^2})^2+z^2=1$ 的图形.

第 5 章 一元微积分应用

应用 MatLab 提供的工具,可以解决许多具体问题:研究函数性质;求出两函数曲线的交点或者函数的零点;用数值方法求出表达式较为复杂的函数的积分. 本章将详细讨论 MatLab 在这些方面的应用.

5.1 函数的极限与连续

极限是微积分的基础,也是微积分最重要的内容之一,没有极限,也就没有微积分,也就没有现代数学,我们的生活也将大大地不同.

1. 极限

格式 limit(f,x,a)

功能 求函数 f(x)在点 a 处的极限.

极限论中的两个重要极限 $\lim\limits_{x\to 0}\dfrac{\sin x}{x}=1$, $\lim\limits_{x\to\infty}\left(1+\dfrac{1}{x}\right)^{x}=\mathrm{e}$ 在极限求法中占有重要的地位,这里通过描绘散点图来估计这两个极限.

例 1 观察函数 $\dfrac{\sin x}{x}$ 在点 $x=0$ 处的变化趋势来探索极限 $\lim\limits_{x\to 0}\dfrac{\sin x}{x}$.

输入下面语句:

```
x=1:-0.03:0.00001;
y=sin(x)./x;
plot(x,y,'+'),grid
```

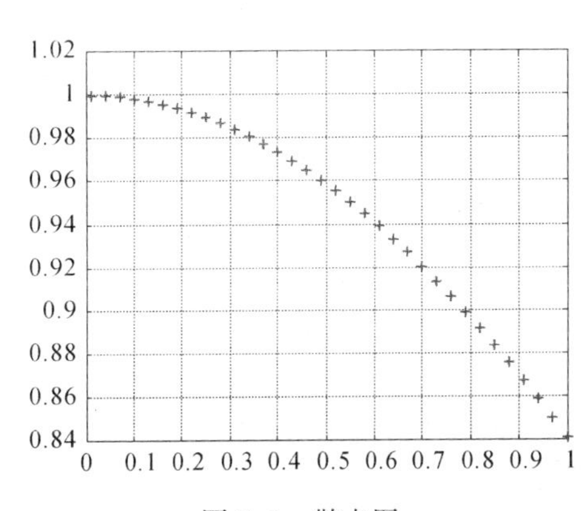

图 5-1 散点图

结果如图 5-1 所示. 由此可以估计到 $\lim\limits_{x\to 0}\dfrac{\sin x}{x}=1$.

再求极限 $\lim\limits_{x\to 0}\dfrac{\sin x}{x}$.

输入下面语句:

```
syms x,limit(sin(x)/x,x,0)
```

返回值 ans=1

例 2 观察数列 $x_n=\left(1+\dfrac{1}{n}\right)^{n}$ 的变化趋势,

并求极限 $\lim\limits_{x\to\infty}\left(1+\dfrac{1}{x}\right)^x$.

程序如下：

```
clear,clc,clf
n=10:5:300;
x1=(1+1./n).^n;
plot(n,x1,'r+'),grid on
pause
hold on
x2=(1+1./n).^(n+1);
plot(n,x2,'bd'),grid on
legend('(1+1/n)^{n}','(1+1/n)^{n+1}')
```

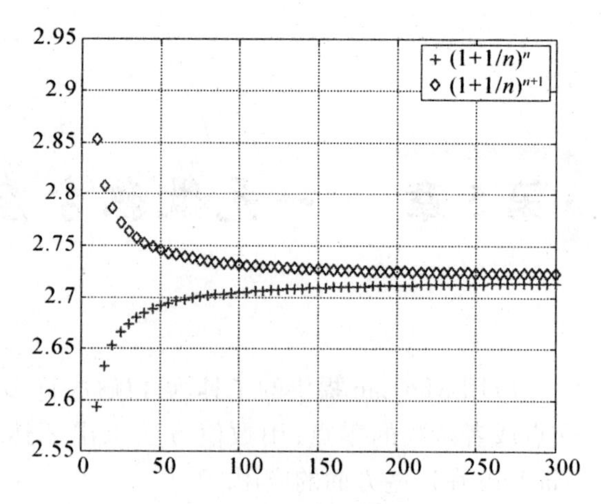

图 5-2　数列变化趋势图

其结果如图 5-2 所示. 从图中可以看到，两个数列 $x_n=\left(1+\dfrac{1}{n}\right)^n$ 及 $x_n=\left(1+\dfrac{1}{n}\right)^{n+1}$ 分别为单调递增和单调递减的数列，而显然有

$$\lim_{n\to\infty}\left(1+\frac{1}{n}\right)^n=\lim_{n\to\infty}\left(1+\frac{1}{n}\right)^{n+1}.$$

该极限应该在 2.70 ～ 2.73 之间，为求此极限，输入语句：

```
syms x,a=limit((1+1/x)^x,x,inf);
```

返回值　a=exp(1)

再输入　eval(a)

返回值　ans=2.7183

注　在 MatLab 中，inf 指的是 $+\infty$.

在上例中，若输入 $\lim\limits_{x\to-\infty}\left(1+\dfrac{1}{x}\right)^x$，可得到同样的结果.

例 3　求极限 $\lim\limits_{x\to+\infty}\arctan x$ 和 $\lim\limits_{x\to-\infty}\arctan x$.

输入语句：

```
syms x
a=limit(atan(x),inf);b=limit(atan(x),x,-inf);
disp([a,b])
```

返回值

```
[ pi/2,-pi/2]
```

例 4　求极限 $\lim\limits_{x\to 0}\dfrac{\sin|x|}{x}$.

输入下列语句：

```
a=limit(sin(abs(x))/x,x,0,'left');
b=limit(sin(abs(x))/x,x,0,'right');
disp([a,b])
```

返回值　[−1, 1]

这说明极限 $\lim\limits_{x\to 0}\dfrac{\sin|x|}{x}$ 不存在.

2. 函数零点

闭区间上的连续函数有很多良好的性质,其中,零点定理是用得比较多的性质.

零点定理　设函数 $f(x)$ 在闭区间 $[a, b]$ 上连续,且 $f(a)\cdot f(b)<0$, 则存在 $x_0\in(a, b)$ 使得 $f(x_0)=0$ (这样的 x_0 称为函数 $f(x)$ 的零点).

零点定理在几何上很容易理解,但要找到这样的零点却是不容易的,一般用二分法和牛顿切线法来寻找函数的零点.

例 5　用二分法求函数 $f(x)=x^3+2x-3$ 在区间 $(0, 3)$ 中的零点.

程序如下:

```
clear, clc
a=0;b=3;c=(a+b)/2;
f=inline('x^3+2*x-3');                  %定义函数
s=f(c); k=1;
while abs(s)>1e-6                       %设定精度
    if sign(f(b))==sign(f(c))           %判定端点处函数值得符号
        b=c; c=(a+b)/2; s=f(c);         %对分区间
    else
        a=c;c=(a+b)/2;s=f(c);
    end
    k=k+1;
end
disp([c,f(c),k])                        %输出相关数据
```

结果为

```
1.0000    0.0000    23.0000
```

结果表明,经过 23 次的迭代,得到函数的一个近似零点 $x_0=1.000\,0$, 相应的函数值为 $f(1.000\,0)\approx 0.000\,0$.

注意,此处我们说这个 x_0 是函数的近似零点,事实上,如果用 15 位小数表示时,相应的数值分别为

[c,f(c)]=[1.000000119209290　0.000000596046490]

虽然二分法有效地解决了函数的零点问题,但其收敛速度缓慢,计算时间偏长,在下节中我们将引入牛顿切线法,此时收敛速度将大大地提高.

例 6 混沌现象讨论.

在生物学上，有一个刻画生物群体中的个体总量增长情况的著名方程——逻辑斯蒂(logistic)方程

$$p_{n+1} = kp_n(1-p_n). \tag{5.1}$$

其中，p_n 为某一生物群体的第 n 代的个体总量与该群体所能达到的最大个体总量之比 $0 \leqslant p_n \leqslant 1(n=0, 1, 2)$，其中，$k$ 为比例系数.

选定初值 p_0 和比例系数 k 后，由方程(5.1)确定一个生物群体的生长序列

$$p_0, p_1, p_2, \cdots, p_n, \cdots$$

问题是这样的数列有没有极限？如果没有极限，是否会出现一个周期变化的趋势？我们通过下面的实验来说明该生物群体在不同初值下的变化情况.

(1) 取 $p_0=0.5$，$k=1.5$

大致图像如图 5-3 所示.

图像说明：当 n 较大时，数列基本呈现稳定状态，即 $\lim\limits_{n\to\infty} p_n = a$. 此说明经过若干代之后，该生物群体的总量处于稳定状态.

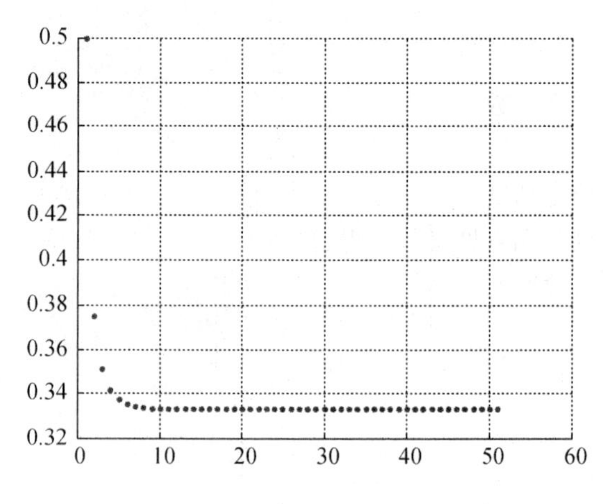

图 5-3 $p_0=0.5$，$k=1.5$ 时图像

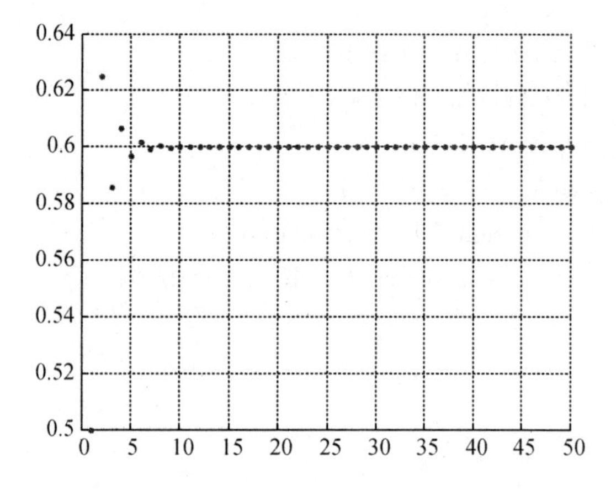

图 5-4 $p_0=0.5$，$k=2.5$ 时图像

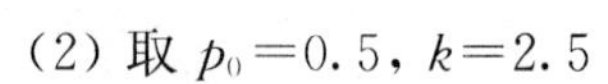

(2) 取 $p_0=0.5$，$k=2.5$

大致图像如图 5-4 所示.

(3) 取 $p_0=0.5$，$k=3.2$

大致图像如图 5-5 所示.

此时生物群体总量呈现周期变化的情况，若用折线将散点连接起来，则有图 5-6.

(4) 取 $p_0=0.5$，$k=3.45$

大致图像如图 5-7 所示. 和图 5-6 相比，尽管还是呈现周期变化情况，但周期点比较分散.

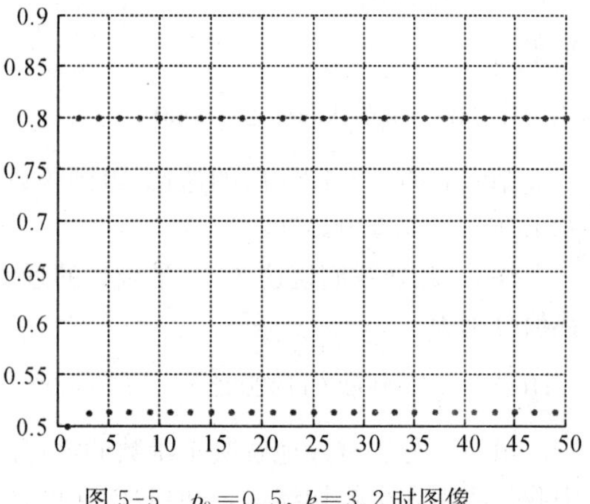

图 5-5 $p_0=0.5$，$k=3.2$ 时图像

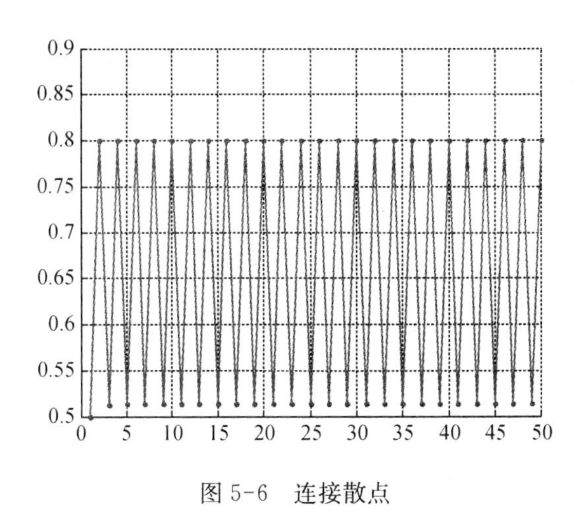

图 5-6　连接散点

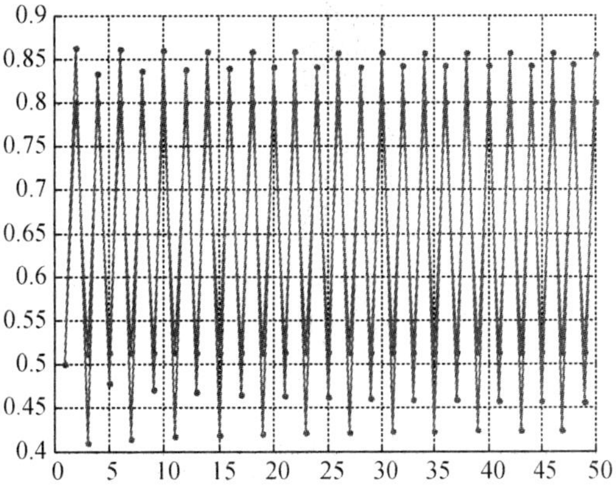

图 5-7　$p_0=0.5$，$k=3.45$ 时图像

(5) 取 $p_0=0.5$，$k=3.8$

大致图像如图 5-8 所示. 此时周期的散点则更多.

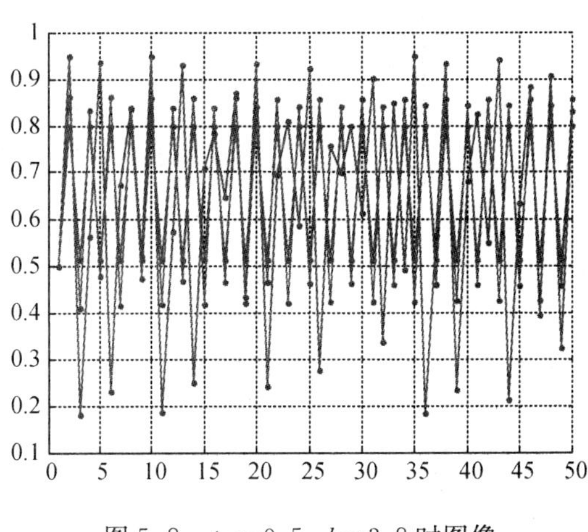

图 5-8　$p_0=0.5$，$k=3.8$ 时图像

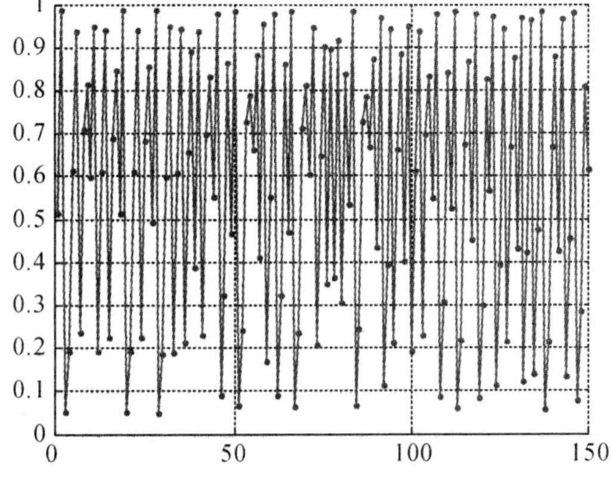

图 5-9　$k=3.95$，$p_0=0.5+0.013$ 时图像

(6) 最后对 p_0 值做适当的调整，取 $k=3.95$，$p_0=0.5+0.013$

结果如图 5-9 所示. 此时，图形上的点呈现出无规律的状态，这种现象称为“混沌”.

例 7　我们知道 $\lim\limits_{x\to+\infty}\dfrac{\ln x}{x^{\alpha}}=0\ (\alpha>0)$，简单地说，当 $x\to+\infty$ 时，函数 $\ln x$ 是没有阶的. 该问题从数学上很难理解，通过几何描述，讨论 $\ln x$ 和 $x^{0.1}$ 当 $x\to+\infty$ 时的大小关系，并回答下面几个问题：

(1) 在何处有 $x^{0.1}>\ln x$?

(2) 当 $x\to+\infty$ 时，函数 $\dfrac{\ln x}{x^{0.1}}$ 的变化情况.

解　(1) 首先画出函数 $f(x)=\dfrac{\ln x}{x^{0.1}}$ 在不同区间上的图形，以确定满足条件的点的范围.

程序如下：

```
clear,clc,clf
subplot(2,2,1);
fplot('log(x)/x^0.1',[1,1e6]),grid on
subplot(2,2,2)
fplot('log(x)/x^0.1',[1e6,1e10]),grid on
subplot(2,2,3)
fplot('log(x)/x^0.1',[1e10,1e15]),grid on
subplot(2,2,4)
fplot('log(x)/x^0.1',[1e15,1e17]),grid on
```

相应的图形如图 5-10 所示.

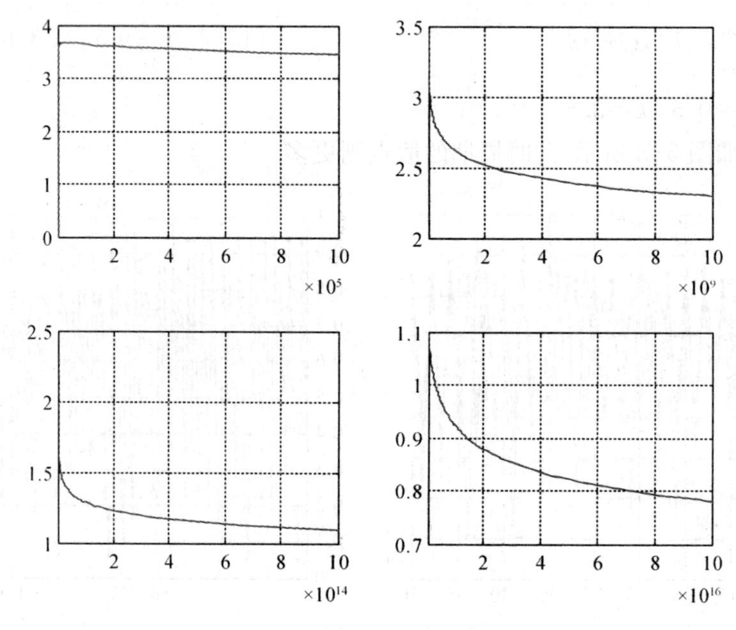

图 5-10　函数不同区间图形

从程序和图形的比较看样看到,满足条件的点大致在 $10^{15} \sim 10^{16}$ 之间. 再做局部放大,如图 5-11 所示.

(2) 做出更大范围函数的图形.

```
clear,clc,clf
subplot(2,2,1)
fplot('log(x)/x^0.1',[1e15,1e18]),grid on
subplot(2,2,2)
fplot('log(x)/x^0.1',[1e18,1e21]),grid on
subplot(2,2,3)
fplot('log(x)/x^0.1',[1e21,1e30]),grid on
subplot(2,2,4)
fplot('log(x)/x^0.1',[1e30,1e40]),grid on
```

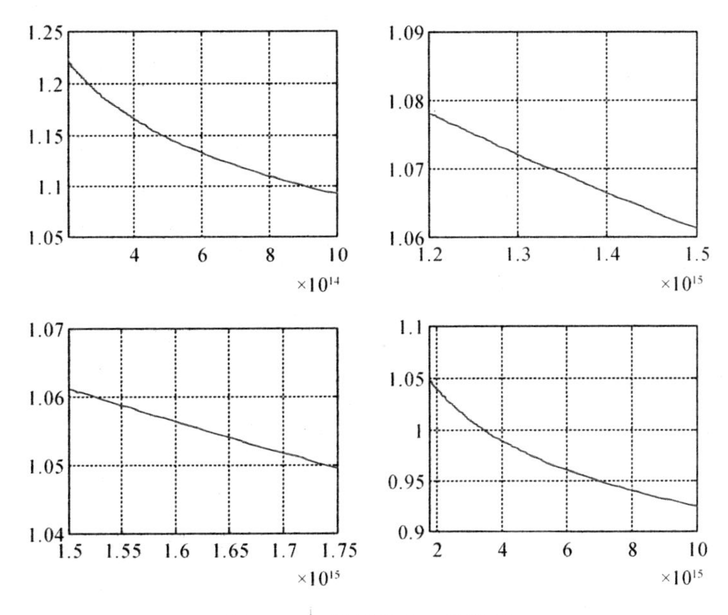

图 5-11　局部放大函数图形

其结果如图 5-12 所示. 当 x 接近于 10^{30} 次方时,函数的曲线接近于直线 $y=0$.

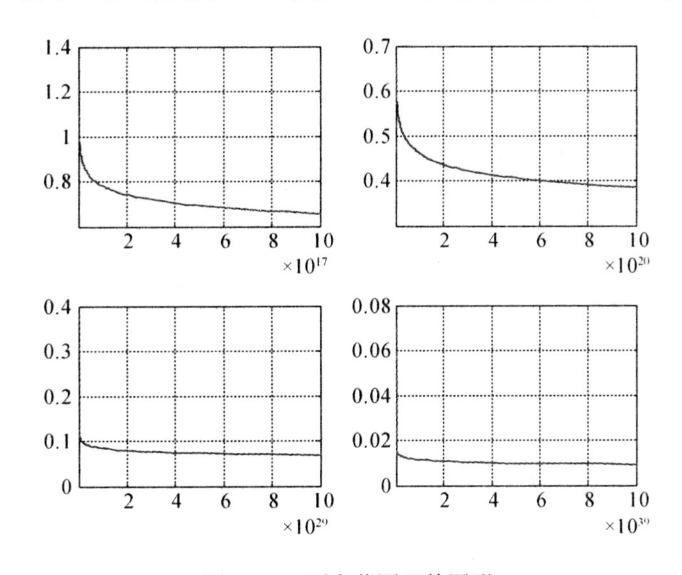

图 5-12　更大范围函数图形

5.2　一元函数微分学

通过一阶导函数和二阶导函数的符号,可以判定函数 $f(x)$ 的单调性以及函数曲线的凹凸性. 这是导数应用的重要内容之一.

1. 符号导数

格式 diff(f, x, n)

功能 对函数表达式及给定变量求 n 阶导数.

例 8 求函数 $y=\ln(1+x)$ 的一阶和二阶导数.

在命令窗口中输入下面语句:

```
syms x y
y1=diff(log(1+x),x,1);
y2=diff(log(1+x),x,2);
disp([y1,y2])
```

返回值 [1/(1+x),-1/(1+x)^2]

即 $y'=\dfrac{1}{1+x},\quad y''=-\dfrac{1}{(1+x)^2}.$

例 9 设 $y=\cos x^2$,求 $y^{(4)}(0)$.

输入下面语句:

```
syms x, f=diff(cos(x^2),x,4);subs(f,0)
```

返回值 ans=-12

对于较为复杂的表达式,可以通过 simple 函数加以化简.

例 10 设 $y=xe^{x^2}$,求 $y^{(5)}$ 并化简.

输入下面语句:

```
syms x, f=diff(x*exp(x^2),x,5);y=simple(f)
```

返回值 4*exp(x^2)*(15+90*x^2+60*x^4+8*x^6)

即 $y^{(5)}=4(8x^6+60x^4+90x^2+15)e^{x^2}$.

该表达式比原表达式 60*exp(x^2)+360*x^2*exp(x^2)+240*x^4*exp(x^2)+32*x^6*exp(x^2)简单得多.

2. 数值微分

(1) 数值微分意义

设函数 $y=f(x)$ 为可导函数. 则按数值微分的定义,导数 $f'(x)$ 为差商 $\dfrac{f(x+h)-f(x)}{h}$ 当 $h\to 0$ 时的极限,即

$$f'(x)=\lim_{h\to 0}\frac{f(x+h)-f(x)}{h}.$$

当精度要求不高时,以差商作为其导数的近似值.

向前差商 $f'(x)=\dfrac{f(x+h)-f(x)}{h}$.

向后差商　$f'(x)=\dfrac{f(x)-f(x-h)}{h}$.

中心差商　$f'(x)=\dfrac{f\left(x+\dfrac{h}{2}\right)-f\left(x-\dfrac{h}{2}\right)}{h}$.

（2）数值微分的实现

在 MatLab 中，没有提供求数值导数的直接方法，而是使用向前差分的函数来近似替代数值微分.

格式　diff(x,n)

功能　计算向量 $\boldsymbol{x}$ 的向前 n 阶差分.

例 9　计算向量 x=[1 4 9 16 25 36 49]的向前一阶及二阶差分 diff(x)及 diff(x,2).

输入语句　x=[1:7].^2;y1=diff(x),y2=diff(x,2)

结果为　y1=3　5　7　9　11　13

　　　　y2=2　2　2　2　2

3. 应用

（1）拉格朗日中值定理的几何描述

拉格朗日中值定理　设函数 $f(x)$ 在闭区间 $[a, b]$ 上连续，在开区间 (a, b) 上可导，则在区间 (a, b) 内存在点 ξ 使得

$$f'(\xi)=\frac{f(b)-f(a)}{b-a}.$$

该定理的几何意义是，在满足定理的前提下，曲线上一定存在一点，使曲线在该点的切线与曲线端点的连线平行.

例 9　设函数 $y=x+\dfrac{4}{x}$，作出该函数的曲线在区域 $[1, 10]\times[1, 10]$ 中的图形，再作出连接曲线上两点 $(1, 5)$，$(8, 8.5)$ 的割线，最后作出与该割线平行的切线.

程序如下：

```
f=inline('x+4/x');df=('1-4/x^2)');
x=0.5:.1:10;y=x+4./x;
plot(x,y),grid on,axis([0,10,3,10])            %曲线图形
k1=(8.5-5)/(8-1);                              %割线斜率
syms x
x=solve('1-4/x^2=0.5');
x=eval(x);n=find(x>0);x0=x(n);                 %寻找曲线上满足条件的点
x=0:.1:10;
y1=5+0.5*(x-1);y2=f(x0)+0.5*(x-x0);%割线和切线方程
hold on
plot(x,y1,'k',x,y2,'r--')
```

```
plot(x0,f(x0),'ro'),
text(x0+0.2,f(x0),'\leftarrow 切点','FontSize',14,'color','r')
legend('f(x)','割线','切线',2)
```

结果如图 5-13 所示.

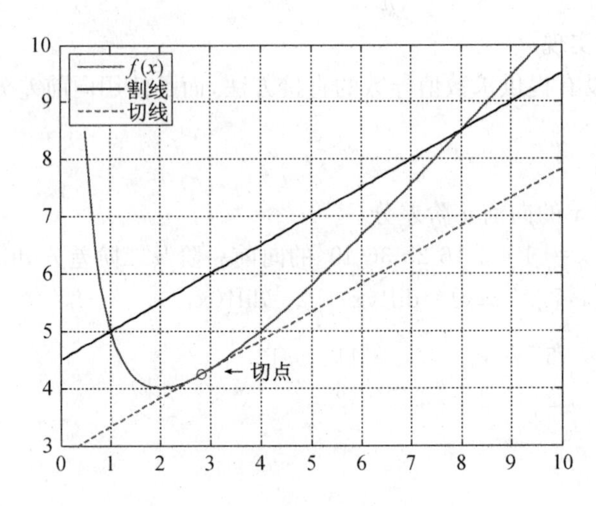

图 5-13　函数图形及割线、切线

(2) 单调性及凹凸性研判

设函数 $f(x)$ 二阶可导,则

① 若 $f'(x)\geqslant 0$ 且在任何一个小区间内不恒为零,则 $f(x)$ 单调增加;若 $f'(x)\leqslant 0$ 且在任何一个小区间内不恒为零,则 $f(x)$ 单调减少;

② 若 $f''(x)\geqslant 0$ 且在任何一个小区间内不恒为零,则函数 $f(x)$ 的图形是凹弧;若 $f''(x)\leqslant 0$ 且在任何一个小区间内不恒为零,则函数 $f(x)$ 的图形是凸弧.

例 12　做出函数 $f(x)=x^3-3x-9x+2$ 和 $f'(x)$, $f''(x)$ 在区间 $[-3,5]$ 中的图形,由此观察函数的单调性、曲线的凹凸性与函数 $f'(x)$, $f''(x)$ 符号的相关关系.

程序如下:

```
syms x
f=inline('x.^3-3*x.^2-9*x+2');
df=diff(x^3-3*x^2-9*x+2,x,1);
d2f=diff(x^3-3*x^2-9*x+2,x,2);
x=-3:.1:5;
y=f(x);y1=subs(df,x);y2=subs(d2f,x);
plot(x,y,x,y1,x,y2),grid on,hold on
legend('f(x)','f1(x)','f2(x)')
plot(-1,f(-1),'ro'),
text(-1+0.2,f(-1),'\leftarrow 驻点',...
    'FontSize',14,'color','r')
plot(3,f(3),'ro'),
```

```
text(3+0.2,f(3),'\leftarrow 驻点',...
    'FontSize',14,'color','r')
text(-2.5+0.2,f(-2.5),'\leftarrow 单调增加',...
    'FontSize',14,'color','b')
text(1.4+0.4,f(1.4+0.4),'\leftarrow 单调减少',...
    'FontSize',14,'color','b')
text(4.5-2,f(4.5),'单调增加 \rightarrow',...
    'FontSize',14,'color','b')
```

其结果如图 5-14 所示.

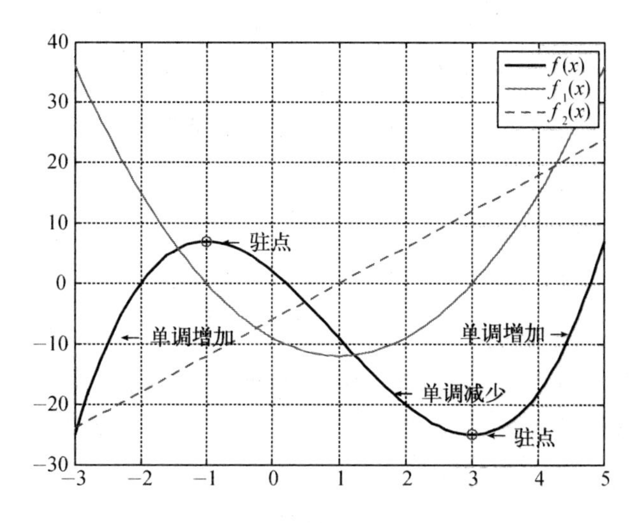

图 5-14　函数及导函数图形

(3) 函数的极值、最大值和最小值

MatLab 中求函数极值的函数分别有 fminbnd 和 fminsearch.

① 用 fminbnd 求函数在闭区间上的最小值

格式　fminbnd(f,a,b)

功能　求函数 $f(x)$ 在闭区间 $[a,\ b]$ 上的最小值.

例 13　求函数 $f(x)=x\sin(x^2-x-1)$ 在区间 $[-2,\ 0]$ 上的最大和最小值.

首先画出函数在区间 $[-2,\ 0]$ 上的大致图形,输入语句:

```
f=inline('x*sin(x^2-x-1)');
fplot(f,[-2,0]),grid on
```

其结果如图 5-15 所示.

再输入语句

```
[x,f]=fminbnd(f,-2,0);
```

返回值:-1.2455　-1.2138.

最后求出函数的最大值.输入语句:

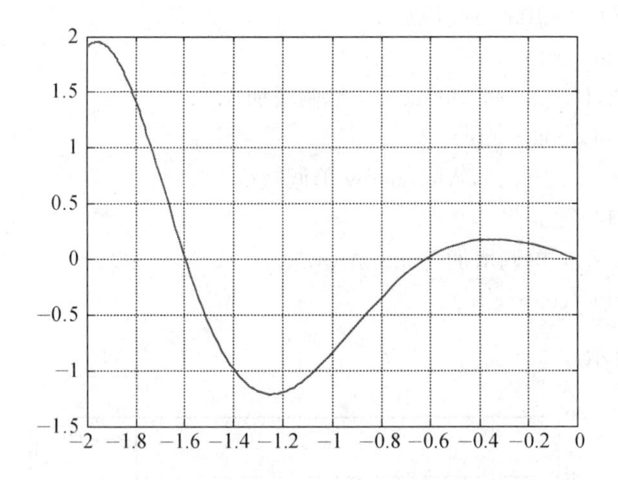

图 5-15　函数在[−2, 0]区间的图形

```
f1=inline('-x*sin(x^2-x-1)');
[x,f1]=fminbnd(f1,-2,0);
disp([x,f1])
```

返回值　−0.3473　−0.1762

结合图 5-15 可以看到,该值是函数在区间中的一个极大值,为此,改变区间,重新求函数在区间上的最大值和最小值. 输入语句:

```
[x,f1]=fminbnd(f1,-2,-1);
disp([x,f1])
```

返回值　−1.9628　−1.9524

而函数值 1.952 4 恰为函数在区间上的最大值. 该例子说明,函数 fminbnd 所得到的极小值是个局部最优解.

② 用 fminsearch 求函数在闭区间上的最小值

格式　fminsearch(f,a)

功能　求函数 $f(x)$ 在点 a 附近的极小值.

作为上例的延续,输入下面语句:

```
[x4,fmin2]=fminsearch(f,-1);
disp([x4,fmin2])
```

结果为　−1.2455　−1.2138.

与上面结果相同. 但要注意的是,改变初始点会影响极小值. 例如,将初始值分别取为 0 或−2 则会得到不同的结果.

(4) 用牛顿切线法求函数零点

牛顿切线法　设函数 $f(x)$ 有连续的二阶导数且无驻点,再设 $f(a)$ 与 $f''(a)$ 有相同的符号. 以 $x_1=a$ 为初始点,并做函数在该点处的切线

$$y-f(x_1)=f'(x_1)(x-x_1),$$

切线与 x 轴的交点为

$$x_2=x_1-\frac{f(x_1)}{f'(x_1)},$$

以该点为新的迭代点，重新做切线求出新切线与 x 轴的交点……如此，在一定的条件下，可以迅速求出函数的零点.

以下用牛顿切线法求例 3 中的零点.

例 14　用牛顿切线法求函数 $f(x)=x^3+2x-3$ 在区间 $(0,3)$ 中的零点.

解　从点 $x=3$ 开始迭代，注意到点 $x=3$ 满足条件. 编写程序如下：

```
f=inline('x^3+2*x-3');df=inline('3*x^2+2');
k=1;x(k)=3;x(k+1)=x(k)-f(x(k))/df(x(k));
while abs(x(k+1)-x(k))>1e-10
    k=k+1;x(k+1)=x(k)-f(x(k))/df(x(k));
end
format long
disp([k,x(k)-x(k-1),x(k),f(x(k))])
```

相应的结果为

```
7.000000000000000   -0.000002150382018   1.000000000002774   0.000000000013872
```

即经过 7 次迭代得到函数的近似零点，且比二分法所得到的零点的近似程度更好，说明对同样的问题，牛顿切线法的效果要好得多. 但牛顿切线法的缺点是存在是否收敛的问题.

牛顿切线法的几何意义可见图 5-16.

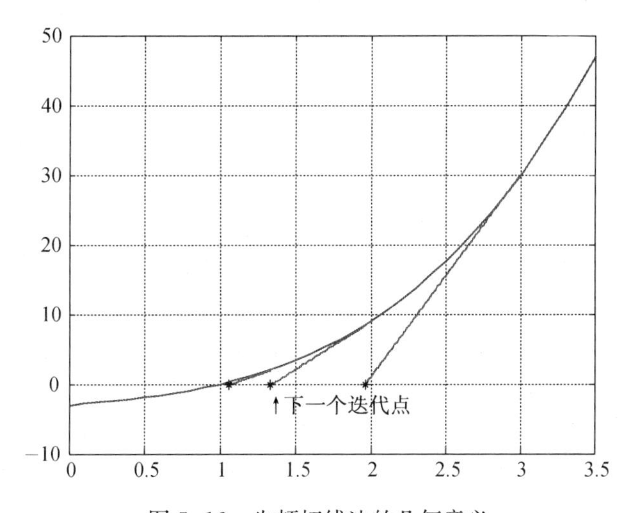

图 5-16　牛顿切线法的几何意义

从图 5-16 可以看到，牛顿切线法以更快的速度收敛.

5.3 一元函数积分学

MatLab提供了多种形式的求积分方法，包括求符号不定积分、符号定积分、数值定积分、符号重积分与数值重积分. 在本节中，主要讨论符号不定积分与数值定积分.

1. 不定积分

格式 int(f,x)

功能 求函数 $f(x)$ 的不定积分.

例15 求下列积分.

(1) $\int x\ln(1+x)\mathrm{d}x$；　　(2) $\int \sin\sqrt{x}\mathrm{d}x$；

(3) $\int \frac{1}{\sqrt{(1+x^2)^3}}\mathrm{d}x$；　　(4) $\int x\sin^2 x\mathrm{d}x$.

程序如下：

```
clear,clc
syms x
I1=int(x*log(1+x),x);
I2=int(sin(sqrt(x)),x);
I3=int(1/sqrt((1+x^2)^3),x);
I4=int(x*sin(x)^2,x);
disp([I1,I2,I3,I4])
```

各积分结果依次为

```
I1=x/2-log(x+1)/2+x^2*(log(x+1)/2-1/4)
I2=2*sin(x^(1/2))-2*x^(1/2)*cos(x^(1/2))
I3=x/(x^2+1)^(1/2)
I4=sin(x)^2/4-(x*sin(2*x))/4+x^2/4
```

2. 定积分

格式 int(f(x),x,a,b)

功能 求函数 $f(x)$ 在区间 $[a, b]$ 上的定积分.

例16 求下列定积分.

(1) $\int_0^{\frac{\pi}{2}} \frac{x+\sin x}{1+\cos x}\mathrm{d}x$；　　(2) $\int_0^{2\pi} x|\cos x|\mathrm{d}x$；

(3) $f(x)=\begin{cases}x^2+1, & 1<x\leqslant 2,\\ x, & 0\leqslant x<1,\end{cases}$ 求 $\int_0^2 f(x)\mathrm{d}x$；　　(4) $\int_2^{+\infty} \frac{\cos x}{\ln x}\mathrm{d}x$.

程序如下：

```
syms x
I1=int((x+sin(x))/(1+cos(x)),x,0,pi/2);                %题 1
I2=int(x*abs(cos(x)),0, 2*pi);                         %题 2
I3=int(x,0,1)+int(x^2+1,1,2);                          %题 3
I4=int(cos(x)/log(x),x,2,inf);                         %题 4
disp([I1,I2,I3,I4])
```

结果为

```
[ pi/2, 4*pi, 23/6, NaN]
```

上例中的最后小题是收敛的，之所以发生这样的问题，是由于该函数的原函数不易求得，为解决此问题，引入定积分的数值积分方法.

3. 数值定积分

常用的求数值定积分的 MatLab 函数是 quad.

格式　quad(@f,a,b)

功能　求指定函数在区间上的数值积分.

数值积分对于一些原函数为非初等函数，或者不容易求得积分的初等函数，提供了很好的解决办法，值得注意的是，数值积分提供的是近似计算的结果，并不像符号积分提供的是精确解（符号解）.

例 17　用数值方法求积分 $\int_0^{\pi}\sin x\mathrm{d}x$.

输入语句　I=quad('sin(x)',0,pi)

返回值　I=2.0000

注意，这个积分值并不等于 2，事实上，输入下面语句：

format long,I(用 15 位小数显示积分 I 的值)

返回值　I=1.999999996398431

我们知道，函数 $f(x)$ 在区间 $[a,b]$ 上的定积分表现为一个和式的极限：

$$\int_a^b f(x)\mathrm{d}x=\lim_{\lambda\to0}\sum_{i=1}^{n}f(\xi_i)\Delta x_i,\ \lambda=\max_i\{|\Delta x_i|,\ i=1,2,\cdots,n\}.$$

这是一个极限过程，所以永远取不到终值！因此，定积分的数值方法给出的是一个近似值. 其几何意义是用矩形面积近似代替曲边梯形面积. 尽管该方法给出了一个近似解法，但相应的收敛速度缓慢. 通过对该形式的变形，可得到定积分近似计算的梯形方法和抛物线方法.

① 梯形公式

$$T_n=\sum_{i=0}^{n-1}\frac{f_i+f_{i+1}}{2}(x_{i+1}-x_i),$$

其中，$f_i=f(x_i)$，x_0，x_1，$\cdots$，x_n 是将区间 $[a,b]$ 做 n 等分后的等分点值.

上式又可以记成

$$T_n = h\sum_{i=0}^{n-1} f_i + \frac{h}{2}(f_0 + f_n) \quad \left(h = \frac{b-a}{n}\right).$$

② 复合辛普森公式(抛物线公式)

采用 $n = 2m$(偶数个等分区间),对相邻两个小区间的三个端点构造二次插值函数 $S_i(x)$,积分

$$\int_{x_{2i}}^{x_{2i+2}} S_i(x)\mathrm{d}x = \frac{h}{3}(f_{2i} + 4f_{2i+1} + f_{2i+2}),$$

由此得近似计算公式

$$T_n = \frac{h}{3}\left(f_0 + f_n + 4\sum_{i=0}^{m-1} f_{2i+1} + 2\sum_{i=1}^{m-1} f_{2i}\right) \quad \left(h = \frac{b-a}{2m}\right).$$

几个常用数值积分函数如表 5-1 所示.

表 5-1　　常用数值积分函数

格式	意　义
trapz(x)	用复合梯形公式计算积分,其中,数组 x 为 $f_i(i = 0, 1, \cdots, n)$
trapz(x,y)	用复合梯形公式计算积分,输入 x, y 为同长度的数组
quar(f,a,b,tol)	用辛普森公式求积分,tol 表示精度,默认值为 1e−6
quar1(f,a,b,tol)	用自适应 Gauss-Lobatto 公式计算

例 18　求积分 $\int_0^1 \frac{\sin x}{x}\mathrm{d}x$.

我们知道,函数 $\frac{\sin x}{x}$ 的原函数不是初等函数,因此,不能用牛顿-莱布尼茨公式求解,只能用相应的数值方法进行求解. 在 MatLab 命令窗口中输入语句

```
I=quad('sin(x)./x',0,1)
```

返回值　I=0. 946083070076534

也可以用下面方法求解. 输入语句

```
syms x,a=int(sin(x)/x,0,1);vpa(a,8)
```

返回值　ans=0. 94608307

例 19(跑道问题)　某运动场的内外两跑道均为半椭圆(图 5-17),内道的方程为 $y = \sqrt{100 - 0.2x^2}$,外道的方程为 $y = \sqrt{150 - 0.2x^2}$. 内道起点为 $P(\sqrt{500}, 0)$,外道的起点为点 M,两跑道的终点均设在跑道与 x 轴的负半轴的交点处,为了使跑道的长度相等,M 点应选在何处?

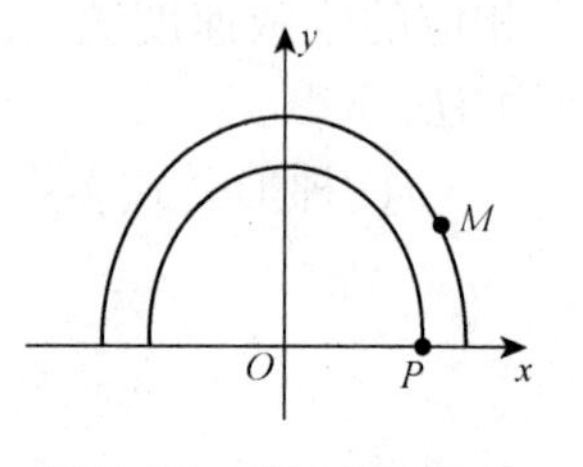

图 5-17　例 19 图形

解　建立模型，首先求出内椭圆轨道的长度. 由椭圆方程 $y=\sqrt{100-0.2x^2}$，所以弧微分

$$ds=\sqrt{\frac{100-0.16x^2}{100-0.2x^2}}dx,$$

由此得弧长

$$s=\int_{-\sqrt{500}}^{\sqrt{500}}\sqrt{\frac{100-0.16x^2}{100-0.2x^2}}dx.$$

在 MatLab 下完成积分，得到积分值(轨道长度)

```
a=sqrt(500);
I=quad('sqrt((100-0.16*x.^2)./(100-0.2*x.^2))',-a,a);
disp(abs(I))
```

得到轨道长度的近似值 $s=52.7037$.

再做积分

$$s=\int_{-\sqrt{750}}^{\sqrt{y}}\sqrt{\frac{150-0.16x^2}{150-0.2x^2}}dx.$$

由于该积分是个椭圆积分，原函数不是初等函数，因此，用近似计算方法处理，并画出最终结果的相应图形. 编写脚本文件：

```
clear,clc
k=1;b=sqrt(750);
for t =350:0.1:400;
    I=quad('f21_2',-sqrt(750),sqrt(t));
    if abs(I-52.7037)<0.001
        break
    end
    k=k+1;
end
disp([sqrt(t),k])
```

最后结果为　$M_0(19.9097, 8.4096)$.

图形处理的程序如下：

```
t=0:0.01:pi;
x1=sqrt(500)*cos(t);y1=10*sin(t);            %参数方程作图
plot(x1,y1),grid on,hold on
axis([-30,30,0,15])
x2=sqrt(750)*cos(t);y2=sqrt(150)*sin(t);
plot(x2,y2,'r'),
```

```
legend('内圈','外圈')
x0=19.9097;y0=8.4096;
plot(x0,y0,'ko')                                %终点
```

其结果如图 5-18 所示，和问题图基本吻合.

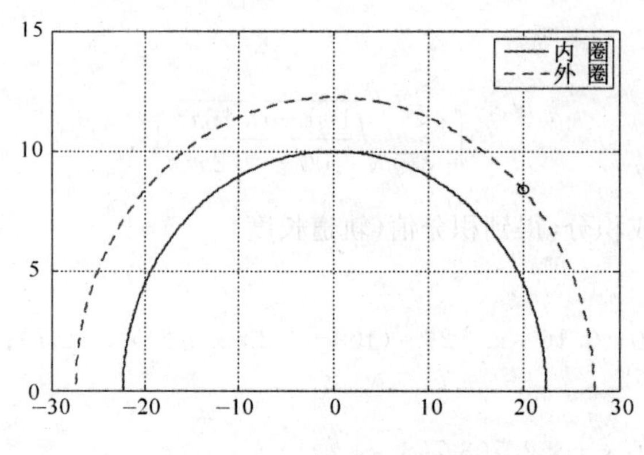

图 5-18　例 19 结果图形

第 5 章练习

1. 求出下列函数的极限.

(1) $\lim\limits_{x\to 0}(\cos x)^{\frac{1}{x^2}}$；　　(2) $\lim\limits_{x\to 0}\dfrac{\tan\tan x-\sin\sin x}{\tan x-\sin x}$；

(3) $\lim\limits_{x\to 0}\left(\dfrac{2^x+3^x+4^x}{3}\right)^{\frac{1}{x}}$；　　(4) $\lim\limits_{x\to 0}\dfrac{\cos x-\mathrm{e}^{-\frac{x^2}{2}}}{x^2[x-\ln(1+2x)]}$.

2. (1) 设数列 $x_1=\dfrac{\pi}{4}$, $x_{n+1}=\sin x_n(n=1,2,\cdots)$，描绘数列 x_n 的散点图；

(2) 求出极限 $\lim\limits_{x\to 0}\left(\dfrac{x_{n+1}}{x_n}\right)^{\frac{1}{x_n^2}}$ 的极限.

3. 求下列各函数在指定点处的导数.

(1) $y=x\ln(1+x^2)$，求 $y'''(0)$；　　(2) $y=x^3\mathrm{e}^{2x}$，求 $y^{(20)}$；

(3) $\begin{cases}x=\arctan t,\\ y=\ln(1+t^2)\end{cases}$，求 $\dfrac{\mathrm{d}^3y}{\mathrm{d}x^3}$；　　(4) $y=\dfrac{1}{2x^2-3x-5}$，求 $y^{(100)}$.

4. 求出两条心形线 $\rho=2(1+\cos\theta)$, $\rho=2(1-\cos\theta)$ 在交点 $\left(\dfrac{\pi}{2},2\right)$ 处的切线斜率，从而说明两切线相互垂直.

5. 做出函数 $y=x^2(0\leqslant x\leqslant 2)$ 的图形，并作出曲线在端点 $\left(\dfrac{1}{2},f\left(\dfrac{1}{2}\right)\right)$，$(x_n,f(x_n))\left(x_n=\dfrac{1}{2}+\dfrac{n}{10}(n=1,2,10)\right)$ 的连线，最后作出曲线在点 $\left(\dfrac{1}{2},f\left(\dfrac{1}{2}\right)\right)$ 处

的切线.

6. 作出 $y=x$ 与 $y=\tan x$ 的图形,从而找出方程 $x=\tan x$ 的三个正根(最小的),并局部放大图形以尽可能地找到精确解.

7. 水槽由半圆柱体水平放置而成,圆柱体长为 L,半径为 r,当给定水槽内盛水的体积 V 后,要求计算从水槽边沿到水面的距离 x. 已知 $L=25.4\ \text{m}$,$r=2\ \text{m}$,求 V 分别为 10 m,50 m,100 m 时的 x,试画出相应的曲线.

8. 作出 $y=x\ln(1+x)$ 在区间 $[1, 4]$ 中的图形,并作出端点的连线,在曲线上求一点,使该点的切线与端点的连线平行(拉格朗日中值定理).

9. 作出函数 $y=\dfrac{\ln x}{x}$ 在不同区间上的图形,观察函数的极值点、拐点和渐近线的变化情况.

10. 作出函数 $y=(x-5)x^{2/3}$ 在区间 $[-2, 5]$ 上的图形,观察函数的极值点、拐点和渐近线的变化情况.

11. 求函数 $y=(x^2+1)\sin(x^2+x-1)$ 在区间 $[-4, 3]$ 上的极值与最值,再作出相应的曲线图形加以验证.

12. 作出函数 $f(x)=3x^2-21x+15$, $f'(x)$, $f''(x)$ 在区间 $[-5, 4]$ 上的曲线图形,观察单调区间、凹凸区间、极值等情况.

13. 求解方程 $e^x=3x^2$.

14. 有一容器,下部是一个半径为 2 m 的半球,上面是一个底圆半径为 2 m、高为 2 m 的圆锥,半球体内盛有一部分的水. 问:当水面高度 h 为多少时,容器内水的体积恰好是容器体积的一半?

15. 计算下列积分:

(1) $\int x\sin^4 x\,dx$;

(2) $\int e^x \sin 2x\cos 3x\,dx$;

(3) $\int_0^1 \dfrac{\ln(1+x)}{1+x^2}dx$;

(4) $\int_0^1 x^2 e^{-x^2}dx$;

(5) $\int_0^{\frac{\pi}{2}} \ln\sin x\,dx$;

(6) $\int_0^{+\infty} e^{-ax}\sin bx\,dx\ (a, b>0)$.

16. 确定 x_0,使得 $\int_0^{x_0}\dfrac{\sin x}{x}dx=\dfrac{1}{2}\int_0^1\dfrac{\sin x}{x}dx$(精确到小数第五位).

17. 某游乐场新建一个鱼塘,在钓鱼季节来临前将鱼放入鱼塘. 鱼塘的平均深度是 6.5 m,开始计划每 3 m^3 有一条鱼,并在钓鱼季节结束时所剩的鱼是开始的 30%. 如果一张钓鱼证可以钓鱼 20 条. 试问:该游乐场最多可以出售多少张钓鱼证?

又:该鱼塘的平面图形关于 x 轴对称,经测量得到鱼塘岸边的部分坐标点如下:

x	0	10	15	20	25	30	35	40	45	50	55
y	0	240	400	510	570	620	550	470	380	490	0

第6章 多元微积分应用

我们知道,多元微积分在很大程度上是一元微积分在多维空间上的延伸. MatLab 在多元微积分上的处理方法,也几乎是在一元微积分上处理方法上的翻版. 本章将详细讨论 MatLab 在多元微积分应用上的处理方法. 其主要内容有常见的空间二次曲面的图形、多元微分应用、重积分.

6.1 常见的空间二次曲面图形

1. 球面

球面方程 $x^2+y^2+z^2=R^2$.

例 1 作出球面 $x^2+y^2+z^2=1$ 的图形.

在命令窗口中输入 sphere(40),相应的图形如图 6-1 所示.

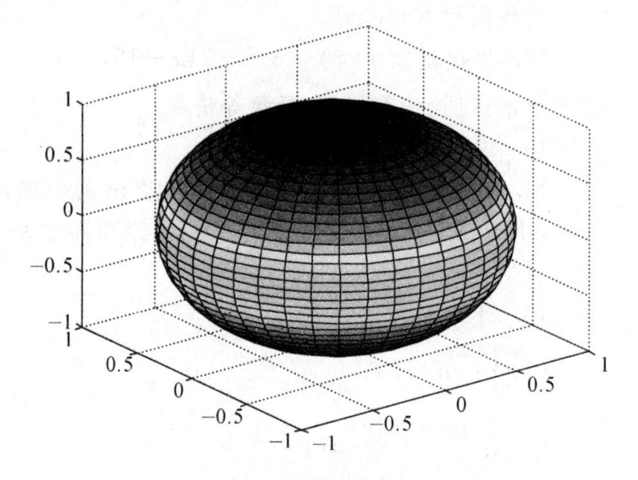

图 6-1 单位球面图形

这是一个半径为 1 的单位球,若要生成一个半径为 $R=4$ 的球,输入下面语句:

```
[x,y,z]=sphere(40);
x=4*x;y=4*y;z=4*z;
mesh(x,y,z)
title('球半径为4')
```

其结果如图 6-2 所示.

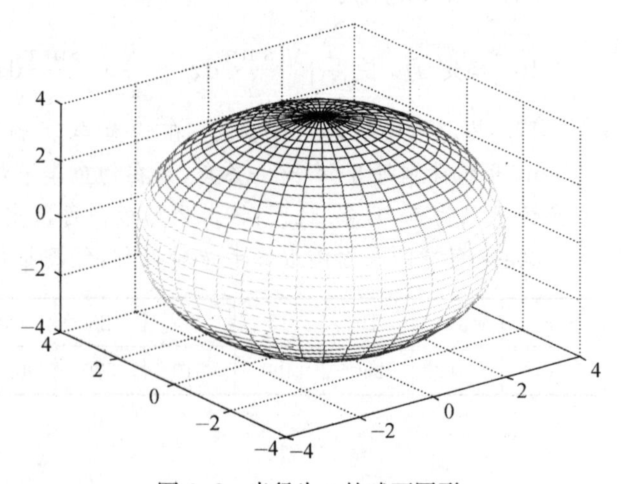

图 6-2 半径为 4 的球面图形

也可以用极坐标方式画出. 输入下面语句:

```
t=0:pi/30:2*pi;r=0:.1:4;
[R,T]=meshgrid(r,t);
x=R.*cos(T);y=R.*sin(T);
u=abs(16-x.^2-y.^2);
z=sqrt(u);
mesh(x,y,z)
hold on
```

```
z1=-z;
mesh(x,y,z1)
```

该图形(图 6-3)与图 6-2 基本一致.

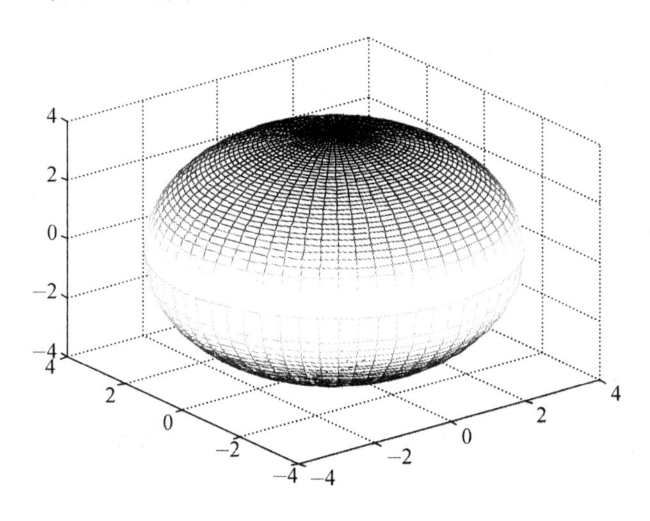

图 6-3　极坐标形式

用参数方程形式作图. 输入语句

```
ezmesh('2 * sin(u) * cos(v)','2 * sin(u) * sin(v)','2 * cos(u)',[0,pi,0, 2 * pi])
```

结果如图 6-4 所示.

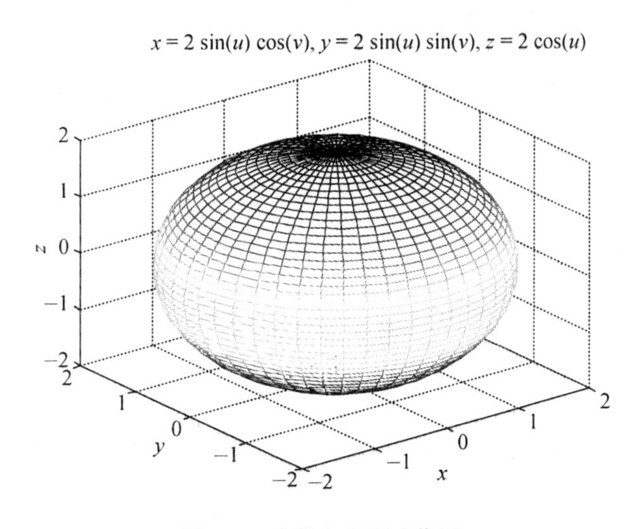

图 6-4　参数方程形式作图

在上例中,将半径 R 改变成 x^2, y^2, z^2 的不同系数即可得到椭球面图形.

2. 旋转曲面

例 2　分别作出旋转抛物面 $z = x^2 + y^2$ 和锥面 $z^2 = x^2 + y^2$ 的图形.
程序如下:

```
r=0:.1:2;t=0:pi/30:2*pi;
[R,T]=meshgrid(r,t);
x=R.*cos(T);y=R.*sin(T);
z=x.^2+y.^2;
subplot(1,2,1), mesh(x,y,z)
z1=sqrt(z);z2=-z1;
subplot(1,2,2),mesh(x,y,z1)
hold on,mesh(x,y,z2)
```

其结果如图 6-5 所示.

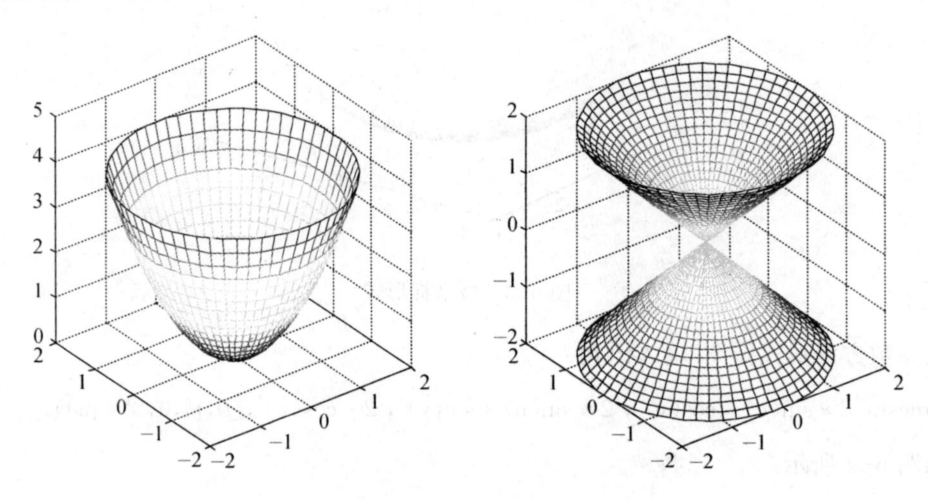

图 6-5　旋转曲面

3. 曲面的交线

例 3　作出曲面 $z=x^2+y^2$ $(0\leqslant z\leqslant 2)$ 与平面 $x+y+z=2$ 在空间的交线.

程序如下:

```
r=0:.01:2.4;t=0:pi/100:2*pi;[R,T]=meshgrid(r,t);
x=R.*cos(T);y=R.*sin(T);z=x.^2+y.^2;
subplot(1,2,1),mesh(x,y,z)
pause
x1=-2:.01:2;[X,Y]=meshgrid(x1);Z=2-X-Y;
hold on
mesh(X,Y,Z),view(120,45)
subplot(1,2,2)
mesh(x,y,z),hold on,mesh(X,Y,Z),view(120,65)
```

其结果如图 6-6 所示. 在(b)图中可以比较清楚地看到曲面的交线.

例 4　画出曲面 $\left(x-\frac{1}{2}\right)^2+y^2=\frac{1}{4}$ 与 $x^2+y^2+z^2=1$ 的交线.

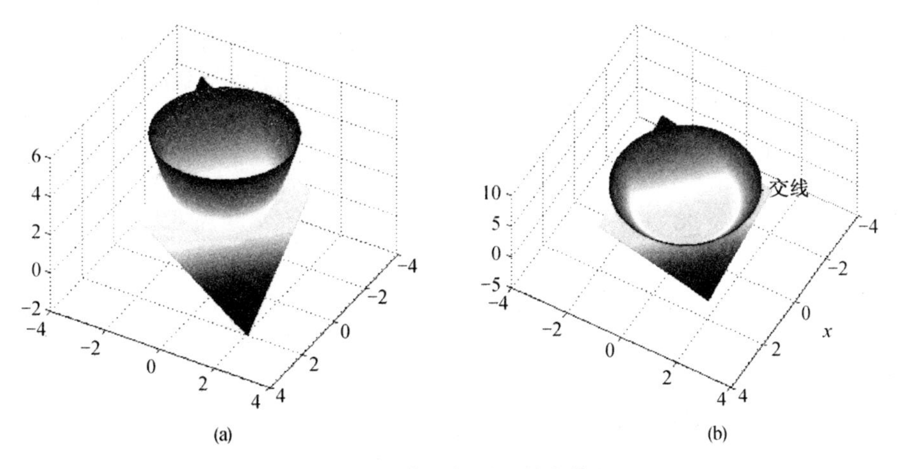

图 6-6　曲面与平面的交线

程序如下：

```
t=[0:0.01:2*pi+0.01]';s=t';
x=2*sin(t)*cos(s);y=2*sin(t)*sin(s);z=2*cos(t)*(0*s+1);
t1=t;s1=[-2:.01:2];
x1=1+cos(t1)*(0*s1+1);y1=sin(t1)*(0*s1+1);
z1=(0*t1+1)*s1;
figure('color',[1,1,1])
h=surf(x,y,z);
hold on
h1=surf(x1,y1,z1);
view(120,9),
light('position',[2,1,2])
lighting phong;
shading interp;axis off
camlight(-220,-170)
axis equal
set(h,'facecolor',[0,0.8,0]);
set(h1,'facecolor',[1,0,1])
```

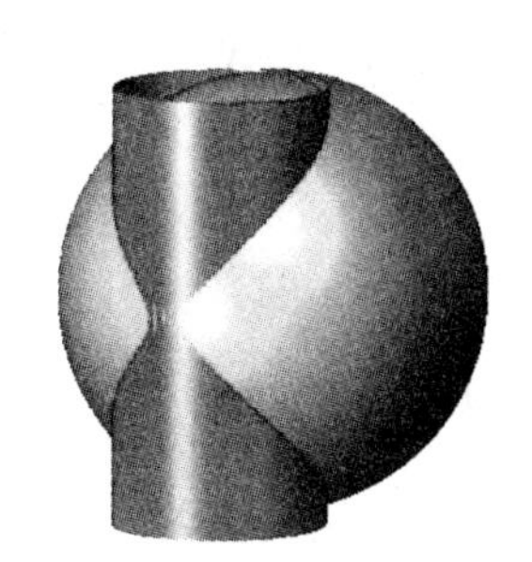

图 6-7　柱面与球面的交线

结果图形如图 6-7 所示.

6.2 多元微分应用

1. 偏导数

我们知道，在多元函数微分中，因变量对某个自变量的偏导是将其他变量视为常数的导数，本质上，多元函数的偏导就是一元函数的导数. 因此，在 MatLab 中，相应的求导就是一元函数的求导方法.

例 5 求下列函数的偏导数.

(1) $z=\arctan\frac{x}{y}$, 求 $\frac{\partial z}{\partial x}$, $\frac{\partial z}{\partial y}$;

(2) $z=x^y$, 求 dz;

(3) $z=\arctan\frac{x}{y}$, 求 $\frac{\partial^2 z}{\partial x\partial y}$;

(4) $z=x^2-y^3+xy$, 求 $\left.\frac{\partial z}{\partial x}\right|_{(2,1)}$.

程序如下:

```
syms x y zx zy zxy dx dy
z=atan(x/y);
zx=diff(z,x);zy=diff(z,y);
zx=simple(zx);zy=simple(zy);
disp([zx,zy])                          %题 1
z=x^y;zx=diff(z,x);zy=diff(z,y);
dz=zx*dx+zy*dy;
disp(dz)                               %题 2
z=atan(x/y);
zx=diff(z,x);zxy=diff(zx,y);
zxy=simple(zxy);
disp(zxy)                              %题 3
z=x^2-y^3+x*y;
zx=diff(z,x);
zx2=subs(zx,2);zx21=subs(zx2,1);
disp(zx21)                             %题 4
```

各项结果为

```
[ y/(x^2+y^2),-x/(x^2+y^2)]
dx*x^(y-1)*y+dy*x^y*log(x)
(x^2-y^2)/(x^2+y^2)^2
     5
```

最后一题也可以用下面的方法完成:
输入语句:

```
z=x^2-y^3+x*y;
z=subs(z,y,1);
zx=diff(z,x);zx21=subs(zx,2);
disp(zx21)
```

结果相同.

2. 梯度

(1) 梯度的含意

在微积分中,多元函数在一点的梯度,是由该函数对各个变量的偏导所构成的向量,即若 $z=f(x, y)$ 为二元可微函数,则在任意点的梯度为

$$\nabla z=(f_x(x, y), f_y(x, y)).$$

对于三元函数,有相仿的结果.同时,我们又知道,函数在一点的梯度方向是函数在该点的各方向导数取最大值方向.下面这个例子完整说明了这个情况.

例6 作出函数 $z=x^2+y^2(0\leqslant z\leqslant 4)$ 的图形,并作出在点 $(0.5, -1)$ 的梯度方向.

程序如下:

```
r=0:.1:2;t=0:pi/30:2*pi;
[R,T]=meshgrid(r,t);
x=R.*cos(T);y=R.*sin(T);
z=x.^2+y.^2;
meshc(x,y,z)
x0=0.5;y0=-1;z0=1.25;              %曲面上取点
hold on
plot3(x0,y0,z0,'k*')
text(0.7,-1,1.25,'\leftarrow起点')
t=0:.01:.2;
x1=0.5+t;y1=-1-t;z1=0+0*t;
plot3(x0,y0,0,'k*')                %投影点
plot3(x1,y1,z1,'b')                %梯度方向
text(0.75,-1.23,0,'\leftarrow梯度方向','color','r')
```

其结果如图6-8所示.

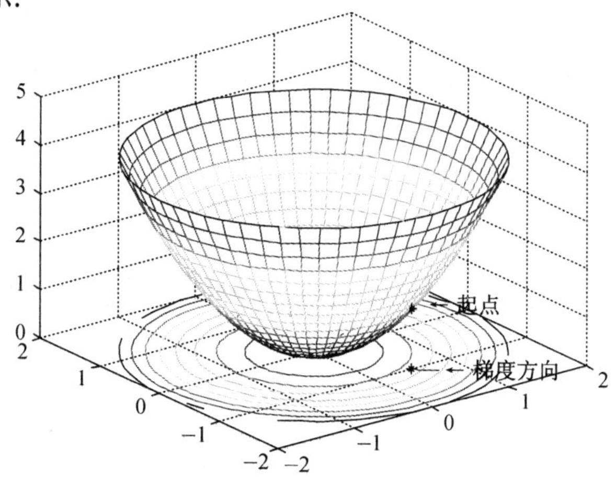

图6-8　函数及梯度方向

在图 6-7 可以看到，函数在点（0.5，−1）处的梯度方向恰好与曲面在该点的等高线的法线方向相同，且指向外侧. 此说明，如果曲面上在该点处有个小虫沿着曲面向上爬行的话，那么沿着梯度方向，它能以最短的距离达到曲面的顶端.

（2）梯度的计算

MatLab 并没有给出计算梯度的直接方法，而是通过数值梯度的方式来体现.

例 7 求函数 $z = xe^{-(x^2+y^2)}$ 的数值梯度.

程序如下：

```
u=-2:.2:2;
[x,y]=meshgrid(u);
z=x.*exp(-x.^2-y.^2);
subplot(1,2,1)
mesh(x,y,z),
[Fx,Fy]=gradient(z,0.2,0.2);
subplot(1,2,2),
contour(u,u,z),hold on
quiver(u,u,Fx,Fy)
```

其结果如图 6-9 所示. 该图再次说明了梯度的意义.

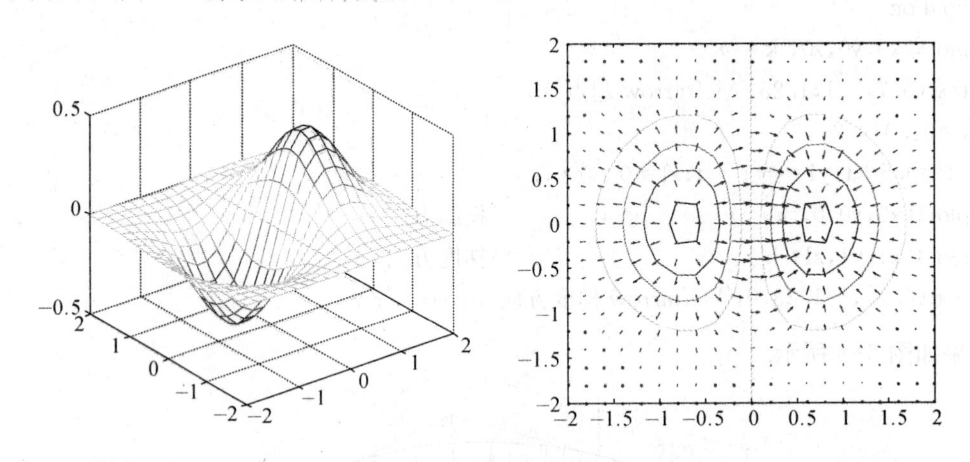

图 6-9 函数的数值梯度

3. 几何应用

例 8 作出曲面 $z = 2x^2 + y^2$ 的图形并作出曲面在点（1，1，3）处的切平面与法线，并选择适当的角度以方便观察.

程序如下：

```
r=0:.1:2;t=0:pi/30:2*pi;
[R,T]=meshgrid(r,t);
x=R.*cos(T);y=R.*sin(T);
z=2*x.^2+y.^2;
```

```
mesh(x,y,z)
pause
t=-1:0.1:0.2;
x2=1+4*t;y2=1+2*t;z2=4-t;
hold on
plot3(x2,y2,z2)
%view(90,30),
pause
[x3,y3]=meshgrid(0:0.2:2,-2:0.2:3);
z3=4*x3+2*y3-3;
mesh(x3,y3,z3)
view(120,40)
```

其结果分别如图 6-10(a)～(d)所示.

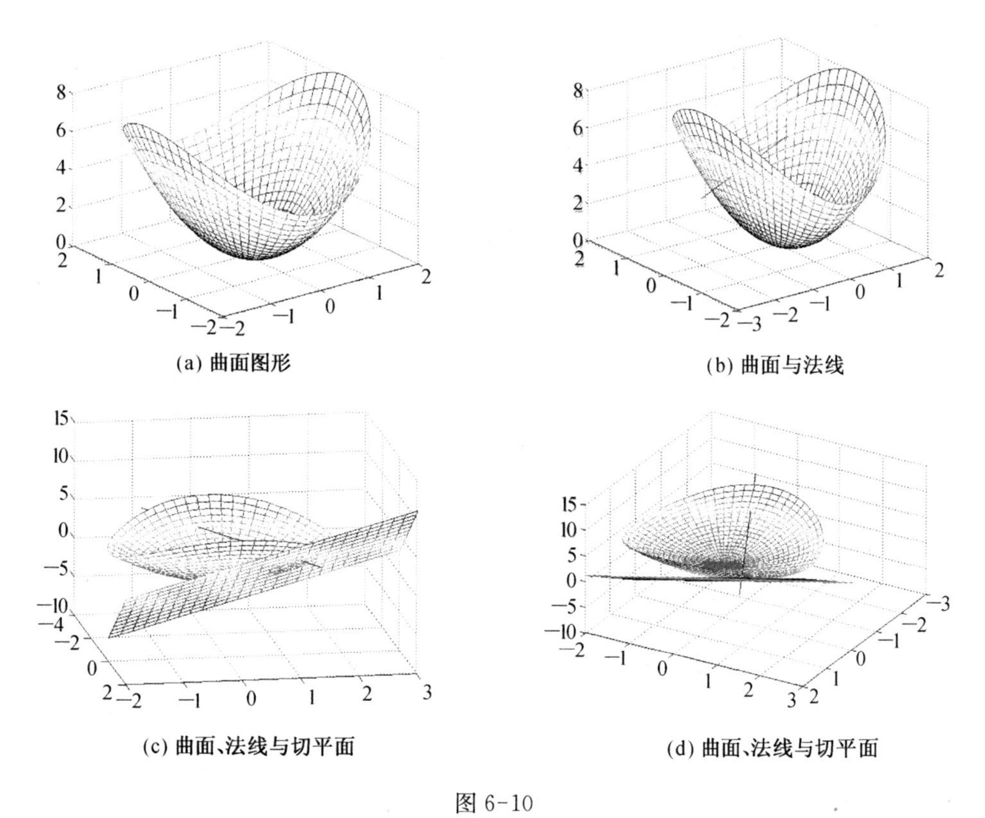

(a) 曲面图形　(b) 曲面与法线　(c) 曲面、法线与切平面　(d) 曲面、法线与切平面

图 6-10

例 9(鲨鱼袭击目标的前进途径)　海洋生物学家发现,当鲨鱼在海水中觉察到血液的存在时,就会沿着血液浓度增加得最快的方向前行去袭击目标. 根据海水在实际测试的结果,如果以流血源作为原点在海面上建立直角坐标系,则在海面上点 $P(x, y)$ 处的血液浓度为

$$f(x, y)=e^{-(x^2+2y^2)/10^4}.$$

其中，x，y 的单位为 m，$f(x, y)$ 的单位为百万分之一.

首先，作出曲面的等高线图(图 6-11)，再画出追踪图(图 6-12).

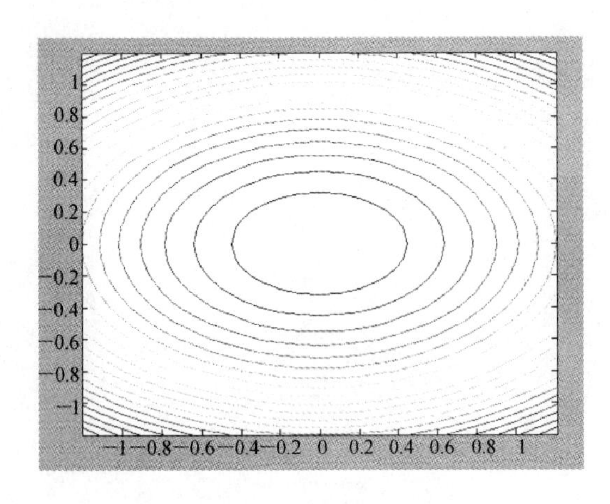

图 6-11　曲面的等高线

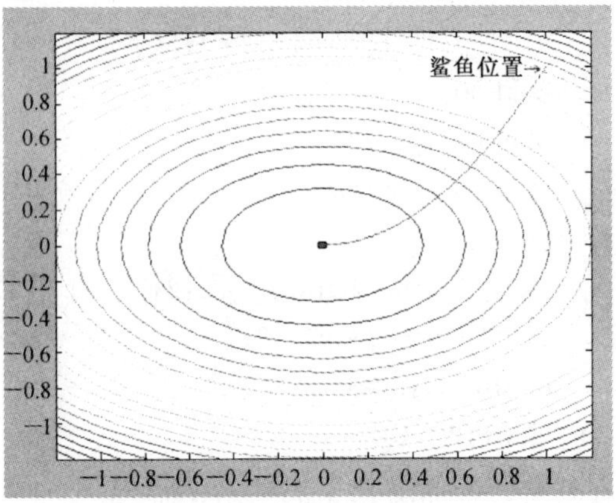

图 6-12　追踪图

程序如下：

```
%本程序解决鲨鱼袭击目标的行进路线问题
clear,clc,clf
x=-1.2:.1:1.2;
[x,y]=meshgrid(x);
z=exp(-(x.^2+2*y.^2)/10^4);
mesh(x,y,z)
contour(x,y,z,20)
pause
hold on
circle(0.02)
f=inline('exp(-(x^2+2*y^2)/10^4)');
fx=inline('exp(-(x^2+2*y^2)/10^4)*(-2*x/10^4)');
fy=inline('exp(-(x^2+2*y^2)/10^4)*(-4*y/10^4)');
a=1;b=1;lamda=0.01;c=a;d=b;
u=fx(a,b);v=fy(a,b);s=sqrt(u^2+v^2);
hold on
for i=1:500
    a1=c+lamda*u/s;b1=d+lamda*v/s;
    a=[a,a1];b=[b,b1];
    c=a1;d=b1;
    u=fx(a1,b1);v=fy(a1,b1);
    s=sqrt(u^2+v^2);
    plot(a,b,'r')
    pause(0.05)
```

```
end
text(0.55,1,'鲨鱼位置\rightarrow','color','b')
```

4. 求函数的极值

(1) 一般极值

格式 [x,fval]=fminsearch(fun,x0)

功能 求函数 fun 在 x_0 附近的极值.

注意 这里的函数和点 x_0 都必须以向量的形式给出.

例 10 求函数 $f(x, y)=e^{2x}(x+y^2-2y)$ 的极值.

输入语句

```
f=inline('exp(2*x(1))*(x(1)+x(2)^2-2*x(2))');
[x,fval]=fminsearch(f,[0,0]);
disp([x,fval])
```

结果为[0.5000 1.0000 -1.3591]

在多元函数微分学中,我们用求二元函数极值的标准方法,求得该函数的驻点为 $\left(\frac{1}{2}, 1\right)$,函数在该点取极小值 $-\frac{e}{2}$,输入语句:-exp(1)/2,返回值-1.359 1,结果相同.

(2) 条件极值

MatLab 下有限制条件的优化模型(条件极值)的一般表达式为

$$\min z=f(x)$$
$$\text{s.t.}\begin{cases}c(x)\leqslant 0,\\ c(x)=0,\\ A_1x\leqslant b_1,\\ A_2x=b_2,\\ lb\leqslant x\leqslant ub.\end{cases}$$

这里 A_1, A_2 为矩阵,lb, ub 分别为下界和上界. MatLab 求解条件极值的函数为 fmincon.

格式 [x fval]=fmincon(f,x0,A1,b1,A2,b2,lb,ub,'con')

这里 con 是由非线性约束条件所构成的函数文件.

例 11 求条件极值

$$\min \quad x^2+y^2-xy-2x-5y$$
$$\text{s.t.}\begin{cases}-(x-1)^2+y\geqslant 0,\\ -2x+3y\leqslant 6,\end{cases}$$

将约束条件改写为标准形式:

$$\text{s.t.}\begin{cases}(x-1)^2-y\leqslant 0,\\ -2x+3y\leqslant 6,\end{cases}$$

首先,定义约束条件函数 con. 为此建立函数文件:

```
function [c,ceq]=con1(x);
    c=(x(1)-1)^2-x(2);
    ceq=[];
```

再建立脚本文件：

```
fun=('x(1)^2+x(2)^2-x(1)*x(2)-2*x(1)-5*x(2)');
x0=[0,1];
A=[-2,3];b=6;Aeq=[];beq=[];lb=[];ub=[];
[x,fval]=fmincon(fun,x0,A,b,Aeq,beq,lb,ub,'con1');
disp([x,fval])
```

运行后得到问题的解　3　　4　−13.

例 12　求曲面 $xy-z^2+1=0$ 离开原点距离最近的点.

建模　容易得到问题的数学表达式为

$$\min = x^2+y^2+z^2,$$
$$xy-z^2+1=0.$$

解模　首先，建立描述约束条件的函数文件：

```
function [c,ceq]=con2(x);
c=[];
ceq=x(1)*x(2)-x(3)^2+1;
```

再建立求解极值的脚本文件：

```
clear,clc
fun=('x(1)^2+x(2)^2+x(3)^2');
x0=[0,0,2];
[x,fval,h]=fmincon(fun,x0,[],[],[],[],[],[],'con2');
disp([x,fval])
```

运行后得到问题的解：

```
-0.0000   -0.0000    1.0000    1.0000
```

6.3 重积分

如同求解一元函数的不定积分和定积分，MatLab 也提供了用符号方法和数值方法求二重积分和三重积分的方法.

1. 符号积分

例 13　求积分 $\iint\limits_D \frac{x^2}{y^2}\mathrm{d}\sigma$，其中，区域 D 由曲线 $y=\frac{1}{x}$ 及直线 $y=x$，$x=2$ 围成.

输入语句：

```
syms x y,a=int(int(x^2/y^2,y,1/x,x),x,1,2)
```

结果为

```
a=9/4.
```

例 14　求二重积分 $\int_1^2 \mathrm{d}y \int_0^1 x^y \mathrm{d}x$.

输入语句：

```
syms x,a=int(int(x^y,y,1,2),x,0,1)
```

返回值　a=log(3/2)

例 15　计算二重积分 $\iint\limits_D \mathrm{e}^{-x^2-y^2}\mathrm{d}\sigma$，其中，区域 D 由曲线 $y=\dfrac{2}{x}$，$y^2=2x$ 及直线 $x=2.5$ 围成.

程序如下：

```
x=0.01:0.01:3;y1=1./(2*x);y2=sqrt(2*x);
plot(x,y1,x,y2,2.5,0:0.01:3,'r'),grid on
axis([0,3,0,3]),hold on                  %确定作图范围
syms x y
a=solve('1/(2*x)=sqrt(2*x)',x);          %求出交点的 x 轴坐标
y1=1/(2*x);y2=sqrt(2*x);
f=exp(-x^2-y^2);
jf1=int(f,y,y1,y2);jf2=int(jf1,a,2.5);
b=vpa(jf2,5);
disp(b)
```

结果为

```
0.12413.
```

区域 D 如图 6-13 所示.

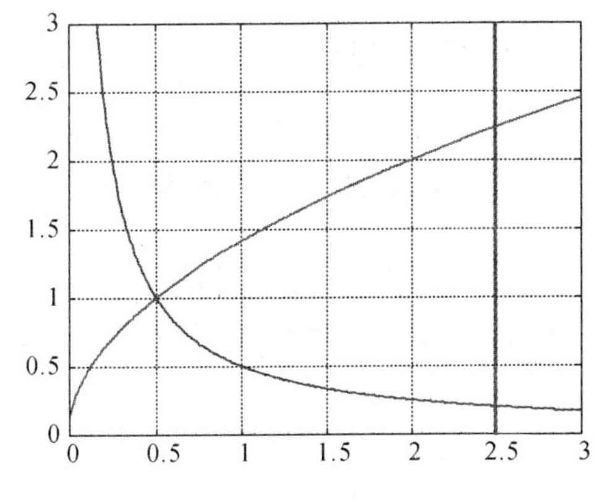

图 6-13　积分区域 D 的图形

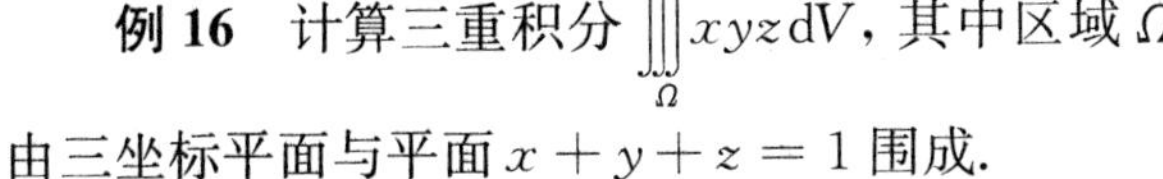

例 16　计算三重积分 $\iiint\limits_\Omega xyz\,\mathrm{d}V$，其中区域 Ω 由三坐标平面与平面 $x+y+z=1$ 围成.

输入语句：

```
syms x y z,a=int(int(int(x*y*z,z,0,1 -x-y),y,0,1-x),x,0,1)
```

返回值　a=1/720

例 17　计算三重积分 $\iiint\limits_\Omega (x+\mathrm{e}^y+\sin z)\mathrm{d}V$，其中，$\Omega$ 由曲面 $z=8-x^2-y^2$，$x^2+y^2=4$ 及坐标面 $z=0$ 围成.

首先画出积分区域的图形(图 6-14),程序如下:

```
t=0:.1:2*pi;r=0:.1:2;
[T,R]=meshgrid(t,r);
x=R.*cos(T);y=R.*sin(T);
z=8-x.^2-y.^2;
mesh(x,y,z),hold on
[x1,y1,z1]=cylinder(2,40);
z2=4*z1;
mesh(x1,y1,z2)
```

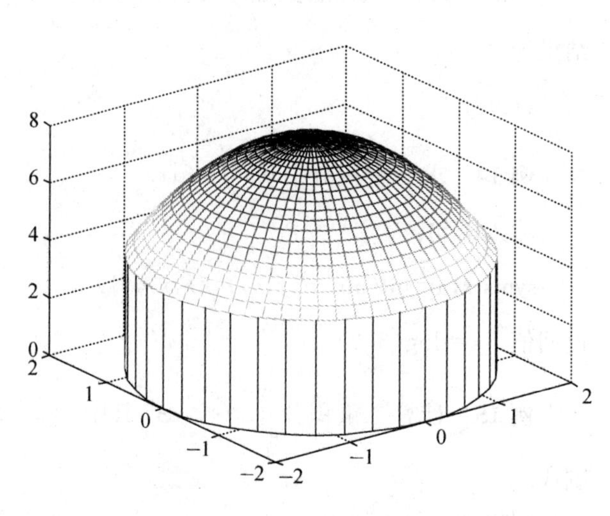

图 6-14　积分区域图形

再积分:

```
syms x y z
f=exp(y)+sin(z);z1=0;z2=8-x^2-y^2;
x1=-sqrt(4-y^2);x2=sqrt(4-y^2);
jfz=int(f,z,z1,z2);
jfx=int(jfz,x,x1,x2);
jfy=int(jfx,-2,2);vpa(jfy,6)
```

返回值　121.665.

2. 数值积分

用数值方法计算二重积分、三重积分的 MatLab 函数分别为 dblquad 和 triplequad,但要注意的是,这两个函数使用时,积分限只能是常数.

例 18　计算二重积分 $\iint\limits_D e^{-(x^2+y^2)}d\sigma$, 其中, $D=\{(x,y)\mid 1\leqslant x^2+y^2\leqslant 9\}$.

将直角坐标下的积分转化为极坐标的积分,则有

$$\iint\limits_D e^{-(x^2+y^2)}d\sigma=\int_0^{2\pi}d\theta\int_1^3\rho e^{-\rho^2}d\rho,$$

再输入语句:

```
f=inline('x.*exp(-x.^2)','x','y'); dblquad(f,1,3,0,2*pi)
```

结果为 1.1553. 该积分的精确解为 $\pi(e^{-1}-e^{-9})$.

注　在上题的积分中,必须将被积函数定义为一个二元函数才能做相应的积分.

例 19　求三重积分 $\iiint\limits_\Omega(y\sin x+z\cos y)dV$, 其中, $\Omega=\{(x,y,z)\mid 0\leqslant x\leqslant\pi, 0\leqslant y\leqslant 1, -1\leqslant z\leqslant 1\}$.

输入语句:

```
f=inline('y.*sin(x)+z.*cos(x)');
I=triplequad(f,0,pi,0,1,-1,1);
disp(I)
```

积分值为　2.0000

例 20　用数值积分方法计算例 15.

输入语句：

```
f=inline('x.*y.*z.*(x+y+z<1)');
I=triplequad(f,0,1,0,1,0,1);
disp(I)
```

积分值为　0.0014 $\left(\frac{1}{720}\approx 0.0014\right)$

第 6 章练习

1. 作出下列函数的曲面图形.

(1) $z=x^2+y^2\ (z\leqslant 2)$；

(2) $z^2=x^2+y^2\ (-2\leqslant z\leqslant 2)$；

(3) $x+y+z=1\ (0\leqslant x\leqslant 1, 0\leqslant y\leqslant 1)$；

(4) $\frac{x^2}{2}+\frac{y^2}{3}+\frac{z^2}{4}=1$；

(5) $z=xy\ (-1\leqslant x\leqslant 1, -1\leqslant y\leqslant 1)$；

(6) $(1-\sqrt{x^2+y^2})^2+z^2=1$.

2. 作出两曲面 $x^2+y^2+z^2=1$，$\left(x-\frac{1}{2}\right)^2+y^2=\frac{1}{4}$，观察交线情况.

3. 作出由曲面 $z=xy$ 与平面 $z=0$，$x+y=1$ 所围区域的图形.

4. (1) 作出曲面 $z=\sin xy(0\leqslant x,\ y\leqslant 4)$ 的图形，并作出相应的等高线；

(2) 在曲面上取点 $(1,\ 2,\ \sin 2)$，在等高线图上作出相应的梯度线.

5. 设函数 $z=\sin\sqrt{x^2-y^3}$，求 $\frac{\partial z}{\partial x}$，$\frac{\partial z}{\partial y}$，$\frac{\partial^2 z}{\partial x\partial y}$，$\frac{\partial^2 z}{\partial y^2}$.

6. 求函数 $z=\frac{x^2}{y}$ 在点 $(1,\ 2)$ 处沿方向 $(1,\ 1)$ 的方向导数.

7. 求函数 $z=xy$ 在平面 $x+y=1$ 上的最小值.

8. 有一座小山，取它的底部所在平面为 xOy 平面，底部所在的区域为 D：$x^2+y^2-xy\leqslant 75$，小山高度函数为 $h(x,\ y)=75-x^2-y^2+xy$.

(1) 作出曲面图形，并选择不同视点观察；

(2) 设 $M(x,\ y)\in D$，问 $h(x,\ y)$ 在 M 点沿什么方向的方向导数最大？

(3) 在山脚下寻找坡度最大的点作为攀登起点.

9. 求下列重积分.

(1) $\int_1^2 dx\int_1^x (x+y^2)dy$；

(2) $\int_0^1 dx\int_{\sqrt{x}}^1 \frac{\sin y}{y}dy$；

(3) $\iint\limits_D (x+y^2)\mathrm{d}\sigma$，其中，$D$ 由 $y=x$，$y=2x$，$x+y=3$ 围成；

(4) $\iiint\limits_\Omega (x+2y+3z)\mathrm{d}V$，其中，$\Omega$ 由三坐标面及平面 $x+3y+6z=12$ 围成；

(5) $\iiint\limits_\Omega (x^2+y^2+z)\mathrm{d}V$，其中，$\Omega$ 由 $z=2(x^2+y^2)$，$z=6-x^2-y^2$ 所围成；

(6) $\iiint\limits_\Omega \dfrac{1}{(1+x+y+z)^3}\mathrm{d}V$，其中，$\Omega$ 由三坐标面及平面 $x+y+z=1$ 围成.

10. 设 Σ 是由 $z=2(x^2+y^2)$，$z=4(x^2+y^2)$，$z=2$ 所围立体的表面，求 Σ 的面积.

11. 求曲面积分 $\iint\limits_\Sigma (xy+yz+zx)\mathrm{d}S$，其中，$\Sigma$ 是锥面 $z=\sqrt{x^2+y^2}$ 含在柱面 $x^2+y^2=2ax\ (a>0)$ 内的部分.

12. 设 Ω 由 $y=\sqrt{x}$，$y=\sqrt{3x}$，$z=0$，$x+z=2$ 围成，形体内每点的密度 $\rho(x,y,z)=x+2y+z^2$. 求：(1) 形体的质量；(2) 形体的质心坐标；(3) 形体对 z 轴的转动惯量.

第 7 章　无穷级数应用

7.1 级数求和

MatLab 用于级数求和的函数是 symsum.

格式　symsum(expr,v,a,b)

功能　对表达式 expr 进行求和,其中,v 是符号变量,a,b 分别为求和的起始值及终止值.

例 1　求级数 $\sum_{n=1}^{+\infty} \frac{1}{n(n+4)}$ 的和.

输入语句:

```
syms n, a=symsum(1/n/(n+4),n,1,inf)
```

结果为　a=25/48.

在级数求和中,我们知道该级数的和可以通过下面方法得到,记

$$S_n = \sum_{k=1}^{n} \frac{1}{k(k+4)} = \frac{1}{4}\sum_{k=1}^{n}\left(\frac{1}{k} - \frac{1}{k+4}\right), \text{则}$$

$$\begin{aligned} S_n &= \sum_{k=1}^{n} \frac{1}{k(k+4)} = \frac{1}{4}\sum_{k=1}^{n}\left(\frac{1}{k} - \frac{1}{k+4}\right) \\ &= \frac{1}{4}\left(1 - \frac{1}{5} + \frac{1}{2} - \frac{1}{6} + \frac{1}{3} - \frac{1}{7} + \frac{1}{4} - \frac{1}{8} + \frac{1}{5} - \frac{1}{9} + \cdots + \frac{1}{n} - \frac{1}{n+4}\right) \\ &= \frac{1}{4}\left(1 + \frac{1}{2} + \frac{1}{3} + \frac{1}{4} - \frac{1}{n+1} - \frac{1}{n+2} - \frac{1}{n+3} - \frac{1}{n+4}\right) \to \frac{25}{48} \end{aligned}$$

例 2　求级数 $\sum_{n=1}^{+\infty} \frac{1}{n^2}$ 的和.

输入语句:

```
syms n;a=symsum(1/n^2,n,1,inf)
```

结果为　a=pi^2/6

这是我们所知道的一个重要的级数和 $\sum_{n=1}^{+\infty} \frac{1}{n^2} = \frac{\pi^2}{6}$.

例 3(欧拉常数)　著名数学家莱昂哈德·欧拉(1707—1783)在1735年发表的文章 *De Progressionibus harmonicus observationes* 中定义了该常数,他曾经使用 C 作为它的符号,并计算出了它的前6位小数.

解　首先,画出数列 $\{\ln n\}$ 及部分和数列 $\{S_n\}$ 的散点图(图 7-1),其中,$S_n=\sum\limits_{k=1}^{n}\dfrac{1}{k}$.

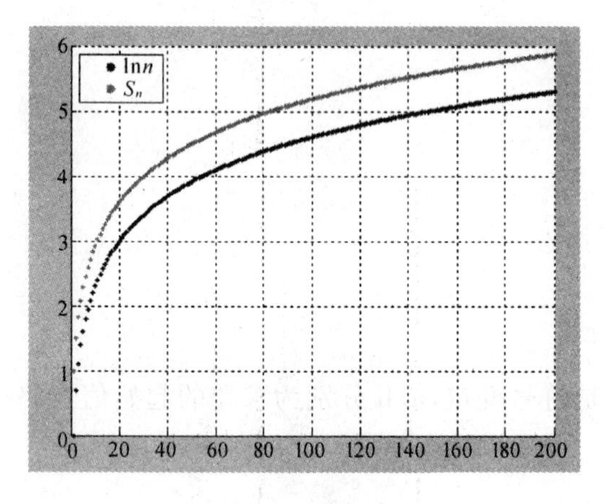

图 7-1　两数列散点图

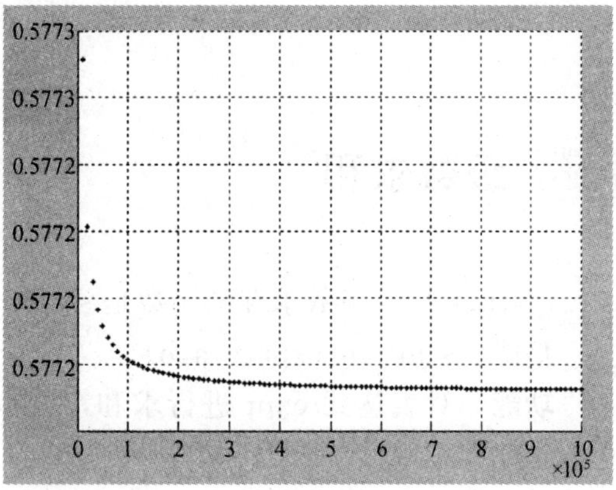

图 7-2　数列差的散点图

图形表明,两个数列在图形上有相似的地方,为此,做两个数列的差,并作出相应的散点图(图 7-2).

从图 7-2 中可以发现,数列 $C(n)=S_n-\ln n$ 是单调递减数列且有下界,因此极限存在,最后求出该极限.

程序如下:

```
syms k n
a=limit(symsum(1/k,k,1,n)-log(n),n,inf);
b=vpa(a,8);
disp([a,b])
[ eulergamma, 0.577215]
```

今证　$C(n)=1+\dfrac{1}{2}+\dfrac{1}{3}+\cdots+\dfrac{1}{n}-\ln n$ 收敛.

因对任意的正整数 k,都有

$$\frac{1}{k+1}\leqslant\int_{k}^{k+1}\frac{1}{x}\mathrm{d}x=\ln(k+1)-\ln k\leqslant\frac{1}{k},\quad k=1,2,\cdots,$$

相加后有

$$\begin{aligned}\frac{1}{2}+\frac{1}{3}+\cdots+\frac{1}{n+1}&\leqslant\ln 2-\ln 1+\ln 3-\ln 2+\cdots+\ln(n+1)-\ln n\\&\leqslant 1+\frac{1}{2}+\frac{1}{3}+\cdots+\frac{1}{n},\end{aligned}$$

即

$$\frac{1}{2}+\frac{1}{3}+\cdots+\frac{1}{n+1}\leqslant \ln(n+1)\leqslant 1+\frac{1}{2}+\frac{1}{3}+\cdots+\frac{1}{n},$$

从而有

$$\frac{1}{2}+\frac{1}{3}+\cdots+\frac{1}{n+1}-\ln n\leqslant \ln(n+1)-\ln n$$
$$\leqslant 1+\frac{1}{2}+\frac{1}{3}+\cdots+\frac{1}{n}-\ln n,$$

所以,数列 $C(n)$ 有下界 0,同时

$$C(n+1)-C(n)=\frac{1}{n+1}-\ln\left(1+\frac{1}{n}\right)<0,$$

即数列 $C(n)$ 单调递减,从而极限 $\lim\limits_{n\to\infty}C(n)$ 存在且 $\lim\limits_{n\to\infty}C(n)\leqslant 1$,记该数为 γ,即

$$\lim_{n\to\infty}\left(1+\frac{1}{2}+\frac{1}{3}+\cdots+\frac{1}{n}-\ln n\right)=\gamma.$$

例4　求极限 $\lim\limits_{n\to\infty}\left(1-\frac{1}{2}+\frac{1}{3}+\cdots+(-1)^{n-1}\frac{1}{n}\right)$.

解　由交错级数的莱布尼兹判别法知级数 $\sum\limits_{n=1}^{+\infty}(-1)^{n-1}\frac{1}{n}$ 是收敛的,记其和为 S,并记

$$S_n=\sum_{k=1}^{n}\frac{(-1)^{k-1}}{k}.$$

则有 $S=S_n+\varepsilon_n(\varepsilon_n\to 0)$. 再记 $S_n'=\sum\limits_{k=1}^{n}\frac{1}{k}=\ln n+\gamma_n$,则有

$$S_{2n}'-S_{2n}=S_n,$$

即

$$\ln 2n+\gamma_{2n}-S_n=\ln n+\gamma_n,$$

上式两边取 $n\to\infty$ 时的极限,即有 $\lim\limits_{n\to\infty}S_n=\ln 2$.

输入下列语句:

```
syms n k
a=limit(symsum((-1)^(k-1)/k,k,1,n),n,inf);
disp(a)
```

结果为

```
log(2)
```

7.2 函数展开成幂级数

1. 泰勒级数

在微积分中,若函数在点 x_0 的某一邻域内有任意阶导数,则函数在点 x_0 有相应的泰勒级数为

$$\sum_{n=0}^{+\infty}\frac{f^{(n)}(x_0)}{n!}(x-x_0)^n=f(x_0)+f'(x_0)(x-x_0)+\cdots+\frac{f^{(n)}(x_0)}{n!}(x-x_0)^n+\cdots.$$

并且在一定的条件下有

$$f(x)=\sum_{n=0}^{+\infty}\frac{f^{(n)}(x_0)}{n!}(x-x_0)^n.$$

2. 函数展开成泰勒级数

MatLab 提供了在点 x_0 处将函数 $f(x)$ 展开成泰勒级数的方法.

格式 taylor(f,x,n,x0)

功能 在点 x_0 处,将函数展开成 $n-1$ 阶的泰勒多项式.

例 5 在点 $x=2$ 处,将函数 $f(x)=\dfrac{1}{x}$ 展开成 6 阶泰勒多项式.

输入语句 syms x,taylor(1/x,x,7,2)

结果为 (x−2)^2/8−x/4−(x−2)^3/16+(x−2)^4/32−(x−2)^5/64+(x−2)^6/128+1

例 6 将函数 $\sin x$ 在点 $x=0$ 处分别展开成 7 阶和 9 阶泰勒多项式,并画出相应的图形再作比较.

程序如下:

```
syms x
y1=taylor(sin(x),x,0,8);y2=taylor(sin(x),x,10,0);
x=-pi:.1:pi;
y1=subs(y1,x);
y2=subs(y2,x);
plot(x,y1,x,y2,'r');grid on
hold on
plot(x,sin(x),'k--')
axis([-pi,pi,-1,1])
```

其结果如图 7-3 所示.

从图 7-3 中可以看到,三条曲线在点 $x=0$ 附近拟合情况比较好,但在 $x=\pi$ 处则离散情况比较严重,做局部放大,可观察在 $x=\pi$ 处的情况(图 7-4).

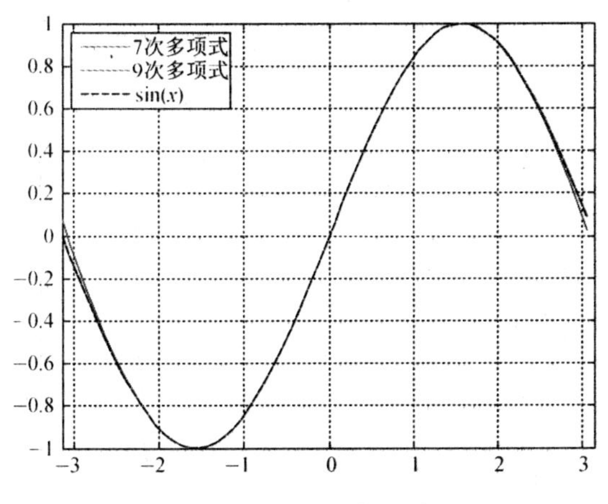

图 7-3　$\sin x$ 及 7 阶、9 阶展开

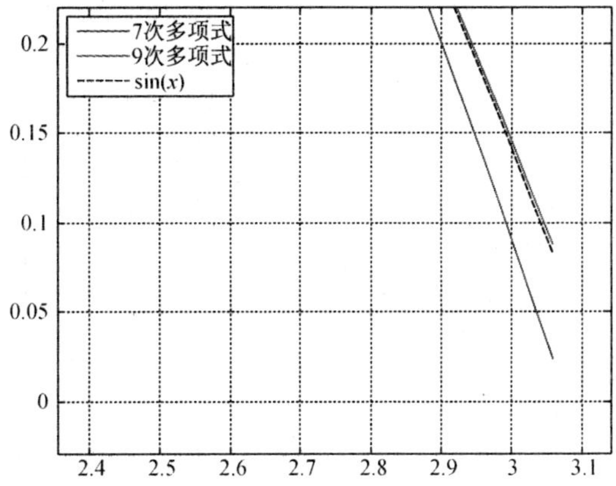

图 7-4　局部放大

从图 7-4 可以看到，差别是比较明显的.

将阶数提高到 15 阶和 17 阶，结果如图 7-5 所示.

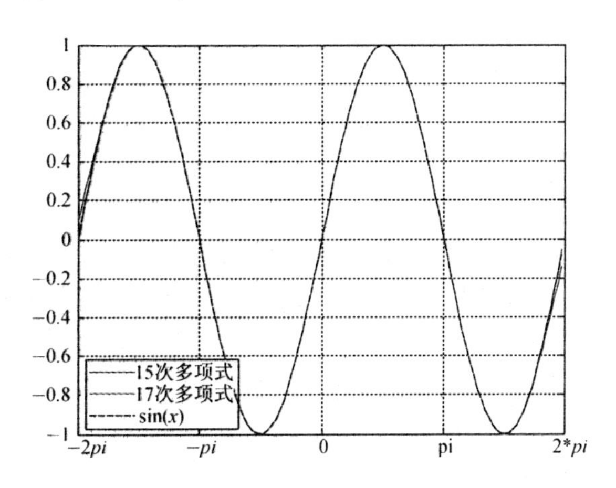

图 7-5　$\sin x$ 及 15 阶、17 阶展开

从图 7-3～图 7-5 你能得到什么启发？

例 7　将函数 $f(x)=\ln(1+x)$ 在点 $x=0$ 展开成 7 次和 11 次泰勒多项式并观察其收敛性.

程序如下：

```
syms x
y1=taylor(log(1+x),x,8,0); y2=taylor(log(1+x),x,12,0);
x=0:.1:1.4;
y1=subs(y1,x);
y2=subs(y2,x);
plot(x,y1,x,y2,'r');grid on
hold on
plot(x,log(1+x),'k--')
```

```
legend('8 次多项式','12 次多项式','sin(x)',2)
```

其结果如图 7-6 所示.

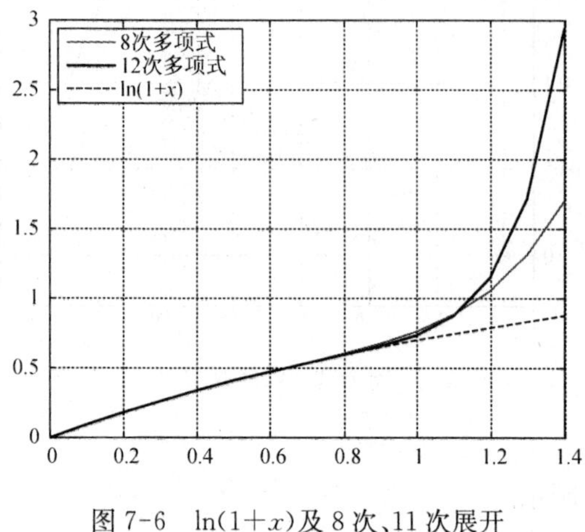

图 7-6　ln(1+x)及 8 次、11 次展开

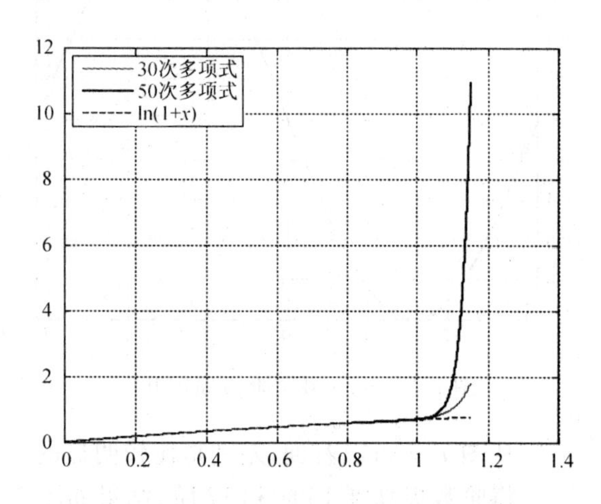

图 7-7　ln(1+x)及 30 次、50 次展开

下面的试验表明,无论阶数多高,当 $x>1$ 时,函数 $\ln(1+x)$ 与相应的 n 阶泰勒多项式函数的曲线有着比较明显的差异(图 7-7),在复变函数论中,对该问题有明确的说明.

3. 泰勒工具箱

MatLab 的泰勒工具箱,是一个交互式的对话窗口,在该窗口中,用户通过参数设置,能比较清楚地看到函数 $f(x)$ 的泰勒多项式与函数 $f(x)$ 的关系,从而可更好地理解函数逼近的具体意义.

在命令窗口中输入:taylortool,启动工具箱(图 7-8).

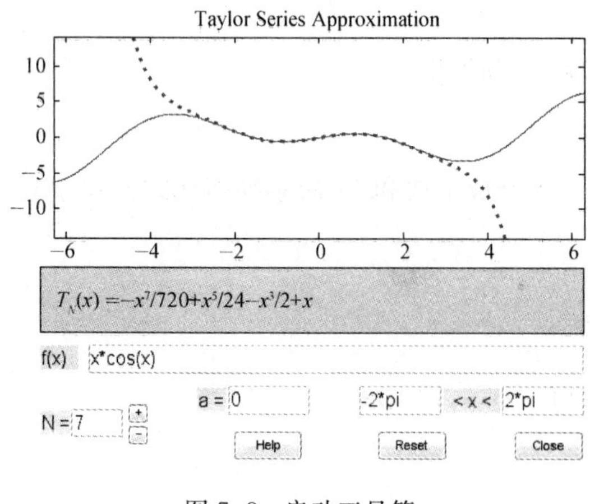

图 7-8　启动工具箱

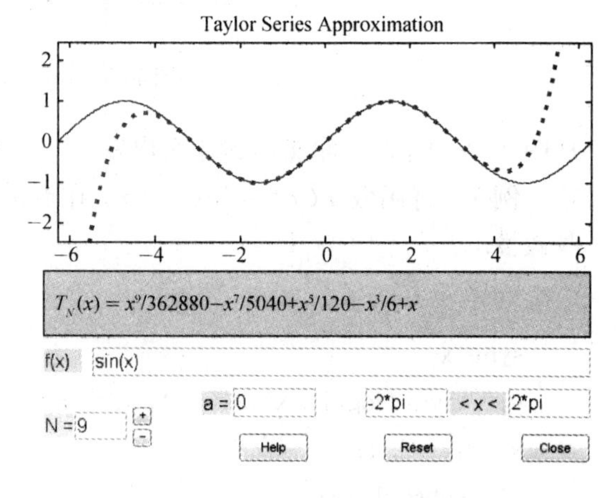

图 7-9　$y=\sin x$ 及 9 阶泰勒多项式

在 f(x)输入框中输入函数 $f(x)$ 的表达式,在下拉式对话框中调整泰勒多项式的阶数,a=条形窗口中输入函数展开的点 x_0,最后确定展开范围,单击 Reset 查看效果.

例 8　函数 $f(x)=\sin x$ 在点 $x=0$ 处进行展开,调整阶数和展开范围,观察逼近情况.

操作结果如下：

① $N=9$，$-2\pi\leqslant x\leqslant 2\pi$，见图 7-9.

图中实线为函数 $y=\sin x$ 的图形，而虚线则是 9 阶泰勒多项式函数的曲线.

② $N=15$，$-3\pi\leqslant x\leqslant 3\pi$，见图 7-10.

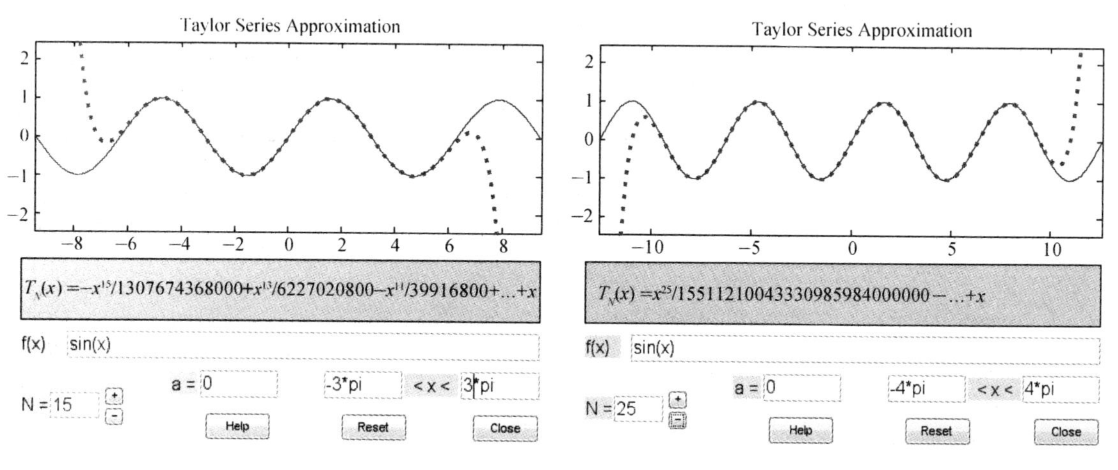

图 7-10　$\sin x$ 及 15 阶泰勒多项式　　图 7-11　$\sin x$ 及 25 阶泰勒多项式

③ $N=25$，$-3\pi\leqslant x\leqslant 3\pi$，见图 7-11.

上面的三个图形，说明对函数 $f(x)=\sin x$，其相应的泰勒多项式的阶数越高，则两条曲线接近程度就越好，范围也越大. 在微积分的泰勒级数这一节中，我们知道，函数 $f(x)=\sin x$ 的泰勒级数的收敛区间为整个数轴，图形也恰好反映了这个事实.

例 9　下面这段程序给出了在 $[-2\pi, 2\pi]$ 区间内，函数 $\sin x$ 及 $1\sim 15$ 阶的泰勒多项式的图形.

程序如下：

```
t=-2*pi:pi/30:2*pi;
y=sin(t);
syms x
y1=taylor(sin(x),x,2,0);y1=subs(y1,t);
y3=taylor(sin(x),x,4,0);y3=subs(y3,t);
y5=taylor(sin(x),x,6,0);y5=subs(y5,t);
y7=taylor(sin(x),x,8,0);y7=subs(y7,t);
y9=taylor(sin(x),x,10,0);y9=subs(y9,t);
y11=taylor(sin(x),x,12,0);y11=subs(y11,t);
y13=taylor(sin(x),x,14,0);y13=subs(y13,t);
y15=taylor(sin(x),x,16,0);y15=subs(y15,t);
plot(t,sin(t),t,y1,t,y3,t,y5,t,y7,t,y9,t,y11,t,y13,t,y15,'r--')
legend('sin(x)','T1','T3','T5','T7','T9','T11','T13','T15')
axis([-2*pi,2*pi,-2,2]),grid
```

结果如图 7-12 所示，图形清楚地表现了泰勒多项式与函数的逼近情况.

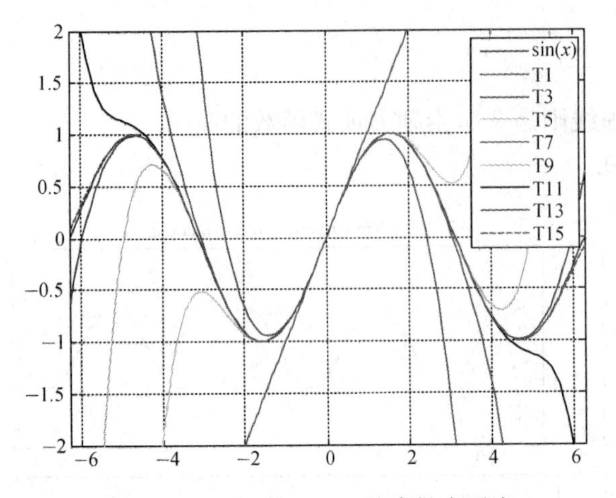

图 7-12　$\sin x$ 及 1～15 阶泰勒多项式

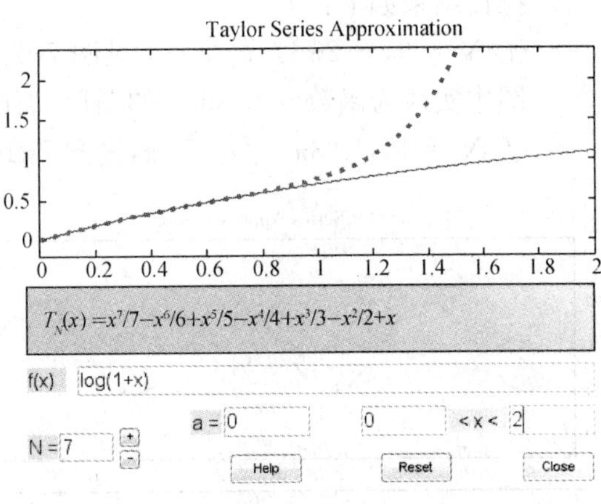

图 7-13　$\log(1+x)$及 7 阶泰勒多项式

但是对函数 $f(x)=\log(1+x)$，其展开结果则完全不同.

例 10　对函数 $f(x)=\log(1+x)$，展开若干阶泰勒多项式.

① $N=7$，$0<x<2$，见图 7-13.

② $N=1$，$0\leqslant x\leqslant 2$，见图 7-14.

可见,函数 $f(x)=\log(1+x)$ 的泰勒多项式和函数的有效逼近范围仅限于 $(0,1)$ 区间.

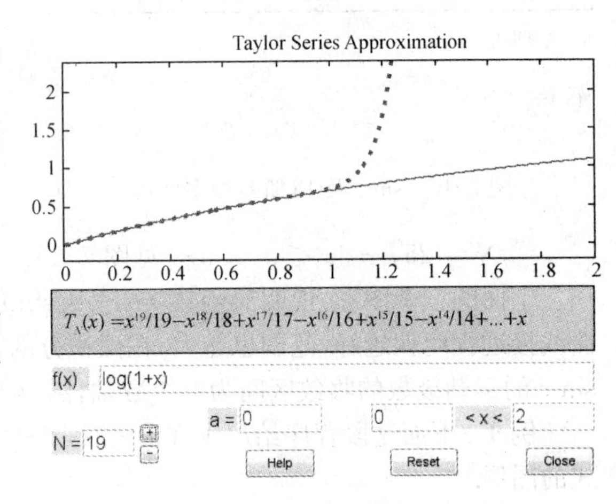

图 7-14　$\log(1+x)$及 1 阶泰勒多项式

7.3 傅里叶级数

我们知道,若一个周期为 2π 的周期函数,且满足狄里克莱收敛定理,则有

$$f(x)=\frac{a_0}{2}+\sum_{n=1}^{+\infty}(a_n\cos nx+b_n\sin nx),$$

相应的系数计算公式为

$$a_n=\frac{1}{\pi}\int_{-\pi}^{\pi}f(x)\cos nx\,\mathrm{d}x\quad(n=0,1,2,\cdots),$$

$$b_n=\frac{1}{\pi}\int_{-\pi}^{\pi}f(x)\sin nx\,\mathrm{d}x\quad(n=1,2,3,\cdots).$$

而 $T_n=\dfrac{a_0}{2}+\sum\limits_{k=1}^{n}(a_k\cos kx+b_k\sin kx)$.

例 11　设函数 $f(x)$ 是一个周期为 2π 的周期函数,它在 $[-\pi,\pi]$ 上的表达式为

$$f(x)=\begin{cases}0, & -\pi\leqslant x<0;\\ 1, & 0\leqslant x<\pi.\end{cases}$$

求函数 $f(x)$ 的傅里叶级数的部分和，观察函数与部分和函数在图形上的表现.

程序如下：

```
x1=-pi:pi/30:0;x2=0:pi/30:pi;
y1=0*ones(1,length(x1));
y2=ones(1,length(x2));
a0=1;
syms x
subplot(2,2,1)
plot(x1,y1,'r',x2,y2,'r'),hold on,grid on
axis([-pi,pi,-0.5,1.5])
for i=1:5
    a(i)=int(cos(i*x),0,pi)/pi;
    b(i)=int(sin(i*x),0,pi)/pi;
    c(i)=(cos(i*x));s(i)=(sin(i*x));
end
T=a0/2+sum(a.*c+b.*s);
t=-pi:pi/30:pi;
T=subs(T,t);
plot(t,T), title('n=5')
subplot(2,2,2)
plot(x1,y1,'r',x2,y2,'r'),hold on,grid on
axis([-pi,pi,-0.5,1.5])
for i=1:9
    a(i)=int(cos(i*x),0,pi)/pi;
    b(i)=int(sin(i*x),0,pi)/pi;
    c(i)=(cos(i*x));s(i)=(sin(i*x));
end
T=a0/2+sum(a.*c+b.*s);
t=-pi:pi/30:pi;
T=subs(T,t);
plot(t,T), title('n=9')
subplot(2,2,3)
plot(x1,y1,'r',x2,y2,'r'),hold on,grid on
axis([-pi,pi,-0.5,1.5])
for i=1:13
    a(i)=int(cos(i*x),0,pi)/pi;
    b(i)=int(sin(i*x),0,pi)/pi;
    c(i)=(cos(i*x));s(i)=(sin(i*x));
end
T=a0/2+sum(a.*c+b.*s);
```

```
t=-pi:pi/30:pi;
T=subs(T,t);
plot(t,T), title('n=13')
subplot(2,2,4)
plot(x1,y1,'r',x2,y2,'r'),hold on,grid on
axis([-pi,pi,-0.5,1.5])
for i=1:17
    a(i)=int(cos(i*x),0,pi)/pi;
    b(i)=int(sin(i*x),0,pi)/pi;
    c(i)=(cos(i*x));s(i)=(sin(i*x));
end
T=a0/2+sum(a.*c+b.*s);
t=-pi:pi/30:pi;
T=subs(T,t);
plot(t,T), title('n=17')
```

其结果如图 7-15 所示.

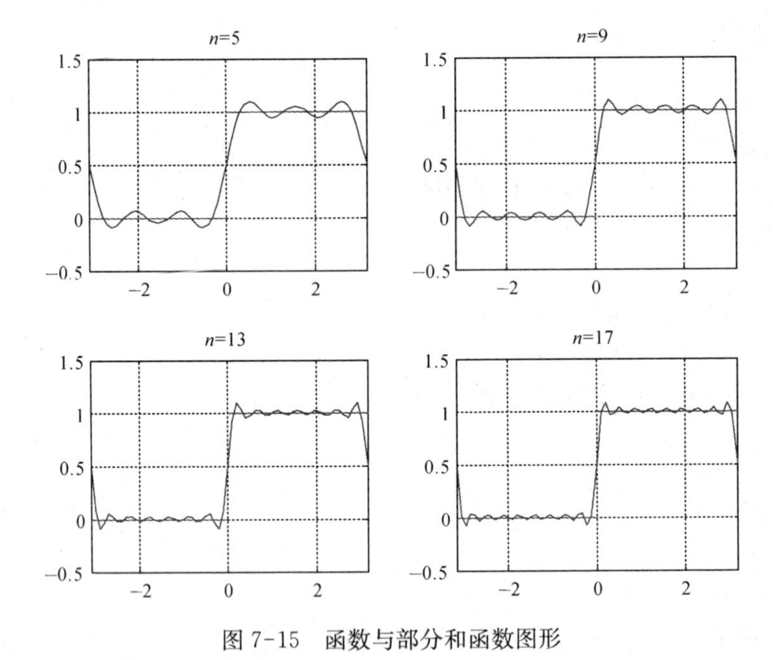

图 7-15　函数与部分和函数图形

图中的直线为函数 $f(x)$ 的图形,各个小图形窗口中的曲线则是各阶三角级数的和函数 $F_n(x)$ 的曲线,这里

$$F_n(x)=\frac{a_0}{2}+\sum_{k=1}^{n}(a_k\cos kx+b_k\sin kx).$$

图 7-15 表明,函数 $f(x)$ 的傅里叶级数的部分和函数对函数 $f(x)$ 是一个全局逼近,这点与函数 $f(x)$ 的泰勒级数的部分和函数的逼近则是完全不同的;另外,程序中的系数计算都

是由计算机程序自动控制的，因此，只要修改 $f(x)$ 的表达式，即可得到其他函数的傅里叶级数的前 n 项的和函数与函数 $f(x)$ 的图形比较关系.

例 12 设函数 $f(x)$ 是一个周期为 2π 的周期函数，它在 $[-\pi, \pi]$ 上的表达式为

$$f(x)=\begin{cases}0, & -\pi\leqslant x<0;\\ x, & 0\leqslant x<\pi.\end{cases}$$

求函数 $f(x)$ 的傅里叶级数的前 10 项的部分和，并作出部分和函数与函数 $f(x)$ 的图形.

程序如下：

```
x1=-pi:pi/30:0;x2=0:pi/30:pi;
y1=0*ones(1,length(x1));
y2=x2;
x=[x1,x2];y=[y1,y2];
plot(x,y,'r'),grid on,hold on
axis([-pi,pi,-0.3,pi+0.2])
syms x
for i=1:5
    a(i)=int(x*cos(i*x),0,pi)/pi;
    b(i)=int(x*sin(i*x),0,pi)/pi;
    c(i)=(cos(i*x));s(i)=(sin(i*x));
end
a0=int(x,0,pi)/pi;
T=a0/2+sum(a.*c+b.*s);
t=-pi:pi/30:pi;
T=subs(T,t);
plot(t,T), title('n=5')
```

其结果如图 7-16 所示.

当 $n=9$ 时的图形对比见图 7-17.

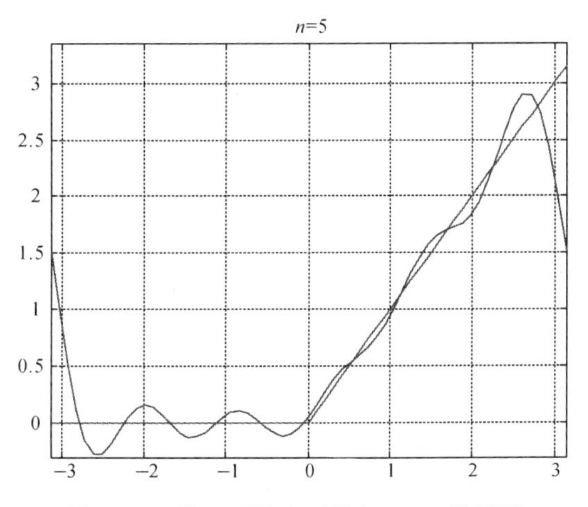

图 7-16 前 5 项的和函数与 $f(x)$ 的图形

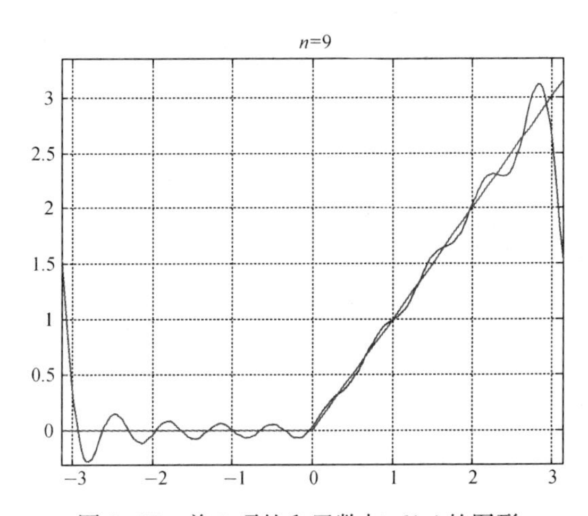

图 7-17 前 9 项的和函数与 $f(x)$ 的图形

第 7 章练习

1. 判定下列各级数的收敛性，若级数是任意项级数，则指出该级数是条件收敛或是绝对收敛.

(1) $\sum\limits_{n=1}^{+\infty} \frac{n^2}{3^n}$；　(2) $\sum\limits_{n=1}^{+\infty} \left(n\sin\frac{1}{2n}\right)^{\frac{n}{2}}$；

(3) $\sum\limits_{n=1}^{+\infty} \frac{n!}{n^n}$；　(4) $\sum\limits_{n=1}^{+\infty} [n(\sqrt[n]{3}-1)]^n$；

(5) $\sum\limits_{n=1}^{+\infty} (-1)^{n-1} \frac{\ln(1+n)}{n}$；　(6) $\sum\limits_{n=1}^{+\infty} (-1)^{n-1} n \left(\frac{3}{4}\right)^n$；

(7) $\sum\limits_{n=1}^{+\infty} (-1)^{n-1} \frac{1}{n-\ln n}$.

2. 求下列级数的和.

(1) $\sum\limits_{n=1}^{+\infty} \frac{1}{n(n+1)(n+2)}$；　(2) $\sum\limits_{n=1}^{+\infty} \frac{1}{n(n+4)}$；

(3) $\sum\limits_{n=1}^{+\infty} \frac{1}{n^2}$；　(4) $\sum\limits_{n=1}^{+\infty} \frac{1}{(2n-1)^2}$

(5) $\sum\limits_{n=1}^{+\infty} \frac{(-1)^{n-1}}{n}$；　(6) $\sum\limits_{n=1}^{+\infty} \frac{1}{(2n-1)2^n}$.

3. 求下列幂级数的和.

(1) $\sum\limits_{n=1}^{+\infty} \frac{(-1)^{n-1}}{n} x^n$；　(2) $\sum\limits_{n=0}^{+\infty} \frac{1}{n!} x^n$；

(3) $\sum\limits_{n=1}^{+\infty} \frac{(-1)^{n-1}}{n2^n} x^{n-1}$；　(4) $\sum\limits_{n=1}^{+\infty} \frac{1}{n(n+1)} x^{n+1}$；

(5) $\sum\limits_{n=1}^{+\infty} \frac{n^2}{n!}$（提示：先求幂级数的和再求级数的和）.

4. 对下列函数在指定点展开成相应的泰勒多项式.

(1) $\arctan x$, $x_0=0, n=10$；　(2) $\tan x$, $x_0=0, n=5$；

(3) $\ln(x+\sqrt{1+x^2})$, $x_0=0, n=5$；　(4) $\frac{1}{x^2-4x+3}$, $x_0=-1, n=10$.

5. 启动 Taylor 工具箱，分别对函数 $f(x)=\sin x$, $\ln(1+x)$, $\arctan x^2$ 在点 $x=0$ 处展开成若干阶的泰勒多项式，观察收敛情况（改变不同的区域）.

6. 设函数 $f(x)$ 是周期为 2π 的周期函数，在 $[-\pi, \pi)$ 区间上的表达式为

$$f(x)=\begin{cases} x+1, & 0\leqslant x<\pi; \\ x-2, & -\pi\leqslant x<0. \end{cases}$$

试作出函数与其 $n(n=3, 5, 7, 9)$ 阶傅里叶多项式的图形.

第8章 微分方程应用

微分方程模型在金融风险预测、流行病控制、航空动力等诸多领域都有着极为广泛的应用.本章具体讨论微分方程的解法及应用.

8.1 常微分方程的符号解法

1. 一阶常微分方程的符号解

一阶常微分方程的常见形式是

$$y' = f(x, y),$$

而相应的柯西问题的表达式为

$$\begin{cases} y' = f(x, y), \\ y\Big|_{x=x_0} = y_0. \end{cases}$$

格式 dsolve('expr','c','v')

功能 求解常微分方程.

其中,expr 是微分方程表达式,c 表示相应的定解条件,v 代表微分方程中的自变量.

例 1 求微分方程 $\dfrac{dy}{dx} = \ln(1 + x^2)$ 的通解及满足条件 $y(0)=1$ 的特解,并画出相应的积分曲线.

程序如下:

```
syms x
y=dsolve('Dy=log(1+x^2)','x');
disp(y),pause(5)
y=dsolve('Dy=log(1+x^2)','y(0)=1','x');
x=0:.1:2;y=subs(y,x);
plot(x,y),grid
```

图 8-1 为相应的积分曲线图形.

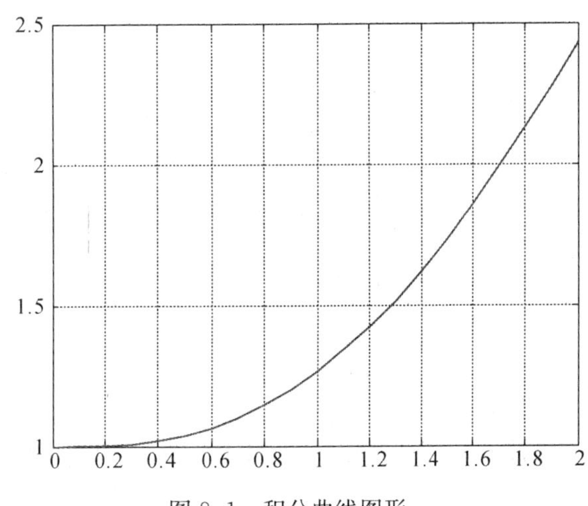

图 8-1 积分曲线图形

该问题的解析解为　y=C−2 * x+2 * atan(x)+x * log(x^2+1)(通解),

即　$y = x\ln(1+x^2) - 2x + 2\arctan x + C$.

特解　y=2 * atan(x)−2 * x+x * log(x^2+1)+1.

例 2　求解微分方程 $\begin{cases} \dfrac{dy}{dx} + \dfrac{1}{x}y = \dfrac{\sin x}{x}, \\ y\Big|_{x=\pi} = 1. \end{cases}$

输入语句　syms x,y=dsolve('Dy+y/x=sin(x)/x','y(pi)=1','x')

返回值　y=−(cos(x)−pi+1)/x

2. 微分方程组求解

格式　[x1,x2,...,xn]=dsolve('equ1',equ2',...,'equn','c1','c2',...,'cn','v')

功能　求解微分方程组.

其中,equi 表示第 i 个微分方程,ci 表示第 i 个定解条件,v 表示自变量.

例 3　求解微分方程组

$$\begin{cases} \dfrac{dx}{dt} = x + 3y, \\ \dfrac{dy}{dt} = x + 4, \end{cases}$$

且满足 $x(0)=1$, $y(0)=1$ 的特解并画出相应的积分曲线.

输入语句:

```
syms x y t
[x,y]=dsolve('Dx=x+3 * y','Dy=x+4','
x(0)=1','y(0)=1','t');
t=0:.1:1;
x=subs(x,t);y=subs(y,t);
plot(x,y),grid on
```

图 8-2 为相应的积分曲线图形.

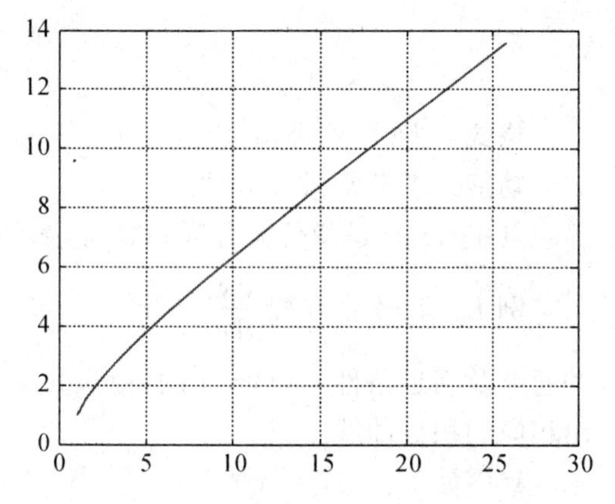

图 8-2　方程组相应积分曲线

3. 高阶微分方程求解

设 n 阶微分方程为

$$y^{(n)} = f(x, y, y', \cdots, y^{(n-1)}).$$

格式　y=dsolve('Dny=expr','c','v')

注　在表达式中,y 的 k 阶导数用符号 Dky 表之.

例 4　求解二阶柯西问题 $\begin{cases} x^2y''+xy'+(x^2-n^2)y=0, \\ y\left(\dfrac{\pi}{2}\right)=2,\ y'\left(\dfrac{\pi}{2}\right)=-\dfrac{2}{\pi}. \end{cases}$ 其中，$n=\dfrac{1}{2}$，并做出相应的图形.

输入语句：

```
syms x y
y=dsolve('x^2*D2y+x*Dy+(x^2-1/4)*y=0','y(pi/2)=2',...
    'Dy(pi/2)=-2/pi','x');
x=pi/2:.01:2*pi;y1=subs(y,x);
subplot(2,2,1),plot(x,y1),grid on
x=pi/2:.01:10*pi;y2=subs(y,x);
subplot(2,2,2),plot(x,y2),grid on
x=pi/2:.01:15*pi;y3=subs(y,x);
subplot(2,2,3),plot(x,y3),grid on
x=pi/2:.01:20*pi;y4=subs(y,x);
subplot(2,2,4),plot(x,y4),grid on
```

图 8-3 为相应的积分曲线图形.

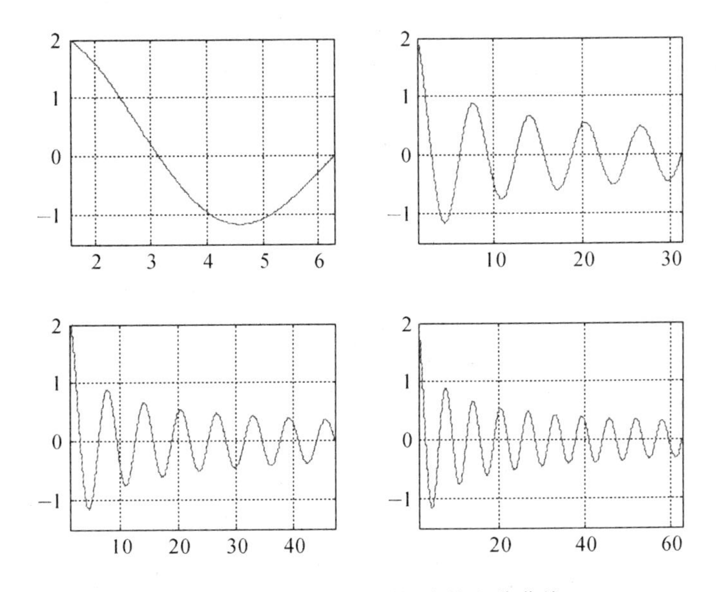

图 8-3　二阶柯西问题相应的积分曲线

例 5(盐水混合问题)　一个圆柱形的容器，内装 350 L 的均匀混合的盐水溶液. 如果纯水以 14 L/min 的速率从容器的顶部流入，同时容器内的混合盐水又以 10.5 L/min 的速率流出. 开始时，容器内的含盐量为 7 kg，问在时间 t min 时，容器内的含盐量为多少？

解　这类问题具有很明显的微分方程特征.

(1) 假设

① 容器足够大，在问题讨论的时间段中，水不会溢出；

② 注入后的纯水会立刻成为均匀的溶液.

(2) 模型建立

设在时刻 t 时,容器中的含盐量为 $x(t)$,而此时容器中的溶液量为 $(350+3.5t)$ L,所以,此时浓度为(单位:kg/L)

$$\frac{x(t)}{350+3.5t}.$$

在 Δt 时间段中,盐量的改变量为

$$\Delta x=-\frac{x}{350+3.5t}\Delta t,$$

由此得到相应的微分方程的初值问题:

$$\begin{cases}\dot{x}=\dfrac{x}{350+3.5t},\\ x(0)=7.\end{cases}$$

(3) 模型求解

利用 MatLab,建立如下的求解程序:

```
syms x t
x=dsolve('Dx=-x/(350+3.5*t)','x(0)=7','t');
t=0:1:1000;x=subs(x,t);
plot(t,x,'r'),grid on
xlabel('时间 t'),ylabel('含盐量 x')
```

该微分方程的解为

```
x=(7*100^(2/7))/(t+100)^(2/7),
```

它表示的是在时刻 t 时的容器中的含盐量(图 8-4). 例如,欲知在时刻 $t=30$ min 时容器中的含盐量,在命令窗口中输入:

```
a=subs(x,30)
```

返回值　a=6.4945.

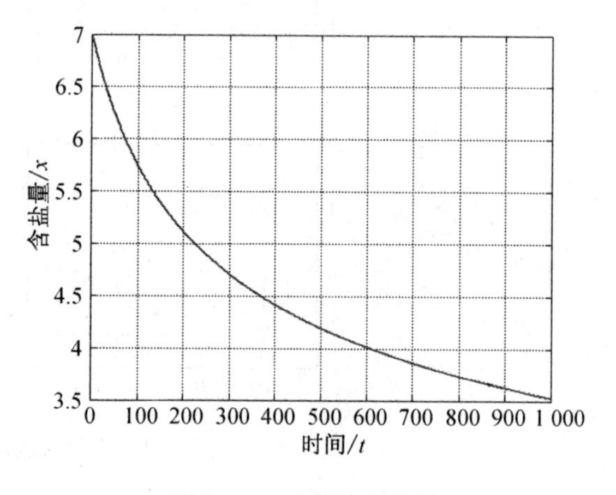

图 8-4　t 时刻的含盐量

MatLab 中的 dsolve 函数,提供了求解微分方程的有效方法,但很多情况下,微分方程的解析解并不存在,即使解析解存在,也不一定能用该函数求得. 下面这个微分方程就无法用 dsolve 函数求出.

例 6　求解初值问题 $\begin{cases}\dfrac{\mathrm{d}y}{\mathrm{d}x}+\dfrac{2-3x^2}{x^4}y=1,\\ y\Big|_{x=1}=1.\end{cases}$

输入语句：

```
y=dsolve('Dy+(2-3*x^2)/x^4*y=1','x')
```

返回值

```
int(exp((3*x^2-2/3)/x^3), x)/exp((9*x^2-2)/(3*x^3)) +C4/exp((9*x^2-2)/(3*x^3))
```

可见该问题得不到相应的解析解.

8.2 常微分方程的数值解法

1. 数值解法的意义

设初值问题

$$\begin{cases} \dot{y} = f(x, y), \\ y(a) = y_0 \end{cases} \quad x \in [a, b].$$

将区间 $[a, b]$ n 等分,并记 $h = \dfrac{b-a}{n}$, 分点依次为

$$a = x_0 < x_1 < x_2 < \cdots < x_{n-1} < x_n = b.$$

(1) 向前欧拉公式

以差商替代导数,即

$$\dot{y} \approx \frac{f(x_k) - f(x_{k-1})}{x_k - x_{k-1}} = \frac{y_k - y_{k-1}}{h} \quad (k = 1, 2, \cdots, n),$$

从而有

$$y_k = y_{k-1} + hf(x_{k-1}, y_{k-1}).$$

向前欧拉公式有比较明显的几何意义.

(2) 梯形公式

采用数值积分的方法,将数值 $f(x_k) - f(x_{k-1})$ 写成积分形式,即

$$f(x_k) - f(x_{k-1}) = \int_{x_{k-1}}^{x_k} \dot{y} \mathrm{d}x = \int_{x_{k-1}}^{x_k} f(x, y) \mathrm{d}x.$$

对上式右边的积分形式取不同的数值积分方法,得到微分方程数值解的不同方法. 当取梯形积分公式时则有

$$y_k = y_{k-1} + \frac{h}{2}[f(x_{k-1}, y_{k-1}) + f(x_k, y_k)],$$

上式称为微分方程数值解法的梯形公式. 梯形公式比向前欧拉公式有更高的精度. 但

在该式中，y_k 并不能直接得到，它必须通过求解一个方程才能得出，因此，该形式又称为隐式.

(3) 预估-校正法

将两种方法结合起来，产生预估-校正法，其形式为

$$\begin{cases} \bar{y}_k = y_{k-1} + hf(x_{k-1}, y_{k-1}), \\ y_k = y_{k-1} + \dfrac{h}{2}[f(x_{k-1}, y_{k-1}) + f(x_k, \bar{y}_k)]. \end{cases}$$

该方法又称为修改的欧拉方法.

将该方法进一步延伸得到微分方程数值解法的龙格-库塔方法.

2. 一阶微分方程的数值解法

MatLab 提供了多个用数值方法求解微分方程的函数，比较常见的是 ode45 函数.

格式 ode45(@fun, tspan, x0)

功能 在指定区间上求解微分方程的初值问题.

其中，fun 是微分方程 $\dot{x} = f(x, t)$ 中等式右边的二元函数，tspan 是积分区间，x0 是问题中的初始值.

例 7 求解初值问题 $\begin{cases} \dfrac{dy}{dx} + 2xy = 4x, \\ y(0) = 1. \end{cases}$ 相应的积分区间为[0, 1.2].

程序如下：

```
clear,clc,clf
f=inline('4*x-2*x*y');
[x,y]=ode45(f,[0,1.2],1);
plot(x,y),grid
```

图 8-5 为相应的积分曲线的图形.

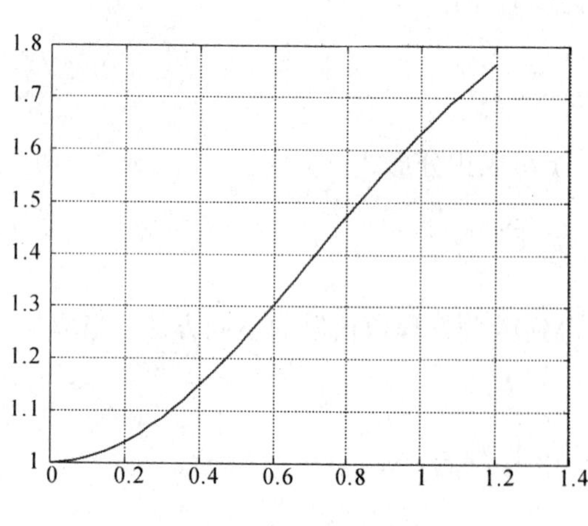

图 8-5 例 7 相应积分曲线

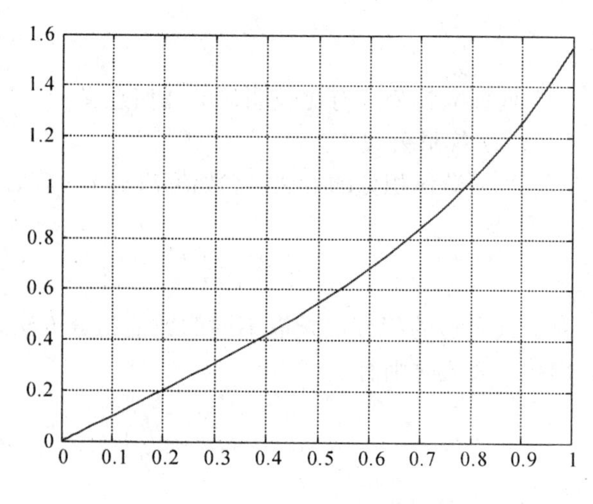

图 8-6 例 8 相应积分曲线

注　用inline语句定义的函数必须是二元函数.

例8　求解初值问题 $\begin{cases} y' = 1 + y^2, \\ y(0) = 0 \end{cases}$ 并画出相应的积分曲线.

程序如下：

```
f=inline('1+y^2','x','y');
[x,y]=ode45(f,[0,1],0);
plot(x,y),grid
```

注意本例和上例中函数定义方式的不同.

图8-6为相应的积分曲线的图形.

该微分方程的解析解为 $y = \tan x$，将积分曲线和函数曲线作对比(图8-7)，感觉拟合得很不错，但做局部放大后，可以看到两条曲线还是有明显的差别(图8-8).

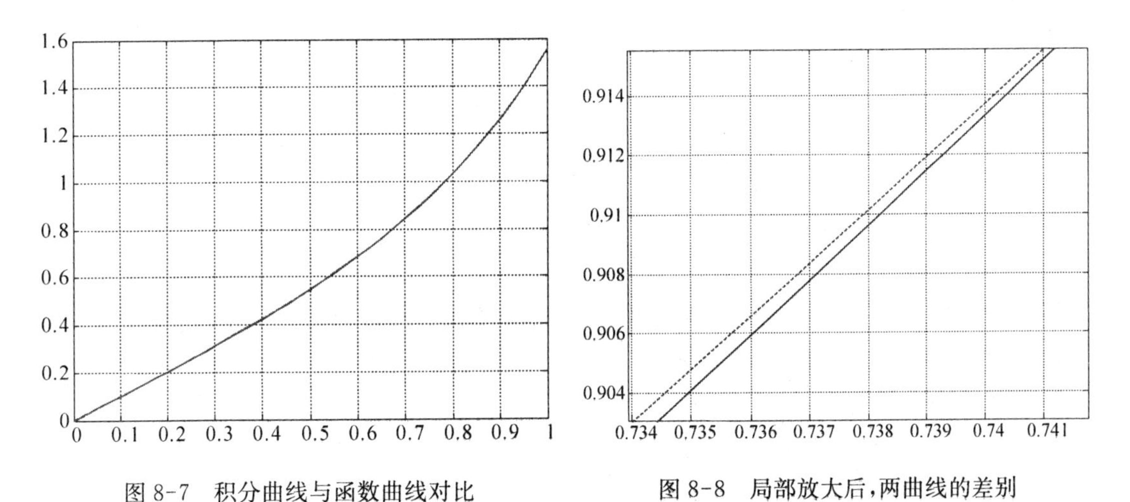

图8-7　积分曲线与函数曲线对比　　　图8-8　局部放大后，两曲线的差别

该例子说明精确解和数值解还是存在一定的误差.

3. 微分方程组的数值解法

微分方程组的数值解法与一阶微分方程的解法类似.

例9　求解柯西问题 $\begin{cases} \dfrac{dx}{dt} = x + 3y, \\ \dfrac{dy}{dt} = x + 4. \end{cases}$ 定解条件为 $x(0) = y(0) = 1$，积分区间为 $[0,1]$.

首先编写方程右边的函数文件：

```
function f=c1(t,x);
    f=[x(1)+3*x(2);x(1)+4];                %x必须以向量形式表示
```

再编写求解微分方程的脚本文件：

```
[t,x]=ode45('c1',[0,1],[1,1]);
```

```
plot(t,x(:,1));                          %描绘 t-x 图形
hold on,grid on
plot(t,x(:,2),'r');                      %描绘 t-y 图形
figure(2)
plot(x(:,1),x(:,2)),                     %描绘 x-y 图形
grid
```

其结果分别为图 8-9(a),(b).

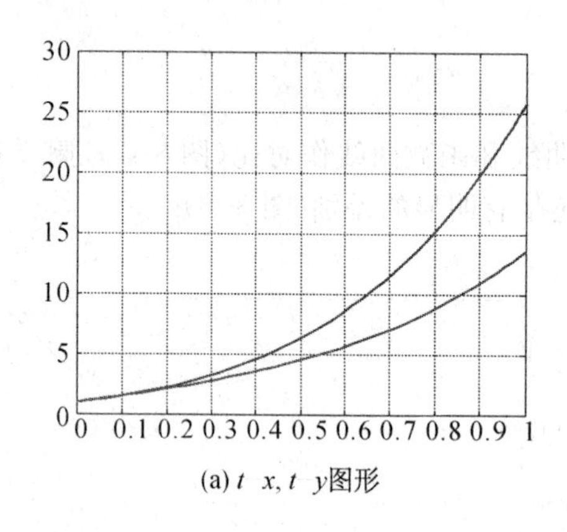

(a) t x, t y图形

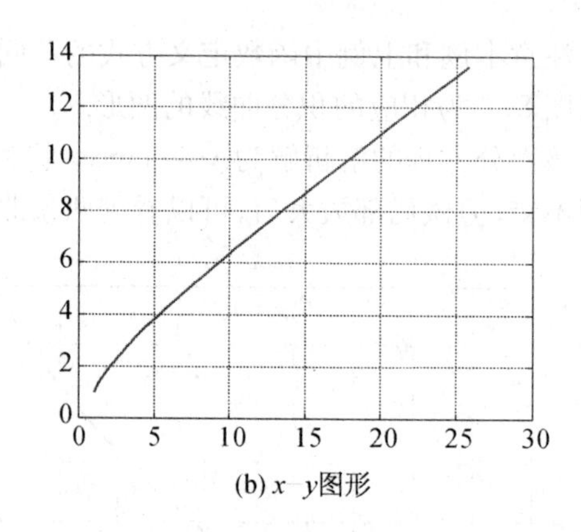

(b) x y图形

图 8-9 例 9 相应积分曲线

在很多追踪问题的模型中,追踪者和被追踪者的行动曲线是由相应的速度来刻画的,而速度往往又分解成水平分速度和垂直分速度,由此所得到的模型一般用微分方程组来表示.

例 10 缉私艇上的雷达发现,距离 c 处有一走私船正以匀速 a 沿直线行驶,缉私艇立即以最大速度(匀速 v)追赶.若用雷达进行跟踪,保持船的瞬时速度方向始终指向走私船,则缉私艇的运动轨迹如何?是否能追上走私船?如果能追上,需要多长时间?

模型建立 设在时刻 t 时,缉私艇位于 $P(x, y)$ 处,而走私船位于 $Q(c, at)$ 处(图 8-10).直线 PQ 为缉私艇在点 P 处的切线,切线与 x 轴正向的交角为 α,则由已知条件得到下面关系式:

$$\frac{\mathrm{d}x}{\mathrm{d}t} = v\cos\alpha, \quad \frac{\mathrm{d}y}{\mathrm{d}x} = v\sin\alpha.$$

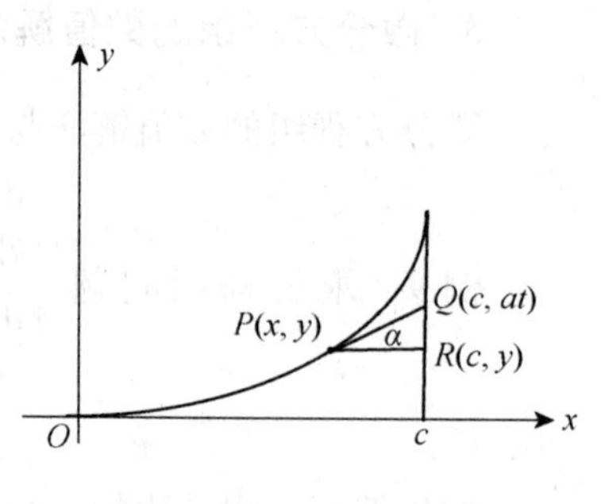

图 8-10 例 10 坐标示意图

又

$$\cos\alpha = \frac{|RP|}{|PQ|} = \frac{c-x}{\sqrt{(c-x)^2+(at-y)^2}},$$

$$\sin\alpha = \frac{|QP|}{|PQ|} = \frac{at-y}{\sqrt{(c-x)^2+(at-y)^2}},$$

由此得到问题的微分方程

$$
\begin{cases}
\dfrac{\mathrm{d}x}{\mathrm{d}t} = \dfrac{v(c-x)}{\sqrt{(c-x)^2+(at-y)^2}}, \\
\dfrac{\mathrm{d}y}{\mathrm{d}t} = \dfrac{v(at-y)}{\sqrt{(c-x)^2+(at-y)^2}},
\end{cases}
$$

相应的初始条件为 $x(0)=y(0)=0$. 此即为追踪问题的数学模型!

解模　得到该问题的解析解比较困难,可用 MatLab 的数值解方法得到该问题的数值解.

设走私船的速度为 $a=20$,缉私艇的速度为 $v=40$,两船相距 $c=15$. 在此情况下得到问题的解.

首先建立函数文件:

```
function dx=zousi(t,x)
  a=20;v=40;c=15;
  s=sqrt((c-x(1))^2+(a*t-x(2))^2);
  dx=[v*(c-x(1))/s;v*(a*t-x(2))/s];          %以向量形式表示微分方程组
```

经过测试,估计需要的时间为 0.5 h.

脚本文件为

```
ts=0:0.05:0.5;x0=[0 0];
[t,x]=ode45('zousi',ts,x0);              %以 ode45 求解微分方程
plot(t,x),grid                           %按照数值输出作图
gtext('x(t)'),gtext('y(t)'),pause
plot(x(:,1),x(:,2)),grid                 %作出函数 y(x)的图形
gtext('x'),gtext('y'),gtext('y(x)'),
```

曲线图形分别见图 8-11(a), 图 8-11(b).

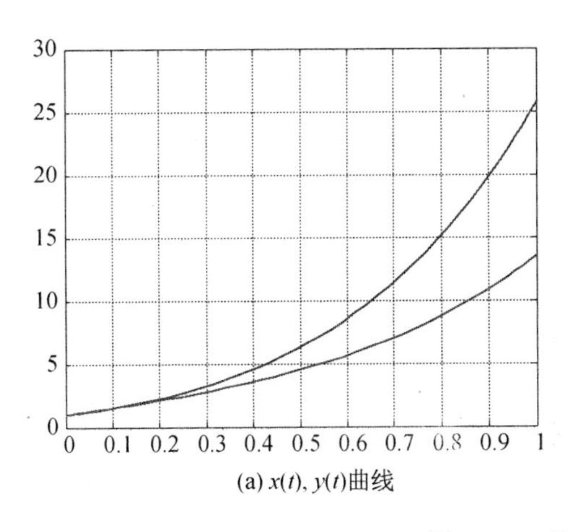

(a) $x(t)$, $y(t)$曲线

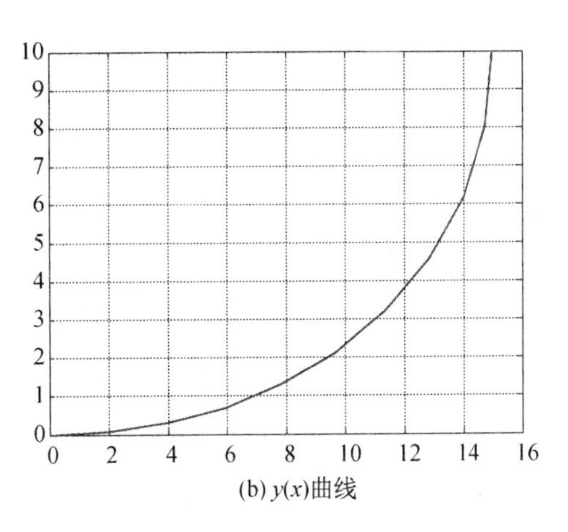

(b) $y(x)$曲线

图 8-11　例 10 积分曲线

一个显然的问题是,我们事先预料到底需要多少时间缉私艇才能追上走私船,下面的这段程序则解决了该问题. 解模的基本想法是,按两船的实际距离来判定是否追上了走私船.

程序如下：

```
a=20;v=40;c=15;dt=0.001;
k=1;t(1)=0;x(1)=0;y(1)=0;y2(k)=0;
dist=sqrt((x(k)-15)^2+(y(k)-y2(k))^2);           %两船距离
while dist>0.01                                  %判定准则
    t(k+1)=t(k)+dt;
    dist=sqrt((x(k)-15)^2+(y(k)-y2(k))^2);
    x(k+1)=x(k)+v*(15-x(k))/dist*dt;
    y(k+1)=y(k)+v*(y2(k)-y(k))/dist*dt;
    y2(k+1)=y2(k)+a*dt;
    k=k+1;
end
plot(x,y,15,y(1):0.05:y(end),'r-.'),grid on
title('The skatch of chasing')
t=t(end);x=x(end);y=y(end);y2=y2(end);
disp([t,x,y,y2]),disp(dist),disp(k)
```

最后的结果为

```
0.5010   14.9999   10.0333   10.0200
0.0067   502
```

结果表明，在时刻 $t=0.5$ h，缉私艇的位置为 $P(14.9999,\ 10.0333)$，走私船的位置为 $Q(15,\ 10.0200)$，两船距离为 0.006 7. 追踪图如图 8-12 所示.

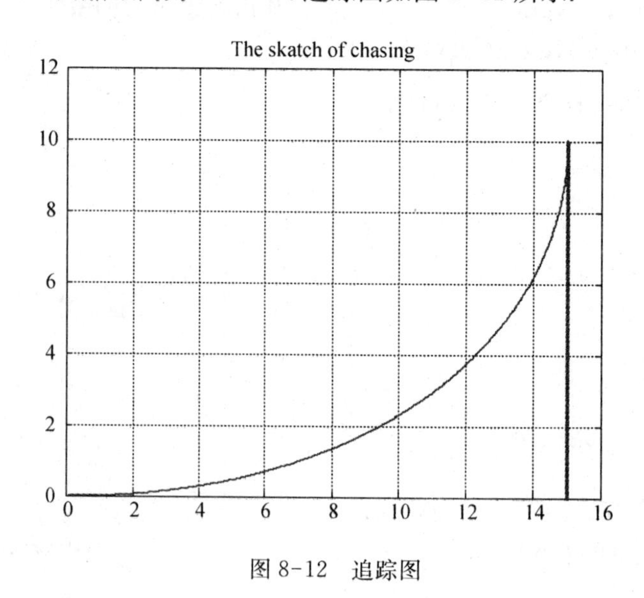

图 8-12　追踪图

4. 高阶微分方程的数值解法

MatLab 没有提供直接求解高阶微分方程的数值解法，它通过引入变量替换，将高阶微分方程转化为一个对应的微分方程组加以求解.

设 n 阶微分方程为

$$y^{(n)}=f(x, y, y', y'', \cdots, y^{(n-1)}).$$

引入变换:令 $y_1=y, y_2=y', \cdots, y_n=y^{(n-1)}$,则原微分方程变为微分方程组

$$\begin{cases}\dot{y}_1=y_2,\\ \dot{y}_2=y_3,\\ \cdots\\ \dot{y}_{n-1}=y_n,\\ \dot{y}_n=f(x, y_1, y_2, \cdots, y_n).\end{cases}$$

再由微分方程组求解方式得到高阶微分方程的解.

注　在变形过程中,注意初始条件的转移.

例 11　求解初值问题 $\begin{cases}\dddot{x}+0.51x\dot{x}=0,\\ x(0)=0, \dot{x}(0)=1, \ddot{x}(0)=1,\end{cases}$ 并画出相应的积分曲线.

引入变换:$x_1=x, x_2=\dot{x}_1, x_3=\dot{x}_2$,则原微分方程变形为微分方程组

$$\begin{cases}\dot{x}_1=x_2,\\ \dot{x}_2=x_3,\\ \dot{x}_3=-0.51x_1x_2.\end{cases}$$

而定解条件为 $x_1(0)=0, x_2(0)=1, x_3(0)=1$.

首先建立函数文件

```
function f=c2(t,x)
    f=[x(2),x(3),-0.51*x(1)*x(2)]';
```

再建立求解微分方程组的脚本文件.程序如下:

```
tspan=0:.1:12;
[t,x]=ode45('c2',tspan,[1,0,1]);
plot(t,x(:,1)),grid on
            %函数 x(t)曲线
pause,hold on
plot(t,x(:,2),'r'),
            %导函数曲线
plot(t,x(:,3),'k'),
            %二阶导函数曲线
legend('函数','导函数','二阶导函数')
xlabel('时间 t');title('函数,导函数,二阶导函数图形')
```

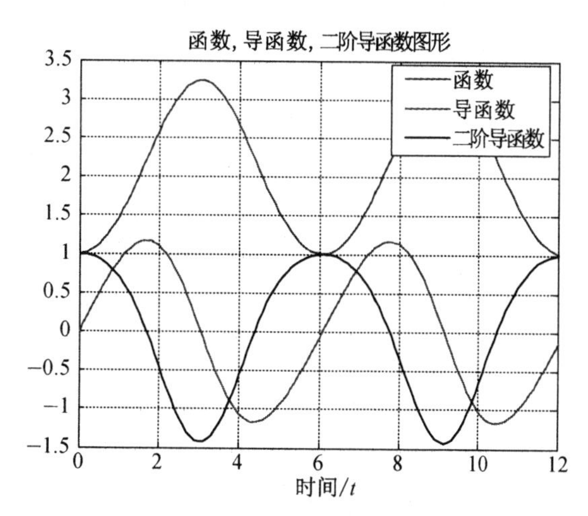

图 8-13　函数、导函数、二阶导函数图形

图 8-13 为相应的积分曲线及导函数和二阶

导函数的图形. 在图中,函数的单调性与曲线的凹凸性通过导函数及二阶导函数的符号清晰地表现出来.

注 矩阵 x 是一个 $n\times 3$ 的矩阵,其中的列元素分别为函数 $x(t)$,导函数 $\dot{x}(t)$ 及二阶导函数 $\ddot{x}(t)$ 在对应 t 的各个节点的数值. 列出其中前 10 行的数据:

```
        0   1.0000        0   1.0000
   0.1000   1.0050   0.0999   0.9974
   0.2000   1.0200   0.1993   0.9897
   0.3000   1.0448   0.2977   0.9766
   0.4000   1.0794   0.3945   0.9579
   0.5000   1.1236   0.4891   0.9331
   0.6000   1.1772   0.5809   0.9016
   0.7000   1.2397   0.6692   0.8631
   0.8000   1.3109   0.7532   0.8168
   0.9000   1.3901   0.8323   0.7623
```

从第 21 到第 40 行的数据

```
   2.0000   2.5778   1.1045  -0.4394
   2.1000   2.6857   1.0532  -0.5839
   2.2000   2.7879   0.9875  -0.7260
   2.3000   2.8829   0.9078  -0.8629
   2.4000   2.9692   0.8149  -0.9914
   2.5000   3.0456   0.7098  -1.1086
   2.6000   3.1111   0.5936  -1.2113
   2.7000   3.1644   0.4681  -1.2965
   2.8000   3.2046   0.3351  -1.3618
   2.9000   3.2312   0.1966  -1.4055
   3.0000   3.2436   0.0548  -1.4263
   3.1000   3.2418  -0.0880  -1.4236
   3.2000   3.2259  -0.2293  -1.3974
   3.3000   3.1961  -0.3669  -1.3485
   3.4000   3.1528  -0.4985  -1.2784
   3.5000   3.0968  -0.6221  -1.1892
   3.6000   3.0288  -0.7358  -1.0832
   3.7000   2.9500  -0.8381  -0.9631
   3.8000   2.8615  -0.9278  -0.8319
   3.9000   2.7647  -1.0041  -0.6930
```

数据表明,当 $t\in(3,4)$ 时有 $\dot{x}(t)<0$,即函数 $x(t)$ 为单调减少的,而图 8-13 也充分说明了这一点.

例 11　求解初值问题

$$\begin{cases} \ddot{x}-3(1-x^2)\dot{x}+x=0, \\ x(0)=2,\ \dot{x}(0)=3. \end{cases}$$

解　首先编写函数文件

```
function f=c3(t,x)
    f=[x(2),3*(1-x(1)^2)*x(2)
-x(1)]';
```

再编写求解微分方程的脚本文件

```
[t,x]=ode45('c3',[0,20],[2,3]);
plot(t,x(:,1),t,x(:,2),'r'),grid
```

结果如图 8-14 所示.

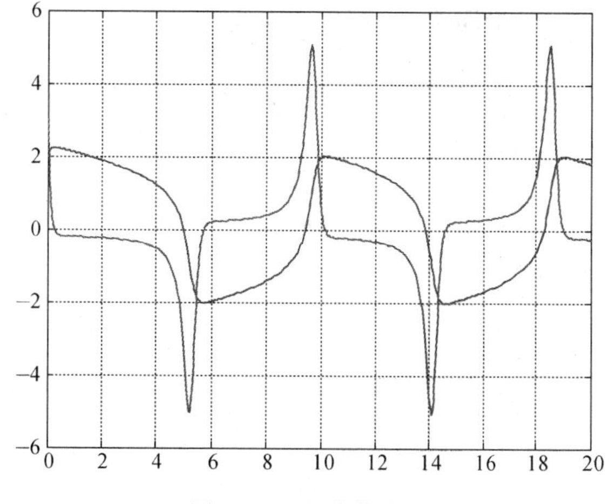

图 8-14　积分曲线图

例 12　求解高阶微分方程组 $\begin{cases} \dfrac{\mathrm{d}^3x}{\mathrm{d}t^3}+3x\dfrac{\mathrm{d}^2x}{\mathrm{d}t^2}-2\left(\dfrac{\mathrm{d}x}{\mathrm{d}t}\right)^2+y=0, \\ \dfrac{\mathrm{d}^2y}{\mathrm{d}t^2}+2.1x\dfrac{\mathrm{d}y}{\mathrm{d}t}=0. \end{cases}$ 定解条件为

$$\begin{cases} t=0, x=0, \dot{x}=0,\ \ddot{x}=0.68, \\ y=1,\ \dot{y}=-0.5. \end{cases}$$

解　引入变量：$x_1=x$，$x_2=\dot{x}$，$x_3=\ddot{x}$，$x_4=y$，$x_5=\dot{y}$，由此将原微分方程组转变为一阶微分方程组

$$\begin{cases} \dot{x}_1=x_2, \\ \dot{x}_2=x_3, \\ \dot{x}_3=-x_4-3\times x_1\times x_3+2x_2^2, \\ x_4=x_5, \\ \dot{x}_5=-2.1\times x_1\times x_5. \end{cases}$$

编写函数文件

```
function f=c4(t,x)
   f=[x(2) x(3)-3*x(1)*x(3)+2*x(2)^2-x(4),...
       x(5)-2.1*x(1)*x(5)]'
```

再编写求解微分方程的脚本文件

```
x0=[0 0 0.68 1 -0.5];
[t,x]=ode45('c4',[0,5],x0);
plot(t,x(:,1),t,x(:,4),'r')
legend('x','y')
grid on,hold on
figure(2)
plot(x(:,1),x(:,4)),grid on
```

结果如图 8-15(a)，(b).

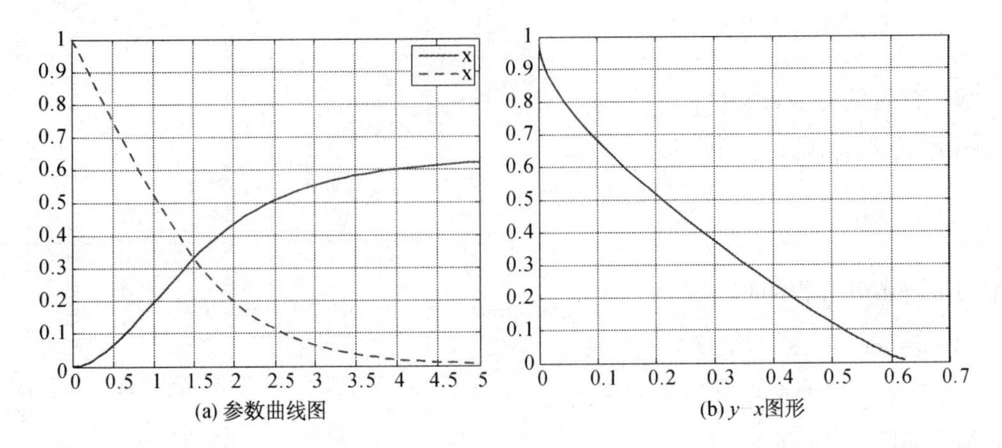

图 8-15　例 12 积分曲线

第 8 章练习

1. 求解下列各微分方程(组)：

(1) $y'=2x+y$，$y(0)=\dfrac{1}{2}$. 并作出函数在区间 [0, 2] 中的图形.

(2) $y''-7y'+10y=20x+3\mathrm{e}^{x}-\mathrm{e}^{-5x}$，$y(1)=2$，$y'(1)=1$，并作出在 [1, 1.5] 中的图形.

(3) $\begin{cases}\dfrac{\mathrm{d}x}{\mathrm{d}t}=y+1,\\ \dfrac{\mathrm{d}y}{\mathrm{d}t}=x+1.\end{cases}$ $x(0)=-2$，$y(0)=2$，并作出区间 [1, 1.5] 中的图形.

2. 用数值方法求上述方程的解并做出相应的图形.

3. $\begin{cases}\dfrac{\mathrm{d}^2x}{\mathrm{d}t^2}=2\dfrac{\mathrm{d}y}{\mathrm{d}t}+x-\dfrac{\lambda(x+\mu)}{r_1^3}-\dfrac{\mu(x+\lambda)}{r_2^3},\\ \dfrac{\mathrm{d}^2y}{\mathrm{d}t^2}=-2\dfrac{\mathrm{d}x}{\mathrm{d}t}+y-\dfrac{\lambda y}{r_1^3}-\dfrac{\mu y}{r_2^3}.\end{cases}$ $x(0)=1.2$，$y(0)=0$，$x'(0)=0$，

$y'(0)=-1.04935371$，其中，$\mu=1/82.45$，$\lambda=1-\mu$，$r_1=\sqrt{(x+\mu)^2+y^2}$，$r_2=\sqrt{(x+\lambda)^2+y^2}$，绘制轨迹图.

4. 小船从河边点 O 处出发驶向对岸(两岸为平行直线)，设船速为 a，船行方向始终与河岸垂直. 又设河宽为 h (单位:m)，河中任一点处的水流速度与该点到两岸距离的乘积成比例，比例系数为 k.

(1) 建立小船航行的微分方程；

(2) 取 $h=20$，$v=2$，$k=0.01$，求解该微分方程，并画出相应的航行轨迹；

(3) 求出船到达对岸时所需要的时间；

(4) 若要船到达对岸时的垂直偏差不超过 2 m,船航行速度的最小值为多少?

5. 细菌繁殖控制问题　细菌是通过分裂而繁殖的,细菌繁殖的速率与当时的细菌数量成比例(比例系数为 $k_1>0$). 在细菌培养基中加入毒素可将细菌杀死. 毒素杀死细菌的速率与当时的细菌数量和毒素的浓度之积成正比(比例系数为 $k_2>0$),人们通过控制毒素浓度的方法来控制细菌的数量.

假设在时刻 t 时毒素的浓度为 $T(t)$,它以常速率 v 随时间变化,且当 $t=0$ 时 $T=T_0$. 又在时刻 t 时,细菌的数量为 $x(t)$,且当 $t=0$ 时 $x=x_0$.

(1) 求出细菌数量随时间的变化规律;

(2) 取定适当的参数值,作出相应的积分曲线;

(3) 当 $t\to+\infty$ 时,细菌总量的变化情况如何?(对 $v>0$, $v=0$, $v<0$ 三种情况作讨论.)

第 9 章　线性代数应用

在第 2 章的矩阵基本操作中，我们列举了 MatLab 在矩阵计算中的一些简单应用，本章将介绍 MatLab 在线性代数中的其他应用，包括多项式分解和求根、矩阵的分解、求解线性方程组及求解方程组的几类迭代方法.

9.1 多项式运算

1. 多项式与多项式的根

(1) 定义多项式

格式　p=[an,an−1,…,a1,a0]

功能　定义多项式 $p(x)=a_nx^n+a_{n-1}x^{n-1}+\cdots+a_1x+a_0$.

注　用向量定义多项式是指按多项式的幂次方的阶数由高到低排列相应的系数向量，若系数为零，在向量中必须补上零.

例 1　定义多项式 $f(x)=5x^4+4x^3-2x+3$.

输入语句：

```
p=[5 4 0 −2 3]
```

在本例中计算多项式在点 $x=2.3$ 处的函数值.

输入语句：y=polyval(p,2.3)

返回值　186.9885

在多项式数值计算中，输入的第二个参数可以是向量，此时返回值为向量中每个数值所对应的多项式值所构成的向量.

在例 1 中，若输入

```
a=1:3;b=polyval(p,a)
```

返回值　　10　111　510

(2) 多项式求根

格式　roots(p)

功能　求由向量形式定义的多项式 p 的根(零点).

例 2　求多项式 $p(x)=x^3-6x^2-72x-27$ 的零点.

输入语句：p=[1,−6 −72,−27];r=roots(p)

返回值　r=12.1229　-5.7345　-0.3884

某些情况下需要由多项式的系数返回多项式的表达式，此时可输入语句：

```
f=poly2sym(p)
```

在例1中，若输入

```
f=poly2sym(p)
```

返回值　f=5*x^4+4*x^3-2*x+3

当已知多项式的根时，使用 poly 函数可以得到相应的多项式系数.

格式　poly(r)

功能　求多项式系数.

在例2中，继续输入语句

```
p=poly(r)
```

返回值　p=1.0000　0.8000　0.0000　-0.4000　0.6000.

注意该表达式与原多项式表达的差别(首项系数为1).

2. 多项式的运算

(1) 多项式的加法

由于用向量形式定义的 n 次多项式其形式是一个 $1\times(n+1)$ 的矩阵，因此两个多项式在相加时要确保其分量个数相同，所以对低次多项式，需适当增加零元以保证加法的可行性.

例3　设 $p_1(x)=6x^5+4x^4-2x^2+4x-3$，$p_2(x)=3x^3+4x^2+3x-2$，求 $p_1(x)+p_2(x)$.

输入语句：

```
p1=[6 4 0 -2 4 -3];p2=[3 4 3 -2];
n1=length(p1);n2=length(p2);
n=max(n1,n2);
p1=[zeros(1,n-n1),p1];          %增加零元
p2=[zeros(1,n-n2),p2];          %增加零元
p=p1+p2;
f=poly2sym(p);disp(f)
```

结果为

```
6*x^5+4*x^4+3*x^3+2*x^2+7*x-5
```

(2) 多项式的乘法和多项式的除法

① 多项式乘法

格式　conv(p1,p2)

功能 作多项式 p_1 与 p_2 的乘法.

例 4 求多项式 $p_1(x)=x^2+x+1$ 与多项式 $p_2(x)=x^2-2x+1$ 的乘积.

输入语句：

```
p1=[ 1 1 1];p2=[1-2 1];
p=conv(p1,p2);f=poly2sym(p);
disp(f)
```

返回值 x^4－x^3－x+1

注 MatLab 中关于多项式的乘积是对系数向量作的卷积(convolution)所得到的向量,即若

$$p_1(x)=\sum_{i=0}^{m}a_ix^i,\ p_2(x)=\sum_{i=0}^{n}b_ix^i,$$

则 $p(x)=p_1(x)\times p_2(x)=\sum_{i=0}^{m+n}c_ix^i$, 其中

$$c_i=\sum_k a_kb_{i-k}\quad(i=0,1,\cdots,m+n).$$

② 多项式除法

格式 [q,r]=deconv(p,p1)

功能 求多项式 p 被多项式 p_1 除后所得到的商和余项(多项式).

对例 4,可继续输入：

```
[q,r]=deconv(p,p1)
```

例 5 求多项式 $p(x)=4x^3+5x^2-3x-8$ 除以多项式 $p_1(x)=x^2+2x+1$ 所得到的商式和余式.

输入语句：

```
p=[4 5 -3 8];p1=[1 2 1];
[q,r]=deconv(p,p1)
```

结果为

```
q=4    -3
r=0    0    -1    5
```

即,商为 $q(x)=4x-3$, 余式为 $r(x)=-x+11$, 从而有

$$p(x)=4x^3+5x^2-3x-8=(x^2+2x+1)(4x-3)-x-5.$$

③ 有理函数的高斯分解

在不定积分中,对有理函数作积分需要对被积函数作高斯分解再求出相应的积分,MatLab 提供了作相应分解的函数 residue.

格式 [r,p,k]=residue(b,a)

功能 对有理函数 $f(x)=\dfrac{p_2(x)}{p_1(x)}$ 作相应的高斯分解.

其中,a 为多项式 $p_1(x)$ 的系数向量,b 为多项式 $p_2(x)$ 的系数向量,r 为分解式中分子的各个系数构成的向量,p 是函数 $f(x)$ 的极点(poles)构成的向量,k 是 p_2 除以 p_1 的商.

例 6 求有理函数 $f(x)=\dfrac{x+3}{x^2-5x+6}$ 相应的高斯分解.

输入语句:

```
b=[1,3];a=[1,-5,6]; [r,p k]=residue(b,a)
```

返回值

```
r=6.0000    -5.0000
p=3.0000    2.0000
k=[]
```

即 $f(x)=\dfrac{x+3}{x^2-5x+6}=\dfrac{6}{x-3}+\dfrac{-5}{x-2}$.

若输入

```
q=roots(a)
```

返回值

```
q=3.0000    2.0000
```

说明 $x=3,x=2$ 为函数 $f(x)$ 的极点.

若再输入

```
b=[1-4 2 9];[r,p k]=residue(b,a)
```

结果为

```
r=6.0000  -5.0000
p=3.0000  2.0000
k=1 1
```

即 $f(x)=\dfrac{x+3}{x^2-5x+6}=\dfrac{6}{x-3}+\dfrac{-5}{x-2}+x+1$.

当极点的重数大于1时表达式要做相应的调整.

例 7 求函数 $f(x)=\dfrac{x^2+x+1}{x^3-7x^2+16x-12}$ 的高斯分解.

输入语句:

```
a=[1 -7 16 -12];b=[1 1 1]; [r,p k]=residue(b,a);
```

结果为

```
r=13.0000   -12.0000   -7.0000
p=3.0000    2.0000     2.0000
k=[]
```

即 $f(x)=\dfrac{x^2+x+1}{x^3-7x^2+16x-12}=\dfrac{13}{x-3}+\dfrac{-12}{x-2}+\dfrac{-7}{(x-2)^2}$.

将一个部分分式合并成一个有理分式.

格式 [b,a]=residue(r,p k)

例 8 将部分分式 $f(x)=\dfrac{3}{x-1}+\dfrac{2}{x-2}+\dfrac{4}{x-3}+x-2$ 合并成一个有理分式.

输入语句:

```
p=[1 2 3];r=[3 2 4];k=[1,-2];
[b,a]=residue(r,p,k);
```

返回值

```
b=1     -8     32     -63     44
a=1     -6     11     -6
```

即 $f(x)=\dfrac{x^4-8x^3+32x^2-63x+44}{x^3-6x^2+11x-6}$.

9.2 矩阵(向量)的范数与条件数

矩阵(向量)的范数与条件数是矩阵分析中的重要内容.

1. 范数

(1) 向量的范数

格式 norm(a,n)

功能 求向量 $\boldsymbol{a}$ 的 n 范数(n=1, 2, inf).

设 $\boldsymbol{a}=(a_1, a_2, \cdots, a_n)$,则 $n=1, 2$, inf 时范数的意义见表 9-1.

表 9-1 **向量范数的意义**

norm(a,n)	意　义
$n=1$	$\sum_{i=1}^{n}\|a_i\|$
$n=2$	$\sqrt{a_1^2+a_2^2+\cdots+a_n^2}$
$n=\text{inf}$	$\max\{\|a_1\|,\|a_2\|,\cdots,\|a_n\|\}$

例 9 求向量 $\boldsymbol{a}=(-3, -2, -1, 0, 1, 2)$ 的各个范数.

输入语句:

```
a=-3:2:1;a1=norm(a,1);a2=norm(a,2);a3=norm(a,inf)
disp([a1,a2,a3])
```

结果为

```
9.0000    4.3589    3.0000
```

注 向量的2—范数常常又称为向量的欧几里得长度(简称为向量的长度). 在MatLab中,向量所包含的向量个数往往称为向量的长度(length),数值

$$\frac{\text{norm}(a,\ 2)}{\sqrt{m}}$$

又被称为向量的均方根(root-mean-square, RMS;这里 m 为向量的维数).

输入

```
rms=a2/sqrt(length(a))
```

返回值

```
rms=1.7795
```

(2) 矩阵的范数

格式 norm(A,n)

功能 求矩阵 $\mathbf{A}$ 的 n 范数($n=1,2,\text{inf}$).

若 $\mathbf{A}=(a_{ij})$,则 $n=1,2,\text{inf}$ 时范数意义见表9-2.

表9-2 **矩阵范数的意义**

norm(a, n)	意　义
$n=1$	列向量1-范数最大者
$n=2$	$\sqrt{\lambda_{\max}(\mathbf{A}^{\mathrm{T}}\mathbf{A})}$
$n=\text{inf}$	行向量1-范数最大者

例10 设 $\mathbf{A}=\begin{pmatrix}1 & 2 & 3\\ -2 & 3 & -4\\ 2 & 2 & 1\end{pmatrix}$,求矩阵 $\mathbf{A}$ 的各个范数.

输入语句:

```
A=[1 2 3;-2 3 -4;2 2 1];
a1=norm(A,1);a2=norm(A,2);a3=norm(A,inf)
```

返回值

```
8.0000    5.8116    9.0000
```

为验证2-范数值,输入下面语句

```
L=sqrt(max(eig(A'*A)))
```

返回值

L=5.8116

定理 设 $\boldsymbol{A}$ 为 n 阶矩阵，$\boldsymbol{x}$ 为任意一个 n 维列向量，则有 $\|\boldsymbol{Ax}\|_n \leqslant \|\boldsymbol{A}\|_n \|\boldsymbol{x}\|_n$，这里 $\|\cdot\|_n$ 表示矩阵或向量的 n-范数.

该性质称为范数的相容性.

2. 条件数

在引入条件数前，先看一个例子.

例 11 设方程组 $\begin{pmatrix}1 & 1\\ 1 & 1.001\end{pmatrix}\begin{bmatrix}x_1\\ x_2\end{bmatrix}=\begin{pmatrix}2\\ 2\end{pmatrix}$，该方程的解为 $\boldsymbol{x}=(2,0)^{\mathrm{T}}$，若将右端的常数项改为 $\begin{pmatrix}2\\ 2.001\end{pmatrix}$，此时方程的解为 $\boldsymbol{x}=(1,1)^{\mathrm{T}}$，注意到，方程右端仅仅是作了微小的改变，引起了这个方程解的很大变化. 那么引起解的变化的原因究竟是什么呢？下面对此做一番分析.

解 设方程 $\boldsymbol{Ax}=\boldsymbol{b}$ 的解为 $\boldsymbol{x}'$，由 $\boldsymbol{b}$ 的微小增量 $\delta\boldsymbol{b}$ 引起的解的改变量为 $\delta\boldsymbol{x}'$，即

$$\boldsymbol{A}(\boldsymbol{x}'+\delta\boldsymbol{x}')=\boldsymbol{b}+\delta\boldsymbol{b},$$

从而有 $\boldsymbol{A}\delta\boldsymbol{x}'=\delta\boldsymbol{b}\Rightarrow\delta\boldsymbol{x}'=\boldsymbol{A}^{-1}\delta\boldsymbol{b}$. 两边取范数，再由范数的相容性，有 $\|\delta\boldsymbol{x}'\|\geqslant\|\boldsymbol{A}^{-1}\|\|\delta\boldsymbol{b}\|$. 又因 $\boldsymbol{x}'$ 是方程 $\boldsymbol{Ax}=\boldsymbol{b}$ 的解，所以 $\boldsymbol{Ax}'=\boldsymbol{b}\Rightarrow\|\boldsymbol{b}\|\leqslant\|\boldsymbol{A}\|\|\boldsymbol{x}'\|\Rightarrow\|\boldsymbol{x}'\|\geqslant\|\boldsymbol{b}\|/\|\boldsymbol{A}\|$，两边做商得

$$\frac{\|\delta\boldsymbol{x}\|}{\|\boldsymbol{x}\|}\geqslant\|\boldsymbol{A}^{-1}\|\cdot\|\boldsymbol{A}\|\frac{\|\delta\boldsymbol{b}\|}{\|\boldsymbol{b}\|}.$$

上式表明，解的增量的大小与数 $\|\boldsymbol{A}^{-1}\|\cdot\|\boldsymbol{A}\|$ 有关. 由此引入如下定义.

定义 设 $\boldsymbol{A}$ 为 m 阶可逆方阵，称数 $\|\boldsymbol{A}\|_n\|\boldsymbol{A}^{-1}\|_n$ 为矩阵 $\boldsymbol{A}$ 的条件数，记为 $\mathrm{cond}(\boldsymbol{A})$，即

$$\mathrm{cond}(\boldsymbol{A})=\|\boldsymbol{A}\|_n\|\boldsymbol{A}^{-1}\|_n.$$

一个具有大条件数的矩阵称为是病态的.

MatLab 提供了求可逆矩阵 $\boldsymbol{A}$ 的条件数函数 cond.

格式 cond(A,n)

功能 用 p-范数形式求矩阵 $\boldsymbol{A}$ 的条件数，默认值为 $n=2$.

例 12 求三阶魔方阵的条件数.

输入语句：

```
A=magic(3);c=cond(A);
l1=max(eig(A'*A));l2=min(eig(A'*A));
l2=sqrt(l1)/sqrt(l2);
disp([c,l2])
```

结果为

```
4.3301      4.3301
```

上例说明,在2-范数情况下,矩阵的条件数即为最大奇异值与最小奇异值之比.

例13 求矩阵 $\boldsymbol{A}=\begin{pmatrix}1 & 1\\ 1 & 1.001\end{pmatrix}$ 的条件数.

输入语句:

```
A=[1 1;1 1.001]; c=cond(A)
```

返回值 c=4.0020e+003

例14 求若干阶 pascal 矩阵与 hilbert 矩阵的条件数.

程序如下:

```
for k=1:6
    A=pascal(k+4);B=hilbert(k+4);
    a(k)=cond(A);b(k)=cond(B);
end
    disp(a),disp(b)
```

结果为

```
1.0e+009 *
0.0000    0.0001    0.0015    0.0206    0.2908    4.1552
1    1    1    1    1    1
```

结果表明,随着 n 的上升,pascal 矩阵的条件数值迅速变大.

9.3 求解方程组

1. 求解方程组的常用函数

求解方程组的几个常用函数及功能见表9-3.

表9-3　求解方程组的常用函数

函　数	功　能
rank	求矩阵的秩
rref	求矩阵的行阶梯形矩阵
null	求齐次线性方程组的基础解系(正交)
null(A,'r')	以有理形式表现齐次线性方程组的基础解系

例 15 求矩阵 $\boldsymbol{A}=\begin{pmatrix}2 & 1 & 8 & 3 & 7\\ 2 & -3 & 0 & 7 & -5\\ 3 & -2 & 5 & 8 & 0\\ 1 & 0 & 3 & 2 & 0\end{pmatrix}$ 的秩及行阶梯形矩阵.

输入语句：

```
A=[2 1 8 3 7;2 -3 0 7 -5;3 -2 5 8 0;1 0 3 2 0];
r=rank(A);
B=rref(A);
```

结果为

```
r=3
B=
    1    0    3    2    0
    0    1    2   -1    0
    0    0    0    0    1
    0    0    0    0    0
```

例 16 求下面方程组的基础解系：

$$\begin{cases}x_1-8x_2+10x_3+2x_4=0,\\ 2x_1+4x_2+5x_3-x_4=0,\\ 3x_1+8x_2+6x_3-2x_4=0.\end{cases}$$

输入语句：

```
A=[1 -8 10 2;2 4 5 -1;3 8 6 -2];r=rank(A);
B=null(A), C=null(A,'r'),
```

结果为

```
r=2
B=
     0.8322    -0.4693
    -0.0277     0.2941
    -0.2080     0.1173
     0.5133     0.8243
C=
    -4.0000          0
     0.7500     0.2500
     1.0000          0
          0     1.0000
```

从结果可以看到，用第二种格式所得到的基础解系类似于常规做法所得到的基础解系，而第一种格式所得到的基础解系似乎具有某些特征，进一步分析如下：

输入语句

```
a=sum(B.*B)
```

返回值

```
a=1.0000    1.0000
```

再输入

```
b=sum(B(:,1).*B(:,2))
```

返回值

```
2.2204e-016
```

即矩阵 $\boldsymbol{B}$ 中的列向量为两两正交的单位向量.

例 17 求解非齐次线性方程组

$$\begin{cases} x_1+2x_2+3x_3=2, \\ 2x_1-x_2-x_3=1, \\ x_1-2x_2-2x_3=-1, \\ x_1-x_2-x_3=0. \end{cases}$$

程序如下：

```
A=[1 2 3;2 -1 -1;1 -2 -2;1 -1 1];
b=[2 1 -1 0]';B=[A,b];
r1=rank(A);r2=rank(B);disp([r1,r2])
a=size(A);
if r1==r2
    if r1==a(2)
    x=A\b;disp(x)
    else
        x0=x\b;
    x=null(A);
        disp([x,x0])
    end
else
    disp('no solution to this equation!')
end
```

结果为

```
3    3
1.0000    2.0000    -1.0000
```

若将方程右端的常数项改为 b=[2 1 -1 -1]，则结果为

```
3     4
no solution to this equation!
```

2. 用消元法求解方程组

(1) 顺序消元法

所谓顺序消元法，即是从对角线开始，依次将对角线下面的元素都消为零，再进行回代从而得到方程组的解.

例 18 用顺序消元法求解线性方程组

$$\begin{cases} x_1 + x_2 + x_3 + x_4 = 5, \\ x_1 + 2x_2 - x_3 + 4x_4 = -2, \\ 2x_1 - 3x_2 - x_3 - 5x_4 = -2, \\ 3x_1 + x_2 + 2x_3 + 11x_4 = 0. \end{cases}$$

程序如下：

```
function y=gaussxxyf1(A,b);
a=size(A);n=length(b);x=zeros(1,n);
if a(1)~=a(2)
    fprintf('线性方程组的增广矩阵\n')
elseif a(1)~=n
    fprintf('常数列个数不匹配\n')
else
    A=[A,b];
    for i=1:n-1
        if A(i,i)==0
            fprintf('对角线元素不能为零\n')
            break
    else
        for j=i+1:n
                A(j,:)=A(j,:)-A(j,i)*A(i,:)/A(i,i);                %消元
                %b(j)=b(j)-A(j,i)*b(i)/A(i,i);
            end
        end
    end
    if A(n,n)==0
        fprintf('对角线元素不能为零\n')
    else
        b=A(:,n+1);A(:,n+1)=[];
        for i=n:-1:1
            x(i)=(b(i)-sum(A(i,:).*x))/A(i,i);                %回代
```

```
            end
        end
    end
    disp(x)
```

在命令窗口中输入

```
A=[1 1 1 1;1 2 -1 4;2 -3 -1 -5;3 1 2 11], b=[5 -2 -2 0]'
gaussxyf1(A,b)
```

返回值

```
1    2    3    -1
```

此即为方程的解.

(2) 高斯主元消去法

顺序消元法存在一些问题,其中之一就是当主对角线元素为零的时候,程序不再求解.但是在很多情况下方程是可解的.解决的方法就是交换元素的位置. 一个显而易见的问题是,即使对角线上的元素不为零,而其绝对值很小的话,这样的计算过程也可能会造成比较大的误差,高斯主元消去法则较好地解决了该问题.

高斯主元消去法的基本思想:在每列的对角线元素上选取该元素下方的元素,使下方元素的绝对值比它的绝对值更大,然后作整行的交换.

例 19 用高斯主元消去法求解线性方程组

$$\begin{cases} x_1 + 3x_2 + 3x_3 = 1, \\ 5x_1 + 4x_2 + 10x_3 = 0, \\ 3x_1 - 0.1x_2 + x_3 = 0. \end{cases}$$

程序如下:

```
function y=gszyxxf(A,b)
n=length(b);x=zeros(1,n);
A=[A,b];
for i=1:n
    p=i;c=abs(A(i,i));
    for j=i+1:n
        if  abs(A(j,i))>c
            p=j;                                 %选取列主元最大者
        end
    end
    if p>i
        s=A(i,:);A(i,:)=A(p,:);A(p,:)=s;     %交换
    else
        if A(i,i)==0
            break
```

```
            end
        end
    end
    disp(A),disp('换元结束')
    pause
    for i=1:n
        for j=i+1:n
            A(j,:)=A(j,:)-A(j,i) * A(i,:)/A(i,i);   %消元
            disp([A,b])
            pause
        end
    end
    disp(A),disp('消元结束')
    pause
        b=A(:,n+1);A(:,n+1)=[];
        disp([A,b])
    for i=n:-1:1
        x(i)=(b(i)-sum(A(i,:).*x))/A(i,i);          %回代
        disp([A,b])
    end
    disp(x)
```

在命令窗口中输入

```
A=[1 3 3;5 4 10;3-0.1 1],b=[1,0, 2]'; gszyxxf(A,b)
```

结果为　　0.9647　　0.8235　−0.8118

输入语句　　A\b

结果为

```
ans=0.9647    0.8235   -0.8118
```

两者结果一致,说明了该方法的可行性.但是在问题的处理过程中,仍然可能会出现主元接近零的情况。从而会对结果产生较大的误差.例如对方程组

$$\begin{cases}3x_1+x_2-x_3+2x_4=1,\\-5x_1+x_2+3x_3-4x_4=1,\\2x_1+x_3-x_4=1,\\x_1-5x_2+3x_3-3x_4=1\end{cases}$$

用该方法求解,即会产生较大的误差.解决该问题的方法是采用高斯全主元选取方法,即在消元过程中选取绝对值最大的主元,从而有效避免该问题,此处不再讨论,有兴趣的读者可以给出相应的求解程序.

3. 用迭代法求解线性方程组

在微积分中,很多场合下可以通过迭代的方法得到该问题的近似解. 例如,求解函数零点的牛顿切线法,求微分方程数值解的欧拉方法及龙格库塔方法都是使用迭代方法得到问题满意解的很好例子. 同样,在线性方程的求解过程中,也有相应的迭代方法,这里介绍两种简单的迭代方法.

(1) 雅可比迭代

① 雅可比迭代方法描述

设方程组

$$\begin{cases} a_{11}x_1 + a_{12}x_2 + \cdots + a_{1n}x_n = b_1, \\ a_{21}x_1 + a_{22}x_2 + \cdots + a_{2n}x_n = b_2, \\ \quad\vdots \\ a_{n1}x_1 + a_{n2}x_2 + \cdots + a_{nn}x_n = b_n. \end{cases}$$

将方程组改写成

$$\begin{cases} a_{11}x_1 = b_1 - a_{12}x_2 - \cdots - a_{1n}x_n, \\ a_{22}x_2 = b_2 - a_{21}x_1 - a_{23}x_3 - \cdots - a_{2n}x_n, \\ \quad\vdots \\ a_{nn}x_n = b_n - a_{n1}x_1 - a_{n2}x_2 - \cdots - a_{nn-1}x_{n-1}. \end{cases}$$

如此,对任意的一组初始值 $\boldsymbol{x}_0 = (x_{10}, x_{20}, \cdots, x_{n0})^{\mathrm{T}}$,带入到方程的右端,从而得到一组新的 $\boldsymbol{x}$,当两组 $\boldsymbol{x}$ 的误差较小时(满足精度要求),即认为找到方程的一个近似解.

② 雅可比迭代的 MatLab 实现

程序如下:

```
function y=ykb1(A,b,x0);
    if nargin<3
        n=length(b);x0=zeros(n,1);
    end
n=length(b);x=[x0,zeros(n,1)];
for k=1:n
    x(k,2)=(b(k)-sum(A(k,:).*x(:,1)')+A(k,k)*x(k,1))/A(k,k);
end
m=2;
while norm(x(:,m)-x(:,m-1))>1e-3
    for k=1:n
        y(k)=(b(k)-sum(A(k,:).*x(:,m)')+A(k,k)*x(k,m))/A(k,k);
    end
    x=[x,y'];
    m=m+1;
```

```
end
disp(x),disp(m)
```

例 20 用雅可比迭代法求解线性方程组

$$\begin{cases}10x_1+3x_2+x_3=14,\\2x_1-10x_2+3x_3=-5,\\x_1+3x_2+10x_3=14.\end{cases}$$

输入下面语句：

```
A=[10 3 1;2 -10 3;1 3 10];b=[14 -5 14],x=[0 0 0 ]'
ykb1(A,b,x)
```

结果为

```
1.0003    1.0001    1.0003
```

该方程的精确解为 $\boldsymbol{x}=(1,1,1)^{\mathrm{T}}$. 各次迭代结果如下：

0	1.4000	1.1100	0.9290	0.9906	1.0116	1.0003	0.9982	1.0001	1.0003
0	0.5000	1.2000	1.0550	0.9645	0.9953	1.0058	0.0001	0.9991	1.0001
0	1.4000	1.1100	0.9290	0.9906	1.0116	1.0003	0.9982	1.0001	1.0003

(2) 高斯-赛德尔迭代

① 高斯-赛德尔迭代方法的描述

高斯-赛德尔迭代的基本想法是:在雅可比迭代中,用已经得到的数据作为新数据求出下个 $\boldsymbol{x}_k$ 值. 具体表现为:若 $\boldsymbol{x}^k=(x_1^k,x_2^k,\cdots,x_n^k)^{\mathrm{T}}$ 为第 k 次迭代结果,则下一次的迭代公式为

$$\begin{cases}a_{11}x_1^{k+1}=b_1-a_{12}x_2^k-\cdots-a_{1n}x_n^k,\\a_{22}x_2^{k+1}=b_2-a_{21}x_1^{k+1}-a_{23}x_3^k-\cdots-a_{2n}x_n^k,\\\qquad\vdots\\a_{nn}x_n^{k+1}=b_n-a_{n1}x_1^{k+1}-a_{n2}x_2^{k+1}-\cdots-a_{nn-1}x_{n-1}^{k+1}.\end{cases}$$

② 高斯-赛德尔迭代的 MatLab 实现

程序如下：

```
function z=gsdel(A,b,x);
if nargin<3
    n=length(b);x=zeros(n,1);
end
n=length(b);a=zeros(n,1);x=[x,a];
for k=1:n
    y(k)=(b(k)-sum(A(k,:).*x(:,2)'))/A(k,k);
end
```

```
x(:,2)=y;x=[x,y'];disp(x)
m=2;a=x(:,m)-x(:,m-1);disp(a)
while norm(a)>1e-4
    m=m+1;
    for k=1:n
        x(k,m)=0;
        y=(b(k)-sum(A(k,:). * x(:,m)'))/A(k,k);
        x(k,m)=y';
    end
    a=x(:,m)-x(:,m-1);
    x(:,m+1)=x(:,m);
end
disp(x)
```

例 21 用高斯-赛德尔迭代法求解线性方程组

$$\begin{cases}10x_1+3x_2+x_3=14,\\2x_1-10x_2+3x_3=-5,\\x_1+3x_2+10x_3=14.\end{cases}$$

输入下面语句:

```
A=[10 3 1;2 -10 3;1 3 10];b=[14 -5 14],x=[0 0 0 ]'
gsdel(A,b,x)
```

结果为

1.0000 1.000 1.0000

迭代结果如下:

0	1.4000	1.1100	0.9628	1.0060	0.9989	1.0002	1.0000	1.0000	1.0000
0	0.5000	1.1420	0.9765	1.0044	0.9992	1.0001	1.0000	1.0000	1.0000
0	1.4000	0.9464	1.0108	0.9981	1.0004	0.9999	1.0000	1.0000	1.0000

从以上结果可以发现,高斯-赛德尔迭代法优于雅可比迭代法.

关于迭代法收敛性的两个基本结论是:

结论 1 若矩阵 $\mathbf{A}=(a_{ij})$ 是严格对角占优的,即

$$|a_{ii}|>\sum_{j\neq i}|a_{ij}|,$$

则雅可比迭代法及高斯-赛德尔迭代法收敛.

结论 2 若矩阵 $\mathbf{A}=(a_{ij})$ 是对称正定阵,则高斯-赛德尔迭代法收敛.

利用矩阵的三角分解,容易得到雅可比迭代法及高斯-赛德尔迭代法的简单算法.

算法描述 设 $\boldsymbol{A}=(a_{ij})_{nn}$，将矩阵 $\boldsymbol{A}$ 改写成

$$\boldsymbol{A}=\boldsymbol{L}+\boldsymbol{D}+\boldsymbol{U}.$$

这里 $\boldsymbol{L}$ 为 $\boldsymbol{A}$ 的下三角矩阵，$\boldsymbol{D}$ 为 $\boldsymbol{A}$ 的对角矩阵，$\boldsymbol{U}$ 为 $\boldsymbol{A}$ 的上三角矩阵. 此时相应的矩阵方程 $\boldsymbol{Ax}=\boldsymbol{b}$ 可以改写成

$$\boldsymbol{Dx}=\boldsymbol{b}-(\boldsymbol{L}+\boldsymbol{U})\boldsymbol{x}.$$

当 $\boldsymbol{D}$ 非奇异时，即 $\boldsymbol{A}$ 的对角线元素均非零，则有

$$\boldsymbol{x}=\boldsymbol{D}^{-1}[\boldsymbol{b}-(\boldsymbol{L}+\boldsymbol{U})\boldsymbol{x}].$$

此即为雅可比迭代的矩阵形式.

求解程序如下：

```
function y=ykb2(A,b,x);
%A 为 n*n 矩阵,b,x 为列向量
if nargin<3
    n=length(b);x=zeros(n,1);
end
n=length(b);
D=diag(diag(A));
L=tril(A,-1);U=triu(A,+1);                    %A 的下三角矩阵及上三角矩阵
y=inv(D)*(b-(L+U)*x);
x=[x,y];m=2;a=norm(x(:,m)-x(:,m-1));
while a>1e-3 & m<20
    y=inv(D)*(b-(L+U)*x(:,m));               %下一次迭代
    m=m+1;x=[x,y];a=norm(x(:,m)-x(:,m-1));
end
disp(x),disp(m)
```

相比直接求解的迭代程序，该程序显得简单明了.

用该方法对上例的计算结果如下：

0	1.4000	1.1100	0.9290	0.9906	1.0116	1.0003	0.9982	1.0001	1.0003
0	0.5000	1.2000	1.0550	0.9645	0.9953	1.0058	0.0001	0.9991	1.0001
0	1.4000	1.1100	0.9290	0.9906	1.0116	1.0003	0.9982	1.0001	1.0003

可见，用简单算法与直接求解结果接近. 相仿可以得到高斯-赛德尔迭代方法的 MatLab 程序，有兴趣的读者不妨自己动手编写.

4. 用追赶法求解线性方程组

考虑矩阵方程 $\boldsymbol{Ax}=\boldsymbol{d}$，其中

$$\boldsymbol{A}=\begin{pmatrix} b_1 & c_1 & 0 & \cdots & 0 & 0 \\ a_2 & b_2 & c_2 & \cdots & 0 & 0 \\ 0 & a_3 & b_3 & \cdots & 0 & 0 \\ \cdots & \cdots & \cdots & \cdots & \cdots & \cdots \\ 0 & 0 & 0 & \cdots & b_{n-1} & c_{n-1} \\ 0 & 0 & 0 & \cdots & a_n & b_n \end{pmatrix},\quad \boldsymbol{x}=(x_1,x_2,\cdots,x_n)^{\mathrm{T}},\quad \boldsymbol{d}=(d_1,d_2,\cdots,d_n)^{\mathrm{T}},$$

矩阵 $\boldsymbol{A}$ 称为三角线矩阵. 对矩阵作分解，令

$$\boldsymbol{A}=\begin{pmatrix} b_1 & c_1 & 0 & \cdots & 0 & 0 \\ a_2 & b_2 & c_2 & \cdots & 0 & 0 \\ 0 & a_3 & b_3 & \cdots & 0 & 0 \\ \cdots & \cdots & \cdots & \cdots & \cdots & \cdots \\ 0 & 0 & 0 & \cdots & b_{n-1} & c_{n-1} \\ 0 & 0 & 0 & \cdots & a_n & b_n \end{pmatrix}$$

$$=\begin{pmatrix} b'_1 & 0 & 0 & \cdots & 0 & 0 \\ a'_2 & b'_2 & 0 & \cdots & 0 & 0 \\ 0 & a'_3 & 0 & \cdots & 0 & 0 \\ \cdots & \cdots & \cdots & \cdots & \cdots & \cdots \\ 0 & 0 & 0 & \cdots & b'_{n-1} & 0 \\ 0 & 0 & 0 & \cdots & a'_n & b'_n \end{pmatrix}\begin{pmatrix} 1 & c'_1 & 0 & \cdots & 0 & 0 \\ 0 & 1 & c'_2 & \cdots & 0 & 0 \\ 0 & 0 & 1 & \cdots & 0 & 0 \\ \cdots & \cdots & \cdots & \cdots & \cdots & \cdots \\ 0 & 0 & 0 & \cdots & 1 & c'_{n-1} \\ 0 & 0 & 0 & \cdots & 0 & 1 \end{pmatrix}=\boldsymbol{PQ},$$

则容易得到：

$$\begin{cases} b'_1=b_1; \\ a'_i=a_i,\ i=2,3,\cdots,n; \\ c'_i=c_i/b'_i,\ i=1,2,\cdots,n-1; \\ b'_i=b_i-a_ic'_{i-1},i=2,3,\cdots,n. \end{cases}$$

对矩阵方程 $\boldsymbol{Ax}=\boldsymbol{PQx}=\boldsymbol{d}$，再记 $\boldsymbol{y}=\boldsymbol{Qx}$，则方程转变为矩阵方程组

$$\begin{cases} \boldsymbol{Py}=\boldsymbol{d}, \\ \boldsymbol{Qx}=\boldsymbol{y}. \end{cases}$$

由 $\boldsymbol{Py}=\boldsymbol{d}$ 得

$$\begin{cases} y_1=d_1/b'_1, \\ y_i=(d_i-a_iy_{i-1})/b'_i \quad (i=2,3,\cdots,n). \end{cases}$$

最后由 $Qx=y$ 得

$$\begin{cases} x_n=y_n, \\ x_i=y_i-c'_ix_{i+1} \quad (i=n-1,n-2,\cdots,1). \end{cases}$$

三角线矩阵分解程序如下：

```
function [P,Q]=tridis(A,n);
b=diag(A);a=diag(A,-1);c=diag(A,1);
for i=2:n
    c(i-1)=c(i-1)/b(i-1);b(i)=b(i)-a(i-1)*c(i-1);
end
P=diag(b)+diag(a,-1);Q=diag(ones(1,n))+diag(c,1);
```

三角线方程组求解程序如下：

```
function x=solvetrim(A,d)
%这里A是n阶的三角线矩阵且满足对角占优条件，d是n维的列向量
n=length(d);
b=diag(A);a=diag(A,-1);c=diag(A,1);
for i=2:n
    c(i-1)=c(i-1)/b(i-1);b(i)=b(i)-a(i-1)*c(i-1);
end
y(1)=d(1)/b(1);
for i=2:n
    y(i)=(d(i)-a(i-1)*y(i-1))/b(i);
end
x(n)=y(n);
for i=n-1:-1:1
    x(i)=y(i)-c(i)*x(i+1);
end
disp(x)
```

例 22 求解方程 $\boldsymbol{Ax}=\boldsymbol{d}$，其中

$$\boldsymbol{A}=\begin{pmatrix}5&3&0&0&0\\1&5&3&0&0\\0&1&5&3&0\\0&0&1&5&3\\0&0&0&1&5\end{pmatrix},\quad \boldsymbol{d}=\begin{pmatrix}1\\0\\1\\0\\1\end{pmatrix}.$$

输入语句：

```
A=[5 3 0 0 0;1 5 3 0 0;0 1 5 3 0;0 0 1 5 3;0 0 0 1 5];d=[1,0,1,0,1]';
solvetrim(A,d)
```

结果为

```
0.3909    -0.3182    0.4000   -0.2273    0.2455
```

再输入语句

```
A\d
```

结果为

0.3909
−0.3182
0.4000
−0.2273
0.2455

结果一致.

9.4 向量的内积、夹角,正交向量组,正定矩阵

1. 向量的内积

在"线性代数"课程中,向量 $\boldsymbol{\alpha}=(a_1, a_2, \cdots, a_n)^{\mathrm{T}}$ 与向量 $\boldsymbol{\beta}=(b_1, b_2, \cdots, b_n)^{\mathrm{T}}$ 的内积定义为

$$\langle\boldsymbol{\alpha}, \boldsymbol{\beta}\rangle=\sum_{i=1}^{n} a_i b_i .$$

按此公式得到在 MatLab 下计算两向量内积的方法.

程序如下:

```
function y=innpro(a,b);
m=length(a);n=length(b);
if m~=n
    fprintf('The vectors must have the same length! \n')
else
    s=sum(a.*b);
    disp(s)
end
```

在命令窗口中输入

```
a=[1 2 3],b=[2 4 6],innpro(a,b)
```

返回值　28

若输入

```
a=[1 2 3],b=[2 4 6 8],innpro(a,b)
```

返回值

```
The vectors must have the same length!
```

由向量的内积,容易得到向量的长度为

$$\|\boldsymbol{\alpha}\| = [\langle\boldsymbol{\alpha}, \boldsymbol{\alpha}\rangle]^{\frac{1}{2}} = \sqrt{\sum_{i=1}^{n} a_i^2}.$$

MatLab 求向量长度的函数是 norm(2 -范数).

2. 向量的夹角

当向量 $\boldsymbol{\alpha}$, $\boldsymbol{\beta}$ 均为非零向量时,两向量夹角的余弦为

$$\cos\langle\boldsymbol{\alpha}, \boldsymbol{\beta}\rangle = \frac{\langle\boldsymbol{\alpha}, \boldsymbol{\beta}\rangle}{\|\boldsymbol{\alpha}\| \|\boldsymbol{\beta}\|}.$$

例 23 设向量 $\boldsymbol{\alpha} = (2, 1, 4, 2)^{\mathrm{T}}$, $\boldsymbol{\beta} = (1, -3, 2, -4)^{\mathrm{T}}$, 求向量之夹角.

输入下面语句:

```
theta=acos(sum(a. * b)/norm(a)/norm(b))
```

返回值 theta=2.0654(弧度制)

3. 施密特正交化过程

设向量组 $\boldsymbol{\alpha}_1, \boldsymbol{\alpha}_2, \cdots, \boldsymbol{\alpha}_m$ 是线性无关的向量组,记

$$\begin{cases} \boldsymbol{\beta}_1 = \boldsymbol{\alpha}_1, \\ \boldsymbol{\beta}_2 = \boldsymbol{\alpha}_2 - \dfrac{\langle\boldsymbol{\alpha}_2, \boldsymbol{\beta}_1\rangle}{\langle\boldsymbol{\beta}_1, \boldsymbol{\beta}_1\rangle}\boldsymbol{\beta}_1, \\ \quad\vdots \\ \boldsymbol{\beta}_m = \boldsymbol{\alpha}_m - \dfrac{\langle\boldsymbol{\alpha}_m, \boldsymbol{\beta}_1\rangle}{\langle\boldsymbol{\beta}_1, \boldsymbol{\beta}_1\rangle}\boldsymbol{\beta}_1 - \dfrac{\langle\boldsymbol{\alpha}_m, \boldsymbol{\beta}_2\rangle}{\langle\boldsymbol{\beta}_2, \boldsymbol{\beta}_2\rangle}\boldsymbol{\beta}_2 - \cdots - \dfrac{\langle\boldsymbol{\alpha}_m, \boldsymbol{\beta}_{m-1}\rangle}{\langle\boldsymbol{\beta}_{m-1}, \boldsymbol{\beta}_{m-1}\rangle}\boldsymbol{\beta}_{m-1}. \end{cases}$$

则向量组 $\boldsymbol{\beta}_1, \boldsymbol{\beta}_2, \cdots, \boldsymbol{\beta}_m$ 是正交向量组.

相应的 MatLab 程序为

```
function y=schimidt(A);
%这里 A 为 n * m 阶矩阵,其中 A 的列向量是线性无关的
%程序对 A 的列向量求对应的正交向量组
a=size(A);
B=A(:,1);
for i=2:a(2);
    c=A(:,i); e=c;
    for k=1:i-1
        d=A(:,k);l=sum(c. * d)/sum(d. * d);
        e=e-l * d;
    end
    B=[B,e];
end
disp(B)
```

例 24　设向量组 $(\boldsymbol{\alpha}_1, \boldsymbol{\alpha}_2, \boldsymbol{\alpha}_3)=\begin{pmatrix} 1 & 1 & -1 \\ 0 & -1 & 1 \\ -1 & 0 & 1 \\ 1 & 1 & 0 \end{pmatrix}$，将其正交化.

输入下面语句：

```
A=[1 1 -1;0 -1 1;-1 0 1;1 1 0];
format rat
schimidt(A)
```

结果为

```
      1          1/3        -1/5
      0          -1          3/5
     -1          2/3         3/5
      1          1/3         4/5
```

MatLab 提供了求正交向量组的函数 orth，该函数得到的是标准正交向量组，即向量不仅仅是相互正交的，而且均为单位向量. 在例 24 中，输入下面语句

```
A=[1 1 -1;0 -1 1;-1 0 1;1 1 0];
B=orth(A)
```

结果为

```
B=
  0.6547    -0.0000    -0.0000
 -0.4364     0.8165    -0.0000
 -0.4364    -0.4082     0.7071
  0.4364     0.4082     0.7071
```

再输入

```
B' * B
```

返回值

```
  1.0000     0.0000    -0.0000
  0.0000     1.0000     0.0000
 -0.0000     0.0000     1.0000
```

即矩阵 $\boldsymbol{B}$ 为正交阵.

4. 矩阵正定性判定

设 $\boldsymbol{A}$ 是 n 阶实对称矩阵，若对任意的非零(列)向量 $\boldsymbol{x}$，总有

$$f(\boldsymbol{x})=\boldsymbol{x}^{\mathrm{T}}\boldsymbol{A}\boldsymbol{x}>0,$$

则称矩阵 $\boldsymbol{A}$ 是正定的；若 $f(\boldsymbol{x})\geqslant 0$，则称矩阵 $\boldsymbol{A}$ 是半正定的；若 $f(\boldsymbol{x})<0$，则称矩阵 $\boldsymbol{A}$ 是负

定的；若 $f(\boldsymbol{x})\leqslant 0$，则称矩阵 $\boldsymbol{A}$ 是半负定的. 判断矩阵 $\boldsymbol{A}$ 的正定性的函数如下：

```
function y=dist(A);
clc,a=size(A);p=[];p1=[];
if a(1)==a(2);
    if A==A'
        for k=1:a(1)
            B=A(1:k,1:k);d=det(B);
            p=[p,d];p1=[p1,(-1)^k*d];
        end
        if p>0
            disp('A是正定阵')
        elseif  p1>0
            disp(' A是负定阵')
        elseif p>=0
            disp('A是半正定阵')
        elseif p1>=0
            disp(' A是半负定阵')
        else
            disp('不定矩阵')
        end
    else
        disp(' A不是对称阵')
    end
else
    disp('A不是方阵')
end
```

例 25 设矩阵 $\boldsymbol{A}=\begin{pmatrix}1 & 1 & 1 & 1\\ 1 & 1 & -1 & -1\\ 1 & -1 & 1 & -1\\ 1 & -1 & -1 & 1\end{pmatrix}$，判定矩阵 $\boldsymbol{A}$ 的正定性.

输入语句：

```
A=[1 1 1 1;1 1 -1 -1;1 -1 1 -1;1 -1 -1 1],dist(A)
```

返回值 不定矩阵

例 26 设矩阵 $\boldsymbol{A}=\begin{pmatrix}-5 & 2 & 2\\ 2 & -6 & 0\\ 2 & 0 & -4\end{pmatrix}$，判定矩阵 $\boldsymbol{A}$ 的正定性.

输入语句：

```
A=[1 1 1 1;1 1 -1 -1;1 -1 1 -1;1 -1 -1 1],dist(A)
```

返回值 A是负定阵

例 27 设 $\boldsymbol{A}=\begin{pmatrix}2 & 2 & -2\\ 2 & 5 & -4\\ -2 & -4 & 5\end{pmatrix}$，求正交阵 $\boldsymbol{P}$，使 $\boldsymbol{P}^{-1}\boldsymbol{A}\boldsymbol{P}$ 为对角阵.

程序如下：

```
clear,clc
A=[2 2 -2;2 5 -4;-2 -4 5];
f=poly(A);L=roots(f);
A1=A-L(1)*eye(3);A2=A-eye(3);
x1=null(A1);x2=null(A2,'r');x2=schimidt(x2);
x2(:,1)=x2(:,1)/norm(x2(:,1));x2(:,2)=x2(:,2)/norm(x2(:,2));
P=[x1,x2];disp(P)
D=inv(P)*A*P;disp(D)
```

结果为

```
P=
     0.3333   -0.8944    0.2981
     0.6667    0.4472    0.5963
    -0.6667         0    0.7454

D=
    10.0000         0         0
     0.0000    1.0000   -0.0000
     0.0000   -0.0000    1.0000
```

在命令窗口中也可输入：

```
A=[2 2 -2;2 5 -4;-2 -4 5];
[V,D]=eig(A)
```

结果为

```
V=
    -0.2981    0.8944    0.3333
    -0.5963   -0.4472    0.6667
    -0.7454         0   -0.6667

D=
     1.0000         0         0
          0    1.0000         0
          0         0   10.0000
```

结果大致相同.

第9章练习

1. 用向量形式定义多项式 $p(x)=x^3-2x^2+5x-2$，并计算当 $x_0=2$，$x_0=(3,5.2,-2.5)$ 时该多项式的取值.

2. 求下列多项式的根.

(1) x^4+2； (2) $(2x^2+3)^3-6$；

(3) $x^8+2x^4+4x^2+6$； (4) $3x^{32}+5x^{12}+7x^8+5x^3-4x^2$.

3. 设多项式 $p_1(x)=6x^5-4x^4+13x^3-7x^2+x-5$，$p_2(x)=x^3+x-2$，求 $p_1(x)/p_2(x)$ 的商和余式.

4. 在实数域上分解因式.

(1) $x^{10}-1$； (2) $x^{24}+x^{20}+x^{16}+x^{12}+x^8+x^4+1$.

5. 将下面分式分解成最简分式之和.

(1) $\dfrac{x+1}{(x-1)^2(x+1)}$； (2) $\dfrac{x^3+2x-1}{(x^2-1)(x^2+x+1)^2}$；

(3) $\dfrac{x^6+3x^4-2x^2+x-3}{(x-1)(x+1)^2}$.

6. 计算下列行列式的值：

(1) $A=\begin{vmatrix}3&1&1\\2&1&2\\1&2&3\end{vmatrix}$； (2) $\boldsymbol{A}=\begin{vmatrix}5&2&2&2&2\\2&5&2&2&2\\2&2&5&2&2\\2&2&2&5&2\\2&2&2&2&5\end{vmatrix}$；

(3) $\begin{vmatrix}1&1&1&1&1&1&1\\1&2&3&4&5&6&7\\1&2^2&3^2&4^2&5^2&6^2&7^2\\1&2^3&3^3&4^3&5^3&6^3&7^3\\1&2^4&3^4&4^4&5^4&6^4&7^4\\1&2^5&3^5&4^5&5^5&6^5&7^5\\1&2^6&3^6&4^6&5^6&6^6&7^6\end{vmatrix}$.

7. 用 ones 函数生成下面矩阵：

$$\boldsymbol{A}=\begin{pmatrix}1&1&1&1&1&1&1\\1&3&3&3&3&3&1\\1&3&5&5&5&3&1\\1&3&5&7&5&3&1\\1&3&5&5&5&3&1\\1&3&3&3&3&3&1\\1&1&1&1&1&1&1\end{pmatrix}.$$

8. 用 diag 函数生成下面矩阵：

$$\begin{pmatrix} 5 & 6 & 0 & 0 & \cdots & 0 & 0 \\ 2 & 5 & 6 & 0 & \cdots & 0 & 0 \\ 0 & 2 & 5 & 6 & \cdots & 0 & 0 \\ 0 & 0 & 2 & 5 & \cdots & 0 & 0 \\ \cdots & \cdots & \cdots & \cdots & \cdots & \cdots & \cdots \\ 0 & 0 & 0 & 0 & \cdots & 5 & 6 \\ 0 & 0 & 0 & 0 & \cdots & 2 & 5 \end{pmatrix} (15\text{ 阶}).$$

9. 已知 $\boldsymbol{A} = \begin{pmatrix} 1 & 1 & 1 & 1 \\ 1 & 0 & -1 & 1 \\ 3 & 1 & -1 & 3 \\ 3 & 2 & 1 & 3 \end{pmatrix}$，完成下面计算：

(1) 求 $\boldsymbol{A}$ 的秩和 $\boldsymbol{A}$ 的迹；

(2) 求 $\boldsymbol{A}$ 的最简阶梯形矩阵；

(3) 求方程组 $\boldsymbol{Ax} = \boldsymbol{0}$ 的基础解系.

10. 用初等变换求矩阵 $\boldsymbol{A} = \begin{pmatrix} 3 & 4 & 4 \\ 2 & 2 & 1 \\ 1 & 2 & 2 \end{pmatrix}$ 的逆.

11. 设线性方程组：$\begin{cases} x_1 + x_2 + x_3 + x_4 + x_5 = 0, \\ 3x_1 + 2x_2 + x_3 + x_4 - 3x_5 = 0, \\ x_2 + 2x_3 + 2x_4 + 6x_5 = 0, \\ 5x_1 + 4x_2 + 3x_3 + 3x_4 - x_5 = 0, \end{cases}$

求：(1) 系数矩阵的秩；

(2) 求系数矩阵中列向量的一个最大线性无关组；

(3) 求方程组的通解.

12. 设方程组 $\begin{cases} x_1 + x_2 - x_3 - x_4 = 1, \\ 3x_1 - x_2 - 3x_3 + 4x_4 = 4, \\ x_2 + 5x_3 - 9x_4 - 8x_5 = 0, \end{cases}$

(1) 判定方程组是否可解；

(2) 求对应的齐次方程组的一个基础解系；

(3) 求非齐次方程的通解.

13. 求解方程组 $\begin{cases} x_1 - 3x_2 - x_3 + x_4 = 1, \\ 3x_1 - x_2 - 3x_3 + 4x_4 = 4, \\ x_1 + 5x_2 - 9x_3 - 8x_4 = 6. \end{cases}$ 若方程可解，求出通解，否则求出最小二乘解.

14. 平板稳态温度计算.

如下图，设平板周边温度已知，试确定板中间 4 个点 a, b, c, d 处的温度(单位：℃)(设其热传导过程已经处于平衡).

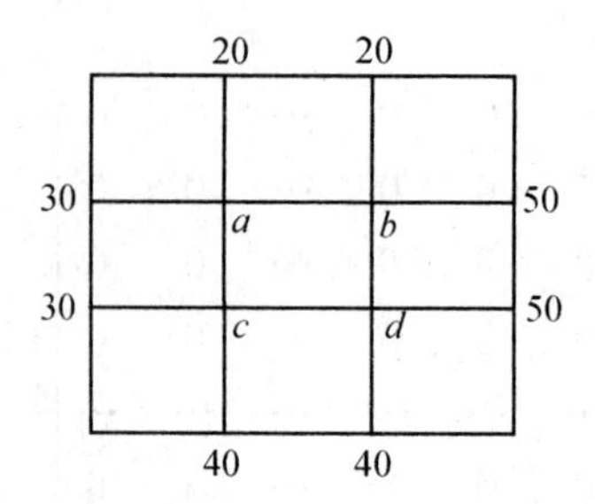

15. 下图是一个交通流图.

(1) 求描写下图的交通流方程并求解;

(2) 如果 x_4 的通道被封闭,求此方程组的解;

(3) 若 $x_4=0$,则 x_1 的最大取值为多少?

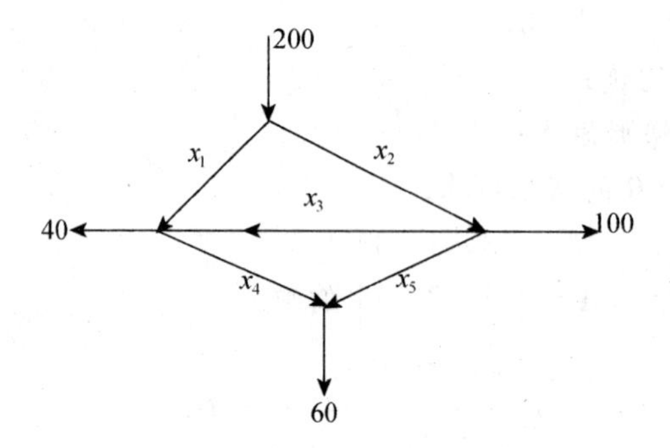

16. 设对称阵 $\boldsymbol{A}=\begin{pmatrix}5&2&9&-6\\2&5&-6&9\\9&-6&5&2\\-6&9&2&5\end{pmatrix}$,求正交阵 $\boldsymbol{P}$ 和对角阵 $\boldsymbol{\Lambda}$,使得 $\boldsymbol{P}^{-1}\boldsymbol{A}\boldsymbol{P}=\boldsymbol{\Lambda}$,并对结果加以验证.

17. 在 $\mathbf{R}^4$ 中有2组基:

$$\boldsymbol{\alpha}_1=\begin{pmatrix}1\\0\\0\\0\end{pmatrix},\ \boldsymbol{\alpha}_2=\begin{pmatrix}1\\1\\0\\0\end{pmatrix},\ \boldsymbol{\alpha}_3=\begin{pmatrix}1\\1\\1\\0\end{pmatrix},\ \boldsymbol{\alpha}_4=\begin{pmatrix}1\\1\\1\\1\end{pmatrix};\ \boldsymbol{\beta}_1=\begin{pmatrix}2\\1\\-1\\1\end{pmatrix},$$

$$\boldsymbol{\beta}_2=\begin{pmatrix}0\\3\\1\\0\end{pmatrix},\ \boldsymbol{\beta}_3=\begin{pmatrix}5\\3\\2\\1\end{pmatrix},\ \boldsymbol{\beta}_4=\begin{pmatrix}6\\6\\1\\3\end{pmatrix};$$

(1) 求从基 $\{\alpha_1,\alpha_2,\alpha_3,\alpha_4\}$ 到基 $\{\beta_1,\beta_2,\beta_3,\beta_4\}$ 的变换;

(2) 设向量 $\boldsymbol{x}=(2,2,3,1)^{\mathrm{T}}$ 在这两个基下的坐标;

(3) 求一向量,使该向量在两个基下的坐标相同.

第10章 概率与数理统计应用

MatLab 提供了丰富的概率统计计算工具，使用这些工具，用户可以很方便地完成多项概率统计相关内容的计算.

10.1 常用符号

为了方便读者掌握 MatLab 中常用的概率统计符号，整理列表 10-1—表 10-5.

表 10-1 常用分布

分布形式	代　号	分布形式	代　号
二项分布	bino	泊松分布	poiss
几何分布	geo	均匀分布	unif
指数分布	exp	正态分布	norm
χ^2 分布	chi2	t 分布	t
F 分布	f		

表 10-2 统计函数形式

函数形式	代　号	函数形式	代　号
概率(密度)函数	pdf	分位数	inv
分布函数	cdf	随机数	rnd
均值	mean	标准差	std

表 10-3 概率或密度函数调用格式

格　式	意　义
binopdf(x,n,p)	计算二项分布概率函数值
poisspdf(x,lambda)	计算泊松分布概率函数值
geopdf(x,p)	计算几何分布概率函数值
unifpdf(x,a,b)	计算均匀分布密度函数值
exppdf(x,mu)	计算指数分布密度函数值
normpdf(x,mu,sigma)	计算正态分布密度函数值

注：表 10-3 中，连续型随机变量的密度函数值表达的是密度函数在对应点的函数值，通过该函数，可作出相应分布的密度函数曲线，但它对连续性随机变量的概率计算没有什么实质性的帮助，通常情况下，连续型随机变量的概率计算通过分布函数加以计算.

表 10-4　　分布函数调用格式

格　式	意　义
binocdf(x,n,p)	计算二项分布分布函数值
poisscdf(x,lambda)	计算泊松分布分布函数值
geocdf(x,p)	计算几何分布分布函数值
unifcdf(x,a,b)	计算均匀分布分布函数值
expcdf(x,mu)	计算指数分布分布函数值
normcdf(x,mu,sigma)	计算正态分布分布函数值

表 10-5　　常用分布的期望和方差

名　称	分布形式	期　望	方　差
二项分布	$P(X=k)=C_n^k p^k(1-p)^{n-k}$	np	$np(1-p)$
泊松分布	$P(X=k)=\frac{\lambda^k}{k!}e^{-\lambda}$	λ	λ
几何分布	$P(X=k)=p(1-p)^{k-1}$	$\frac{1}{p}$	$\frac{1-p}{p^2}$
均匀分布	$f(x)=\begin{cases}\frac{1}{b-a}, & a<x<b,\\ 0, & \text{else}\end{cases}$	$\frac{a+b}{2}$	$\frac{(b-a)^2}{12}$
指数分布	$f(x)=\begin{cases}\frac{1}{\mu}e^{-\frac{1}{\mu}x}, & x>0,\\ 0, & \text{else}\end{cases}$	μ	μ^2
正态分布	$f(x)=\frac{1}{\sqrt{2\pi}\sigma}e^{-\frac{(x-\mu)^2}{2\sigma^2}}$	μ	σ^2

10.2 概率计算

例 1　设 $X\sim B(15.0.15)$，求 $P(X=4)$ 及 $P(4\leqslant X\leqslant 7)$.

输入语句：

```
p1=binopdf(4,15,0.15),p2=binocdf(7,15,0.15)-binocdf(3,15,0.15)
```

返回值

```
p1=0.1156    p2=0.1767
```

为验证上式的正确性，输入语句

```
n=4:7; p=sum(binopdf(n,15,0.15))
```

返回值

```
p=0.1767
```

例 2 设 $X \sim P(6)$，求 $P(4 \leqslant X \leqslant 9)$.

输入语句：

```
n=4:9, p=sum(poisspdf(n,5))
```

返回值

```
p=0.7031
```

当 n 很大时，二项分布近似可以由泊松分布来代替，下面这段程序运行的结果佐证了这个事实.

例 3 设 $X \sim B(200, 0.025)$，画出该概率函数的散点图，并作出当参数 $\lambda = 5$ 时的泊松分布的概率函数图形.

程序如下：

```
clear,clc,clf
x=0:20;
y=binopdf(x,200,0.025);
plot(x,y,'r+'),grid on,hold on
y1=poisspdf(x,5);
plot(x,y1)
legend('二项分布','泊松分布')
```

结果如图 10-1 所示.

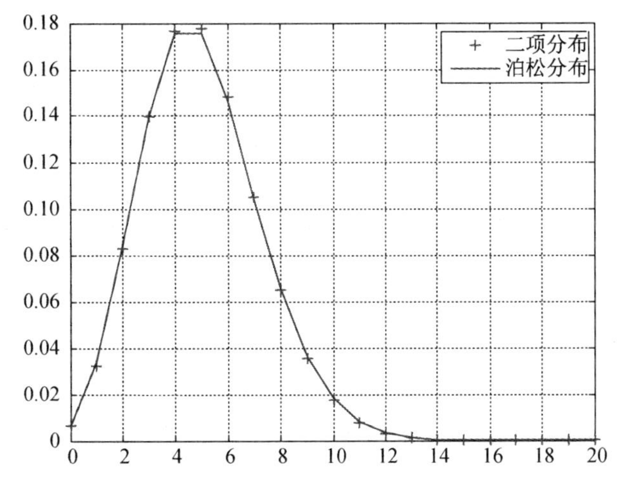

图 10-1 泊松分布

图形说明这两个分布的近似程度很高.

例 4 某物业公司管理着住宅小区的 200 部电梯，每部电梯在某天发生故障的可能性为 0.03，当电梯发生故障时，物业部门要派遣一名维修工人加以维修. 试问，该物业公司要聘请多少名维修工人，方能以不低于 0.95 的概率保证当电梯发生故障时有维修工人可以派遣.

分析 以 X 表示在某天发生故障的电梯台数，则 $X \sim B(200, 0.03)$. 因 n 较大，概率计算用相应的泊松分布替代，此时 $\lambda = 6$. 再以 N 表示公司需要聘用的工人数，则所求概率转变为下面的概率形式

$$P(X \leqslant N) \geqslant 0.95.$$

解模 取 $\lambda = 6$，编写下面求解程序：

```
clear,clc
lambda=6;n=0;p=poisspdf(n,lambda);
while p<0.95
    n=n+1;
    p=p+poisspdf(n,lambda);
end
disp([p,n])
```

结果为　　0.9574　10.0000

结果说明，在该条件下，物业公司应该聘请 10 名维修工人.

例 5 设 $X \sim N(2.4, 7.3)$，求 $P(0.5 < X < 4.7)$.

用两种方式求解该概率. 输入下面语句：

```
mu=2.4,sigma=sqrt(7.3);p=normcdf(4.7,mu,sigma)-normcdf(0.5,mu,sigma)
```

返回值　p=0.5617

或

```
a=0.5-2.4;b=4.7-2.4;sigma=sqrt(7.3);p=normcdf(b/sigma)-normcdf(a/sigma)
```

返回值

```
p=0.5617
```

例 6 某人到自动取款机上取款，前面恰好有一人走进取款机亭. 假定：每人所花的时间服从平均服务时间为 6 min 的指数分布，求：

(1) 他等待的时间在 5～10 min 的概率；

(2) 他等待的时间超过 8 min 的概率.

输入语句：

```
mu=6;p1=expcdf(10,mu)-expcdf(5,10),p2=1-expcdf(8,mu)
```

返回值　　0.2457　　0.2636

说明　指数分布的分布函数的调用格式为 p＝expcdf(x,mu)，其中 mu 是指数分布的均值，其值为参数 λ 的倒数，这和概率统计教材上的使用格式有所不同.

10.3 一些连续型随机变量的密度函数的图形

1. 均匀分布密度函数图形

例 7　设 $X \sim R(2, 5)$，作出其分布函数的图形.

程序如下：

```
x1=-1:.01:2-0.01;y1=0;
plot(x1,y1,'r'),hold on,grid on
axis([-1,7,-0.1,0.5])
x2=2:0.01:5;y2=1/3;
plot(x2,y2,'r')
x3=5+0.01:0.01:7;y3=0;
plot(x3,y3,'r')
legend('均匀分布密度函数')
```

结果如图 10-2 所示.

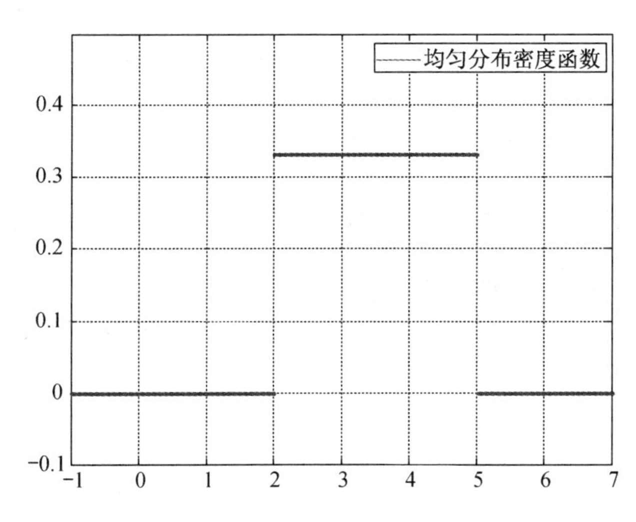

图 10-2　均匀分布密度函数

2. 指数分布密度函数图形

例 8　作出当均值分别为 $\frac{1}{5}$，$\frac{1}{2}$，1，5，10 时指数分布的密度函数图形.

程序如下：

```
x=0:.1:4;mu=[1/5,1/2,1,5,10];
n=length(x);y=[];
for i=1:4
    z=exppdf(x,mu(i));
    y=[y,z'];
end
plot(x',y(:,1),x',y(:,2),x',y(:,3),x',y(:,4),x,y(:,5)),grid on
legend('\mu=1/5','\mu=1/2','\mu=1','\mu=5','\mu=10')
```

结果如图10-3所示.

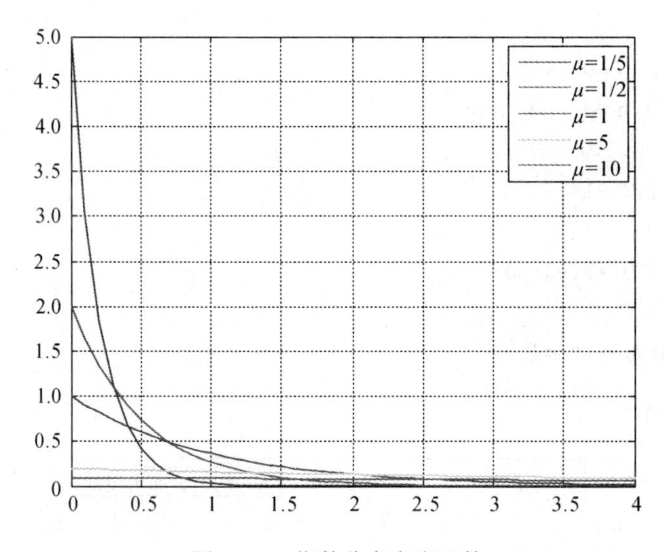

图10-3　指数分布密度函数

3. 正态分布密度函数图形

(1) 标准正态分布密度函数图形

设随机变量X服从标准正态分布,即$X\sim N(0,1)$,相应的密度函数为

$$f(x)=\frac{1}{\sqrt{2\pi}}e^{-\frac{x^2}{2}}\quad(-\infty<x<+\infty).$$

输入语句：

```
x=-3.5:.1:3.5;y=exp(-x.^2/2)/sqrt(2*pi);plot(x,y),grid
```

结果如图10-4所示.

因normcdf(3)−normcdf(−3)=0.9973,即主要的概率在区间$[-3,3]$之间,这个现象称为正态分布的3σ准则.

(2) 一般正态分布密度函数图形

设随机变量X服从参数为μ, σ^2的正态分布,即$X\sim N(\rho,\sigma^2)$,相应的密度函数为

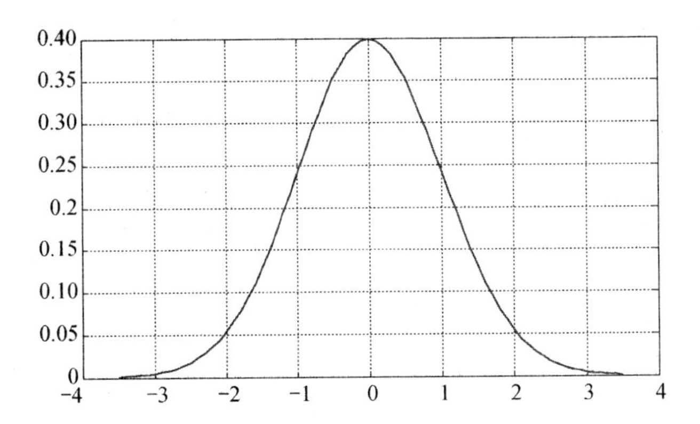

图 10-4　标准正态分布密度函数

$$f(x)=\frac{1}{\sqrt{2\pi}\sigma}\mathrm{e}^{-\frac{(x-\mu)^2}{2\sigma^2}}\quad(-\infty<x<+\infty).$$

下面画出 $\mu=1$，σ 分别为 1，2，$\frac{1}{2}$ 的正态分布的密度函数图形.

```
x=-6:.1:8;
sigma=[1,2,1/2];n=length(x);y=[];
for i=1:3
    z=exp(-(x-1).^2/(2*sigma(i)^2))/(sqrt(2*pi)*sigma(i));
    y=[y,z'];
end
plot(x',y(:,1),x',y(:,2),x',y(:,3)),grid on
legend('\sigma=1','\sigma=2','\sigma=1/2')
```

结果如图 10-5 所示.

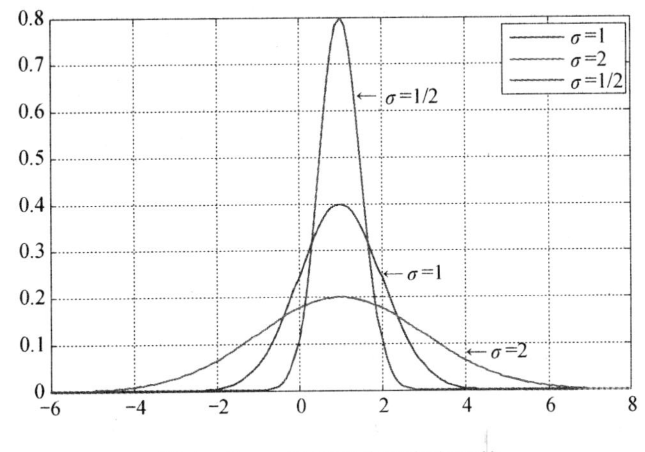

图 10-5　一般正态分布密度函数

图 10-5 表明：当均值 μ 相同时，σ 越小曲线越陡峭，反之，曲线越平坦.

4. χ^2 密度函数图形

图 10-6 画出了当自由度分别为 1，4，10，20 时 χ^2 分布的密度函数图形.

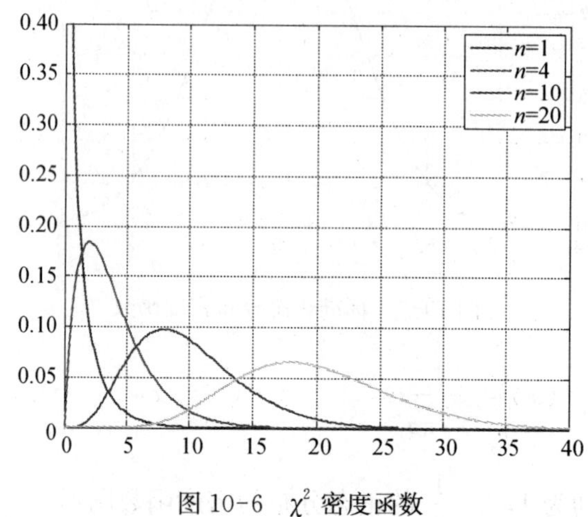

图 10-6　χ^2 密度函数

程序如下：

```
x=[0:.1:40];n=[1,4,10, 20];y=[];
for i=1:4
    z=chi2pdf(x,n(i));
    y=[y,z'];
end
plot(x',y),grid,axis([0,40,0,0.4])
legend('n=1','n=4','n=10','n=20')
```

5. t 分布密度函数图形

图 10-7 画出了 t 分布当自由度 $n = 1,2,5,10,20$ 时对应的密度函数图形.

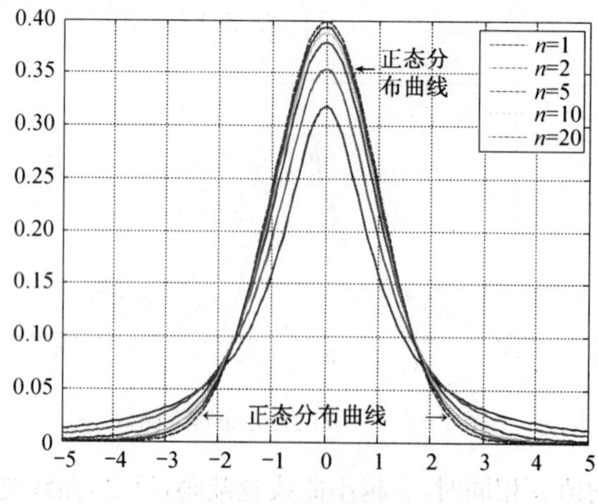

图 10-7　t 分布密度函数

程序如下：

```
x=-5:.1:5;n=[1, 2, 5, 10, 20];y=[];
for i=1:5
    z=tpdf(x,n(i));
    y=[y,z'];
end
plot(x',y),grid on
legend('n=1','n=2','n=5','n=10','n=20')
hold on
z=normpdf(x);
plot(x,z,'r--')
text(0.5,0.35,'\leftarrow 正态分布曲线')
text(-2.3,0.025,'\leftarrow          正态分布曲线            \rightarrow')
```

从图 10-7 中可以看到，随着 n 的增加，t 分布的密度函数曲线和标准正态分布的密度曲线越来越接近.

图 10-8 是经过局部放大以后的曲线图形.

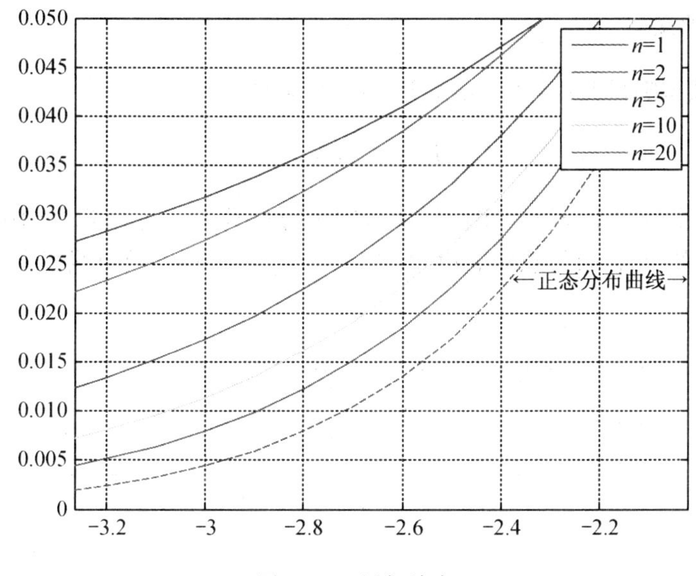

图 10-8　局部放大

输入语句

```
x=-5:.1:5;y1=normpdf(x);
y2=tpdf(x,40);
plot(x,y2,x,y1,'r--'),grid on
legend('n=40',' 标准正态分布')
```

得到比较图形如图 10-9 所示.

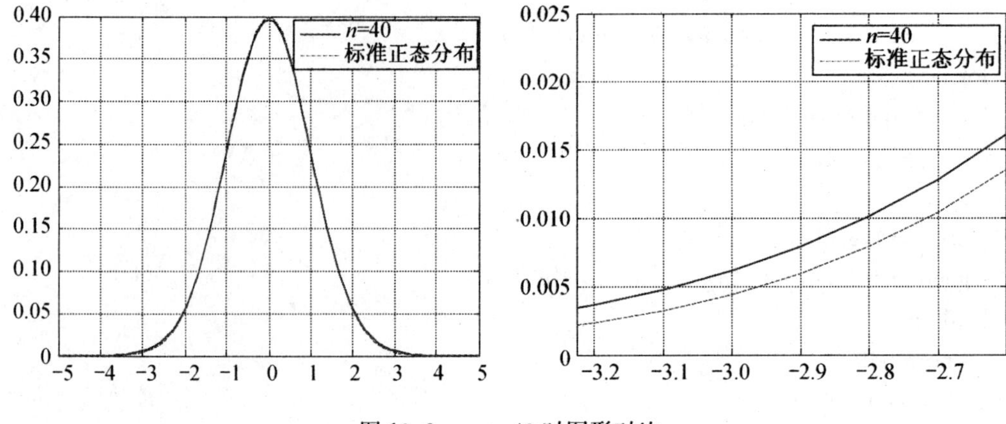

图 10-9　$n = 40$ 时图形对比

10.4 分位数计算

1. 分位数意义

设 X 是连续型随机变量，$0 < \alpha < 1$ 是定值，满足

$$P(X \leqslant \mu) = \alpha$$

的数称为该随机变量的 α 分位数. 图10-10说明了分位数的几何意义. 图中的圆圈表示了分位数在坐标轴上的位置，直线意味着由曲线 $y = 0$，$y = f(x)$ 及直线段所围成的面积即为概率 α .

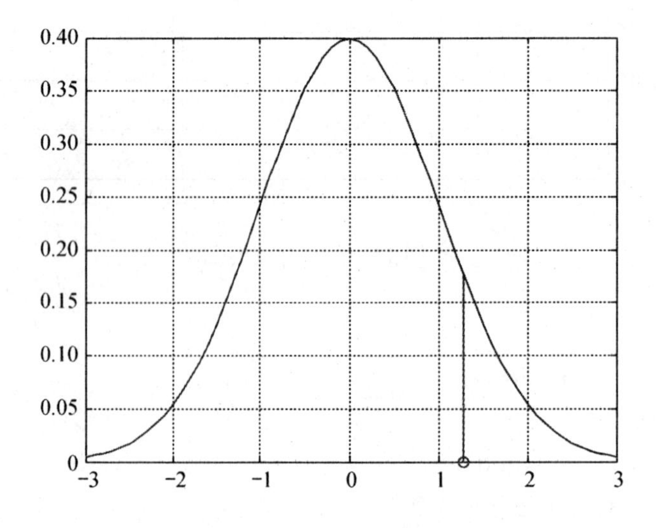

图 10-10　分位数的几何意义

2. 分位数计算

(1) 标准正态分布分位数计算

标准正态分布的分位数　设 $X \sim N(\mu, \sigma^2)$，$0 < \alpha < 1$，若数 c 满足：

$$P(X < c) = \alpha,$$

则称数 c 为(下) α-分位数，记为 $c = u_\alpha$.

平行定义其他分布形式的分位数.

格式　norminv(alpha)

功能　计算标准正态分布的 α-分位数.

例 9　求标准正态分布当 $\alpha = 0.1$，0.90，0.95，0.995 的各分位数.

输入语句：

```
alpha=[0.1,0.9,0.95,0.995]; x=norminv(alpha)
```

返回值

```
x=-1.2816    1.2816    1.6449    2.5758
```

注意到，因正态分布的密度函数是偶函数，其图像关于 y 轴对称，因此当 $\alpha < 0.5$ 时，总有 $u_\alpha = -u_{1-\alpha}$.

双侧分位数　设随机变量 $X \sim N(0, 1)$，若数 c 满足：

$$P(|X| < c) = \alpha,$$

则称数 c 为标准正态分布的双侧 α-分位数. 记为 $c = v_\alpha$. 计算公式

$$v_\alpha = u_{1-\frac{1-\alpha}{2}}.$$

(2) χ^2 分布分位数计算

格式　chi2inv(alpha,n)

功能　计算服从自由度为 n 的 χ^2 分布的 α-分位数.

例 10　计算当自由度分别为 $n = 4$，5，6，α 分别为 0.005，0.05，0.1，0.9，0.95，0.995 时的各分位数.

输入语句：

```
n=[4 5 6];alpha=[0.005,0.05,0.1,0.9 0.95,0.995];
A=[];
for i=1:3;
    a=chi2inv(alpha,n(i));
    A=[A;a];
end
```

返回值

```
A=
    0.2070    0.7107    1.0636     7.7794     9.4877    14.8603
    0.4117    1.1455    1.6103     9.2364    11.0705    16.7496
    0.6757    1.6354    2.2041    10.6446    12.5916    18.5476
```

(3) t 分布的分位数计算

格式 tinv(alpha,n)

功能 计算 t 分布的 α -分位数.

例 11 计算当自由度分别为 $n=4$, 5, 6, α 分别为 0.9, 0.95, 0.99, 0.995 时的各分位数.

输入语句:

```
n=[4 5 6];alpha=[0.9 0.95,0.99,0.995];
A=[];
for i=1:3;
    a=tinv(alpha,n(i));
    A=[A;a];
end
```

返回值

```
A=
    1.5332    2.1318    3.7469    4.6041
    1.4759    2.0150    3.3649    4.0321
    1.4398    1.9432    3.1427    3.7074
```

(4) F -分布的分位数

格式 finv(alpha,n,m)

功能 计算服从自由度为 (n, m) 的 F 的分位数.

例 12 计算当自由度分别为 $n=4$, 5, 6, $m=5$, 6, 7, α 分别为 0.005, 0.05, 0.1, 0.9, 0.95, 0.995 时 F -分布的各分位数.

输入语句:

```
n=[4 5 6];m=[5 6 7];alpha=[0.005,0.05,0.1,0.9, 0.95,0.995];
A=[];
for i=1:3
    for j=1:3
        a=finv(alpha,n(i),m(j));
        fprintf('n=%d\n',n(i))
        disp(a)
        A=[A;a];
    end
end
```

返回值

```
n=4
0.0445    0.1598    0.2469    3.5202    5.1922    15.5561
n=4
0.0455    0.1623    0.2494    3.1808    4.5337    12.0275
n=4
0.0462    0.1641    0.2513    2.9605    4.1203    10.0505
n=5
0.0669    0.1980    0.2896    3.4530    5.0503    14.9396
n=5
0.0689    0.2020    0.2937    3.1075    4.3874    11.4637
n=5
0.0704    0.2051    0.2969    2.8833    3.9715    9.5221
n=6
0.0872    0.2279    0.3218    3.4045    4.9503    14.5133
n=6
0.0903    0.2334    0.3274    3.0546    4.2839    11.0730
n=6
0.0927    0.2377    0.3317    2.8274    3.8660    9.1553
```

即

```
A=
    0.0445    0.1598    0.2469    3.5202    5.1922    15.5561
    0.0455    0.1623    0.2494    3.1808    4.5337    12.0275
    0.0462    0.1641    0.2513    2.9605    4.1203    10.0505
    0.0669    0.1980    0.2896    3.4530    5.0503    14.9396
    0.0689    0.2020    0.2937    3.1075    4.3874    11.4637
    0.0704    0.2051    0.2969    2.8833    3.9715     9.5221
    0.0872    0.2279    0.3218    3.4045    4.9503    14.5133
    0.0903    0.2334    0.3274    3.0546    4.2839    11.0730
    0.0927    0.2377    0.3317    2.8274    3.8660     9.1553
```

10.5 大数定律与中心极限定理

1. 大数定律

(1) 大数定律

贝努利大数定律　设 $X_1, X_2, \cdots, X_n, \cdots$ 是一个独立同分布的随机变量序列，且每一个 X_i 都服从 0－1 分布 $B(1, p)$，则 $\bar{X} = \frac{1}{n}\sum_{i=1}^{n} X_i$ 依概率收敛到 p.

一个最典型的例子就是抛硬币试验.每抛一次硬币可以认为做了一次试验,试验的结果可能是出现正面或是反面,正面出现的概率记为 p,即 $X \sim B(1,p)$. 若进行了 n 次试验,以 $X_i = 1$ 表示第 i 次出现的是正面,则大数定律表明

$$\bar{X} = \frac{1}{n}\sum_{i=1}^{n} X_i \to p.$$

同样,掷骰子也可用上述方法表示,以 $X_i = 1$ 表示第 i 次出现的点数是1,则出现点数为1的概率就可用 $\bar{X} = \frac{1}{n}\sum_{i=1}^{n} X_i$ 来近似表示.

(2) 大数定律的MatLab实现

① 抛硬币试验

程序如下:

```
n=1e6;A=[];
for i=1:30
    m=0;                %计数器清空
    for k=1:n
        a=rand;         %抛一次硬币
        if a<0.5        %出现正面
            m=m+1;      %记数
        end
    end                 %一次试验结束
    b=[m;m/n];          %统计一次结果
    A=[A,b];
end
mean(A(2,:))            %输出平均值
```

结果为

```
0.5002
```

② 掷骰子试验

在掷骰子试验中,一枚质地均匀的骰子,在抛掷过程中,每个面出现的可能性都是相同的,下面这段程序说明了这个问题.

程序如下

```
m=zeros(1,6);                   %计数器
n=1e5;
for i=1:n
    a=randperm(6);              %掷一次骰子
    for j=1:6
        if a(1)==j              %第一面出现的点数
            m(j)=m(j)+1;        %计数器加1
```

```
                break
            end
        end
    end
    disp(m),disp(m/n)                                          %显示频数及相应的频率
```

结果为

```
  16650      16718      16738      16788      16462      16644
  0.1665     0.1672     0.1674     0.1679     0.1646     0.1664
```

如果将试验次数增加到 1e7,此时相应的结果为

```
1667418    1664883    1667371    1665059    1667753    1667516
 0.1667     0.1665     0.1667     0.1665     0.1668     0.1668
```

结果表明,随着试验次数的增加,频率趋于稳定.

2. 中心极限定理

(1) 中心极限定理

中心极限定理　设 $X_1, X_2, \cdots, X_n, \cdots$ 是独立同分布的随机变量序列,且 $E(X_i)=\mu$, $D(X_i)=\sigma^2$, 记 $Y_n=\dfrac{\bar{X}-\mu}{\sigma/\sqrt{n}}$, 则对任意的 x, 总有

$$\lim_{n\to\infty}P(Y_n\leqslant x)=\Phi(x).$$

这里, $\Phi(x)$ 为标准正态分布的分布函数,即

$$\Phi(x)=\frac{1}{\sqrt{2\pi}}\int_{-\infty}^{x}\mathrm{e}^{-\frac{x^2}{2}}\,\mathrm{d}x.$$

此定理说明当 n 很大时 $\sum_{i=1}^{n}X_i$ 近似服从正态分布. 因泊松分布具有可加性,下面这段程序描绘了泊松分布当 λ 增大时其相应的概率密度函数的图形逐渐向正态分布图形靠拢的情况.

程序如下:

```
lambda=[1 2 5 10 15 20 30 40];
x=0:60;y=[];
for i=1:8
    y=[y,poisspdf(x,lambda(i))'];
end
plot(x,y),grid on
```

结果如图 10-11 所示.

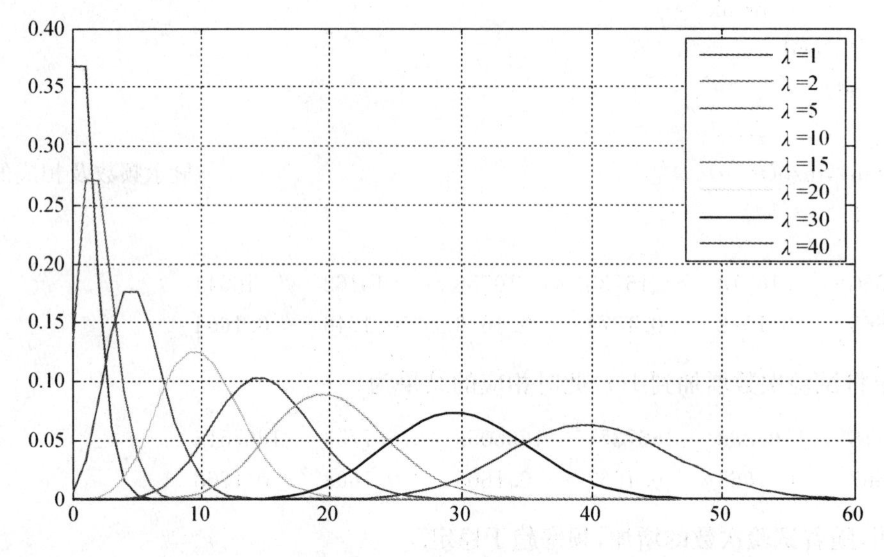

图 10-11 中心极限定理

例 13(高尔顿钉板实验) 高尔顿(Francis Galton，1822—1911,英国人类学家和气象学家)设计了一个钉板实验. 图 10-12 中每个黑点代表钉在板上的一个钉子,钉子间的距离大致相等,上层的每个钉子的水平位置恰好为下排两个钉子的中间. 从入口处放进一个直径略小于两个钉子之间距离的质地均匀的小球. 在小球向下滚落的过程中,每次碰到钉子均以 50%的概率向左或向右滚下,然后又碰到下一层钉子,直到最后掉入底板的小格子. 把许多小球从入口处不断放下,只要球的数目相当多,最终这些小球将在底板上堆积成一个近似服从正态分布 $N(\mu, \sigma^2)$ 的概率密度曲线图形(图 10-13).

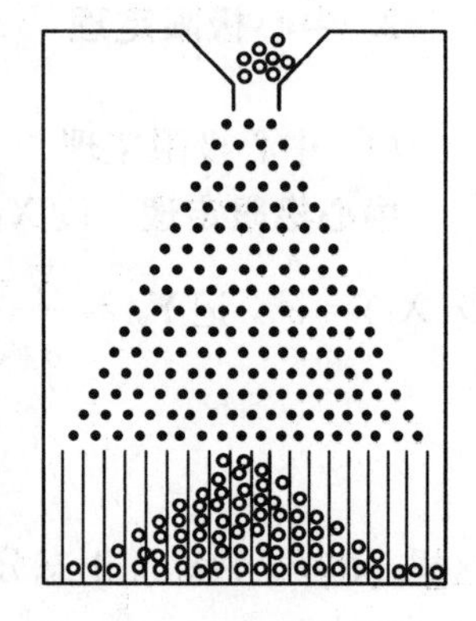

图 10-12 高尔顿钉板实验

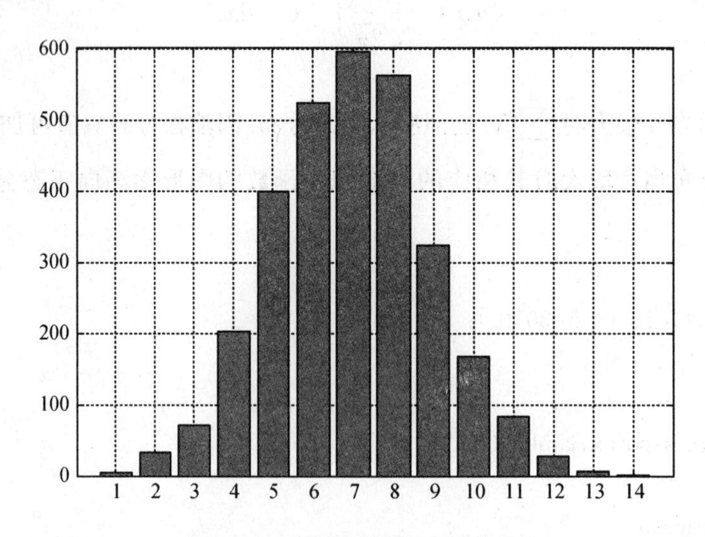

图 10-13 高尔顿钉板实验曲线

程序如下：

```
m=3000;n=16;x(2*n+1)=0;
for i=1:m;
    k=17;
    for j=1:n
        if rand>0.5
            k=k+1;
        else
            k=k-1;
        end
    end
    x(k)=x(k)+1;
end
s=find(x==0);x(s)=[];y=sum(x)
bar(x),grid on
```

图 10-13 中可以看到，堆积图大致是个正态分布的图形.

(2) 应用

本章例 4 用二项分布的逼近形式——泊松分布来近似计算得到物业公司聘用维修工人的数目，如果用中心极限定理来表示，该问题将简单得多. 此时 $n=200$，$p=0.03$，记 $Y=\sum_{i=1}^{200}X_i$，则 $\dfrac{Y-n\mu}{\sqrt{n}\sigma}$ 近似服从 $N(0,\ 1)$.

程序如下：

```
n=200;p=0.03;[mu,sigma2]=binostat(1,0.03);
x=fix(n*mu+norminv(0.95)*sqrt(n*sigma2))+1
```

返回值　10

注　该计算结果与例 4 的计算结果相同，但方法明显简单.

例 14　已知某厂生产的晶体管的寿命服从均值为 100(单位:h)的指数分布. 随机抽取样品 64 个，试求这 64 个晶体管寿命总和超过 7 000 的概率.

解　以 X_i 表示第 i 个晶体管的寿命，则寿命总和为 $Y=\sum_{i=1}^{64}X_i$，所求概率为

$$P(Y>7\,000)=1-P(Y\leqslant 7\,000)=1-P\left(\frac{\sum_{i=1}^{n}X_i-n\mu}{\sqrt{n}\sigma}\leqslant\frac{7\,000-64\times 100}{8\times 100}\right).$$

输入语句：

```
[mu,sigma2]=expstat(100);
n=64;a=(7000-n*mu)/(sqrt(n*sigma2));
p=1-normcdf(a);disp(p)
```

返回值　p=0.2266

10.6 点估计与区间估计的MATLAB实现

1. 点估计

格式　分布形式+fit(x)

功能　对已知数据 x，求某一分布的极大似然点估计.

例 15　设某厂生产的晶体管的寿命 X 服从指数分布 $E(\lambda)$，其中 $\lambda>0$. 今随机抽取5只晶体管进行测试，测得它们的寿命(单位:h)如下：

$$518,\ 612,\ 713,\ 388,\ 434,$$

试求该厂晶体管平均寿命的极大似然估计值.

输入语句：

```
x=[518,612,713,388 434];
mu=expfit(x);
disp(mu)
```

返回值　533　(lambda=0.0019)

我们知道，若 $X\sim E(\lambda)\Rightarrow\lambda=\dfrac{1}{E(X)}=\dfrac{1}{\mu}$. 输入下面语句

```
a=mean(x);b=1/a
```

返回值　a=533,(b=0.0019)

例 16　已知某班级的一次外语考试服从参数 μ, σ^2 的正态分布，其中，μ, $\sigma^2(\sigma>0)$ 均未知. 从该班级的考生中，随机抽取了14个学生的考试成绩，成绩如下：

$$74,\ 82,\ 77,\ 65,\ 57,\ 76,\ 84,\ 91,\ 79,\ 86,\ 75,\ 73,\ 81,\ 95.$$

试求该班学生这门课考试的平均成绩及标准差的极大似然估计.

输入语句：

```
x=[74 82 77 65 57 76 84 91 79 86 75 73 81 95];
[mu,sigma]=normfit(x);
disp([mu,sigma])
```

返回值　78.2143　　9.7994

2. 区间估计

格式　[mu,sigma,mu1,sigma1]=分布形式+fit(x,alpha)

功能　由所给数据 x 求未知参数的 $1-\alpha$ 的置信区间（α 默认值为 0.05）.

例 17　已知某班级的一次外语考试成绩服从参数 μ，σ^2 的正态分布，其中，μ，$\sigma^2(\sigma>0)$ 均未知. 从该班级的考生中，随机抽取了 14 个学生的考试成绩，成绩如下：

$$74，82，77，65，57，76，84，91，79，86，75，73，81，95.$$

试求该班学生这门课考试的平均成绩及标准差当 $\alpha=0.05$ 的置信区间.

输入语句：

```
x=[74 82 77 65 57 76 84 91 79 86 75 73 81 95];
[mu,sigma,muci,sigmaci]=normfit(x,0.05);
```

返回值

```
72.5563   83.8723;      7.1041   15.7872
```

即均值 μ 的置信区间为 [72.5563，83.8723]，标准差 σ 的置信区间为 [7.1041，15.7872].

例 18　产生一个 100×3 的服从均值为 6、标准差为 3 的正态分布的随机数矩阵，并计算由此产生的每列数据的期望，标准差的点估计和相应的置信区间.

输入语句：

```
A=normrnd(6,3,100,3);                             %生成随机数
[mu,sigma,muci,sigmaci]=normfit(A,0.95);          %做估计
```

一次实验后的结果分别为

```
mu=
5.5519      6.0192      5.6888
sigma=
2.7634      3.4101      3.1833
muci=
5.5345      5.9977      5.6688
5.5693      6.0406      5.7088
sigmaci=
2.7604      3.4064      3.1799
2.7852      3.4370      3.2084
```

数据表明，由于样本的容量不高，所以相应的误差较大，如果提高样本容量时，结果将会明显改善.

下面程序说明，当样本容量取为 $n=10\,000$ 时，各项指标明显好转.

```
mu=
6.0301      6.0106      6.0193
sigma=
3.0133      3.0065      3.0227
muci=
```

```
6.0283    6.0088    6.0175
6.0320    6.0125    6.0212
sigmaci=
3.0121    3.0053    3.0215
3.0148    3.0079    3.0242
```

10.7 假设检验

1. 单总体的假设检验

(1) σ^2 已知时对未知参数 μ 的假设检验

① 假设检验的意义

设总体 $X \sim N(\mu, \sigma^2)(-\infty < \mu < +\infty, \sigma^2 > 0)$，$(X_1, X_2, \cdots, X_n)$ 是来自正态总体 X 的一个样本，σ 为已知，提出假设

$$H_0: \mu = \mu_0,$$

此时对应的拒绝域为

$$W = \left\{(x_1, x_2, \cdots, x_n) \mid \frac{|\bar{x} - \mu_0|}{\sigma/\sqrt{n}} > u_{1-\frac{\alpha}{2}}\right\}.$$

② 假设检验的 MatLab 实现

MatLab 中，实现假设检验的函数是 ztest.

格式 [h,p,ci]=ztest(x,mu,sigma,alpha,till)

功能 对已知数据，作 σ^2 已知时的假设检验.

说明 (1) h=0 表示接受相应的假设，h=1 表示拒绝相应的假设.

(2) p 表示检验中的概率，若 p>alpha 则接受检验，否则拒绝.

(3) ci 表示在已知数据情况下的置信区间.

(4) alpha 的默认值为 0.05.

(5) 若 till=0，则检验假设“x 的均值等于 mu”；若 till=1，则检验假设“x 的均值大于 mu”(单侧检验)；若 till=−1，则检验假设“x 的均值小于 mu”(单侧检验).

例 19 随机地从一批铁钉中抽取 16 枚，测得他们的长度(单位:cm)如下：

2.14, 2.10, 2.13, 2.15, 2.13, 2.12, 2.13, 2.10,
2.15, 2.12, 2.14, 2.10, 2.13, 2.11, 2.14, 2.11.

已知铁钉长度服从正态分布 $N(\mu, \sigma^2)$，其中 μ 未知，$\sigma = 0.015$，在显著水平 $\alpha = 0.05$ 下，检验假设 $\mu = 2.12$.

输入语句：

```
x=[2.14, 2.10, 2.13,2.15,2.13,2.12,2.13,2.10,...
```

```
2.15,2.12,2.14,2.10, 2.13,2.11,2.14,2.11];
[h,p,ci]=ztest(x,2.12,0.015)
```

返回值

```
h=0,p=0.1824,ci=2.1177    2.1323
```

此时 $p = 0.1624 > 0.05$，即可以接受假设 $H_0: \mu = 2.12$；

若将假设修订为 $H_0: \mu = 2.05$，则结果为

```
h=1  p=0.0455  ci=2.0515    2.1985
```

此时 $p = 0.0455 < 0.05$，即拒绝假设 $H_0: \mu = 2.05$.

(2) σ^2 未知时对未知参数 μ 的假设检验

① 假设检验的意义

设总体 $X \sim N(\mu, \sigma^2)(-\infty < \mu < +\infty, \sigma^2 > 0)$，$(X_1, X_2, \cdots, X_n)$ 是来自正态总体 X 的一个样本，在 σ 未知条件下提出假设

$$H_0: \mu = \mu_0,$$

此时对应的拒绝域为

$$W = \left\{(x_1, x_2, \cdots, x_n) \mid \frac{|\bar{x} - \mu_0|}{s/\sqrt{n}} > t_{1-\frac{\alpha}{2}}(n-1)\right\}.$$

② 假设检验的 MatLab 实现

MatLab 中，实现假设检验(σ 未知)的函数是 ttest.

格式　[h,p,ci]=ttest(x,mu,alpha,till)

功能　对已知数据，做 σ^2 未知时的假设检验.

例 20　在上例中，若 σ^2 未知，则输入下面语句：

```
x=[2.14, 2.10, 2.13,2.15,2.13,2.12,2.13,2.10,...
2.15,2.12,2.14,2.10, 2.13,2.11,2.14,2.11];
[h,p,ci]=ttest(x,2.12)
```

结果为

```
h=0    p=0.2611    ci=2.1159    2.1341
```

即此时接受相应的假设.

例 21　生成 200 个服从正态分布 $N(7, 3.4)$ 的随机数，

(1) 在 $\sigma = 3.5$ 和 σ 未知条件下分别作检验 $H_0: \mu = 7.1$；

(2) 在 $\sigma = 3.5$ 和 σ 未知条件下分别作检验 $H_0: \mu = 7.7$.

程序如下：

```
a=normrnd(7,3.4,1,200);
m=mean(a);s=std(a);disp([m,s])
[h,p,ci]=ztest(a,7.1,3.5);
```

```
[h,p,ci]=ttest(a,7.1);
[h,p,ci]=ztest(a,7.7,3.5)
[h,p,ci]=ttest(a,7.7)
```

可能的结果为

```
6.9894        3.5902
h=0           p=0.6548          ci=6.5043      7.4744
h=0           p=0.6634          ci=6.4887      7.4900
h=1           p=9.7437e-004     ci=6.3988      7.3689
h=1           p=0.0015          ci=6.3838      7.3839
```

即抽样的平均值为6.989 4,标准差为3.590 2,在$\sigma = 3.5$和σ未知的两种条件下,都接受了假设$H_0:\mu = 7.1$,而都拒绝了假设$H_0:\mu = 7.7$.

(3) 两个正态总体的均值的假设检验

设有两个正态总体$N(\mu_1, \sigma_1^2)$和$N(\mu_2, \sigma_2^2)$,$(X_1, \cdots, X_n)$和$(Y_1, \cdots, Y_m)$是分别来自这两个总体的样本,对于相应的观察值$(x_1, \cdots, x_n)$和$(y_1, \cdots, y_m)$,考察这两个总体的均值是否有明显的差异,即提出假定

$$H_0:\mu_1 = \mu_2.$$

如果检验的结果接受假设,即认为这两个总体的均值无明显差异,否则说明这两个总体的均值存在较大差异.

格式 [h,mu,ci]=ttest2(x,y,alpha,tail,'vartype')

功能 对两个总体做均值的假设检验.

说明 (1) tail选项检验的方法:双侧、单侧(默认为双侧),用'both','right','left'进行设置,当tail='right'时,意味着x的均值小于y的均值;

(2) vartype选项表示的是方差相等还是不等,默认情况下为相等,用'equal'或'unequal'进行设置.

例22 甲、乙两个农业实验区种植玉米,除了甲区施磷肥外,其他实验条件完全相同.把两个实验区分别分成10个小区统计产量(单位:kg),得到如下数据:

甲区	65	59	62	64	60	61	63	62	59
乙区	52	59	57	58	56	55	57	58	57

假定,甲、乙两小区每块的玉米产量分别服从$N(\mu_1, \sigma^2)$,$N(\mu_2, \sigma^2)$,其中μ_1,μ_2,σ^2均未知,试问在显著水平$\alpha = 0.1$下,磷肥对玉米的产量有无显著影响?

程序如下

```
x=[65 59 62 64 60 61 63 62 59];
y=[52 59 57 58 56 55 57 58 57];
m1=mean(x);m2=mean(y);
disp([m1,m2])
[h,p,cig]=ttest2(x,y,0.1,[],'equal')
```

结果为

```
两样本的均值      61.6667   56.5556
h=1
p=9.2037e-005
cig=3.3869      6.8353
```

即在显著性水平 $\alpha = 0.1$ 情况下，拒绝假设 $\mu_1 = \mu_2$，说明两样本的均值有明显差异. 均值差 $(1-\alpha)\%$ 的置信区间为[3.3869　　6.8353].

对假设 $\mu_1 > \mu_2$，当显著性水平 $\alpha = 0.1$ 时，输入语句

```
[h,p,cig]=ttest2(x,y,0.1,'left','equal')
```

结果为

```
h=0
p=1.0000
cig=-Inf      6.4313
```

即接受了假设 $\mu_1 > \mu_2$，相应的均值差$(\mu_2 - \mu_1)$的 $(1-\alpha)\%$ 的置信区间为$(-\infty$ 6.4313].

例 23　分别生成服从正态分布 $N(5, 3)$ 和 $N(5.2, 3.2)$ 的各 30 个数据，在显著性水平 $\alpha = 0.05$ 条件下，是否有 $\mu_1 = \mu_2$ 或者是 $\mu_2 > \mu_1$.

程序如下：

```
a=normrnd(5,sqrt(3),1,30);
b=normrnd(5.2,sqrt(3.2),1,30);
m1=mean(a);m2=mean(b);disp([m1,m2])
[h,p,cig]=ttest2(a,b,0.1)
pause
[h,p,cig]=ttest2(a,b,0.1,'left')
```

结果为

```
5.0335      5.1949            (均值)
h=0
p=0.7180                      (概率 p>α)(接受假设)
cig=-0.9047     0.5819        (均值差的置信区间)
h=0
p=0.3590                      (拒绝假设)
cig=-Inf      0.4150
```

10.7　总体分布的检验

在很多情况下，我们对已有的数据要做出某些判定：这些数据是否来自于某个正态分

布，如果它们来自于某个正态分布，那么相关的未知参数分别是多少？

MatLab 提供了总体分布的检验方法.

格式 normplot(x)

功能 对已知数据 x，检验该数据是否来自于某个正态总体.

意义 若由数据所作出的曲线近似为一条直线，则所给数据近似服从某个正态分布.

例 24 在一个 excel 文件中存放着一些数据，该数据反应了 255 个煤的样品中的含灰量(单位：%). 对这些数据完成下面工作：

(1) 作出已知数据的直方图；

(2) 计算已知数据的均值与标准差；

(3) 检验该数据是否来自于某个正态总体；

(4) 对均值作相应的假设检验.

程序如下

```
clear,clc
x=xlsread('s1.xls');mu=mean(x);sigma=std(x);
disp([mu,sigma])
hist(x);grid on
figure(2)
normplot(x)
[h,p,ci]=ttest(x,mu)
```

结果如图 10-14 所示.

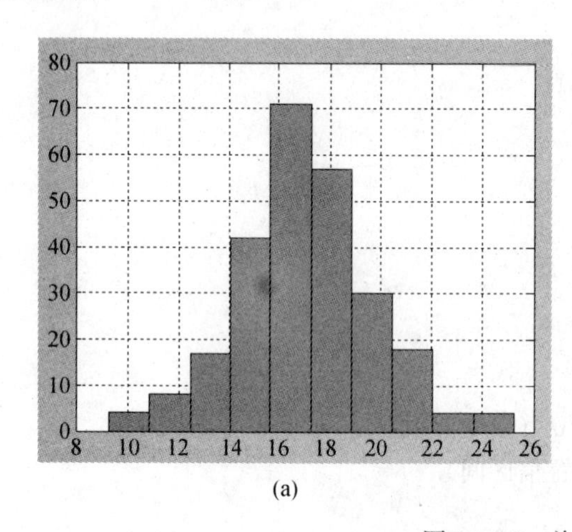

(a)

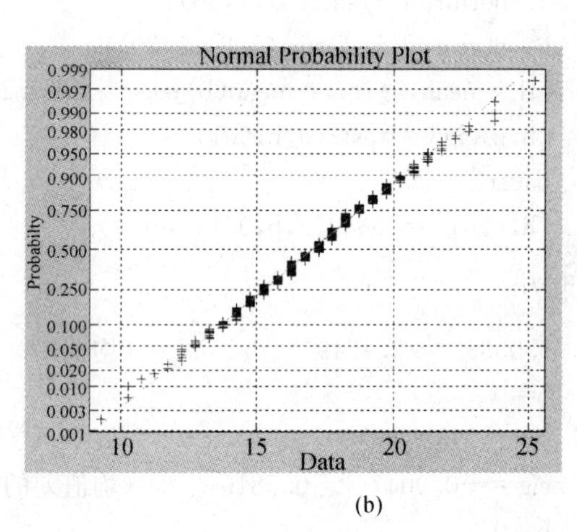

(b)

图 10-14 总体分布的检验

均值及标准差分别为 17.0520 2.6707

图 10-14(b)表明，该数据来自一个正态总体，检验结果为

h=0 p=1 ci=16.7226 17.3813

检验结果数据表明接受检验：均值 $\mu=17.0520$.

对于非正态总体的检验，可采用 χ^2 拟合优度检验，这里不再讨论.

10.8 数据拟合

1. 数据拟合意义

在"微积分"中，变量之间的关系往往用一个具体的函数关系 $y = f(x)$ 来刻画. 但是很多实际问题的表现形式往往并非如此，人们所知道的数据常常是根据实验、观察所得到的，这些数据并没有反映出变量之间的关系. 统计分析的作用之一就是通过这些数据去寻找变量之间的相关关系.

为研究弹簧所悬挂物体的重量 x 与弹簧的伸长长度 y 的相关关系，经过实验，得到如下数据：

x	5	10	15	20	25	30
y	7.25	8.12	8.95	9.90	10.90	11.80

表中的数据也没有具体说明什么变量间具有何种关系，因此需要通过一些具体方法来探讨变量之间的关系. 一个简单而有效的方法是利用已知数据作出相应的散点图，通过散点图所表现的特征去寻求变量间的关系.

输入下面语句：

```
x=5:5:30;
y=[7.25,8.12,8.95,9.9, 10.90, 11.80];
plot(x,y,'r+',x,y),grid
```

结果如图 10-15 所示.

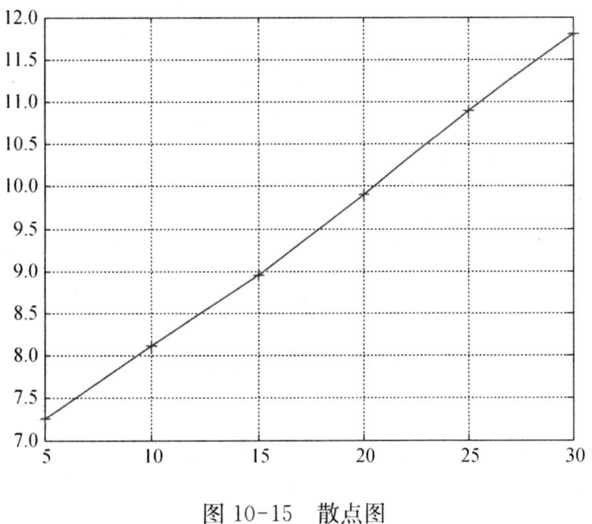

图 10-15　散点图

图 10-15 表明，数据点几乎在一条直线上，即变量 x 与变量 y 几乎是一个线性关系！剩下的问题是：这个线性关系的表达式如何？可靠度又是多少？

所谓的数据拟合就是讨论在离散情况下，变量 x 与 y 的相关关系.

数据拟合的方法主要有：插值法、最小二乘法、非线性拟合等.

2. 插值法

设有 $n+1$ 个数据点 $(x_i, y_i)(i = 0, 1, \cdots, n)$，构造一个次数不超过 n 的多项式 $P_n(x)$ 并使得 $y_i = P_n(x_i)$（即所给的数据点都在该多项式 $P_n(x)$ 所对应的曲线上）. 这样的多项式是唯一的，且可以写成

$$\sum_{i=0}^{n}\prod_{j\neq i}\frac{(x-x_j)}{(x_i-x_j)}y_i.$$

例 25 已知数据点

x	1.7	2.0	2.3	2.6
y	19.20	29.10	41.65	57.1

构造一个三次多项式 $P_3(x)$ 并有 $y_i=P_3(x_i)$，并由此计算多项式在点 1.5，2.9 及 3.4 处的值.

解 由前面的分析知这样的多项式为

$$\begin{aligned}P_3(x)=&\frac{(x-2.0)(x-2.3)(x-2.6)}{(1.7-2.0)(1.7-2.3)(1.7-2.6)}\times 19.20+\\&\frac{(x-1.7)(x-2.3)(x-2.6)}{(2.0-1.7)(2.0-2.3)(2.0-2.6)}\times 29.1+\\&\frac{(x-1.7)(x-2.0)(x-2.6)}{(2.3-1.7)(2.3-2.0)(2.3-2.6)}\times 41.65+\\&\frac{(x-1.7)(x-2.0)(x-2.3)}{(2.6-1.7)(2.6-2.0)(2.6-2.3)}\times 57.1.\end{aligned}$$

程序如下

```
function f=lagrange(x,y,x0)
n=length(x); m=length(x0);f=zeros(1,m);
a1=ones(n-1,1); a2=ones(1,m);
for i=1:n
    x1=x([1:i-1 i+1:n]);
    f=f+y(i)*prod((a1*x0-x1'*a2)./(x(i)-x1'*a2));
end
```

在命令窗口中输入下列语句：

```
x=1.7:.3:2.6;y=[19.2,29.1,41.65,57.1]; x0=[1.5,2.7,3.4];
f=lagrange(x,y,x0)
```

返回值

```
f=13.9488   62.9377   114.3790
```

3. 最小二乘法

插值的结果是，所给出的数据点一定在曲线上，但实际问题中，测量值与真值总存在一定的误差，因此这样所得到的多项式并不见得一定是最好. 而最小二乘法则提供了另一个方法.

最小二乘法　对平面上的 n 个数据点 $(x_i,\ y_i)(i=1,\ 2,\ \cdots,\ n)$，在平面上寻找一条直线(或者由多项式构成的曲线) $f(x)$，使得

$$\sum_{i=1}^{n}[f(x_i)-y_i]^2$$

达到最小.

格式　polyfit(x,y,n)

功能　由已知数据 x，y，构造不超过 n 次的多项式，使得误差平方和为最小.

例 26　对已知点

x	5	10	15	20	25	30
y	7.25	8.12	8.95	9.90	10.90	11.80

求相应的拟合多项式.

解　首先画出散点图. 输入下面语句

```
x=5:5:30;y=[7.25,8.12,8.95,
9.9, 10.90, 11.80];
plot(x,y,'r+',x,y),grid
```

相应图形如图 10-16 所示.

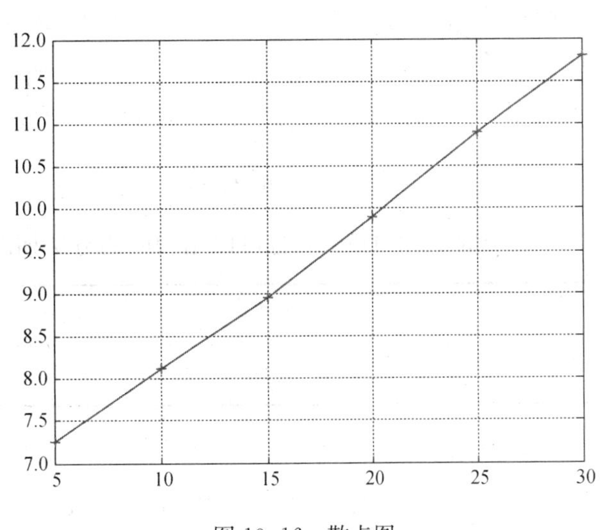

图 10-16　散点图

图 10-16 曲线表明，数据点几乎在一条直线上，再输入语句

```
p=polyfit(x,y,1);           %一次多项式
disp(p)
x=5:30;y1=polyval(p,x);     %计算数据点对应的多项式值
plot(x,y1,'r')
```

此时多项式系数为　0.1831　　6.2827，即多项式为 $p=0.1831x+6.2827$.

例 27　在直线 $y=2x+1$ 上取 100 个点，再取 100 个服从 $N(0,\ 0.02)$ 的随机扰动数，与对应的函数值相加，然后求拟合直线方程并和原来直线加以对比.

程序如下：

```
x=0:0.02:2-0.01;y=2*x+1;
plot(x,y),grid on,hold on
a=normrnd(0,sqrt(0.02),1,100);
y1=y+a;
p=polyfit(x,y1,1);disp(p)
y2=polyval(p,x);
```

```
plot(x,y2,'r')
```

拟合的多项式系数为

1.9429　　1.0356

结果如图 10-17 所示.

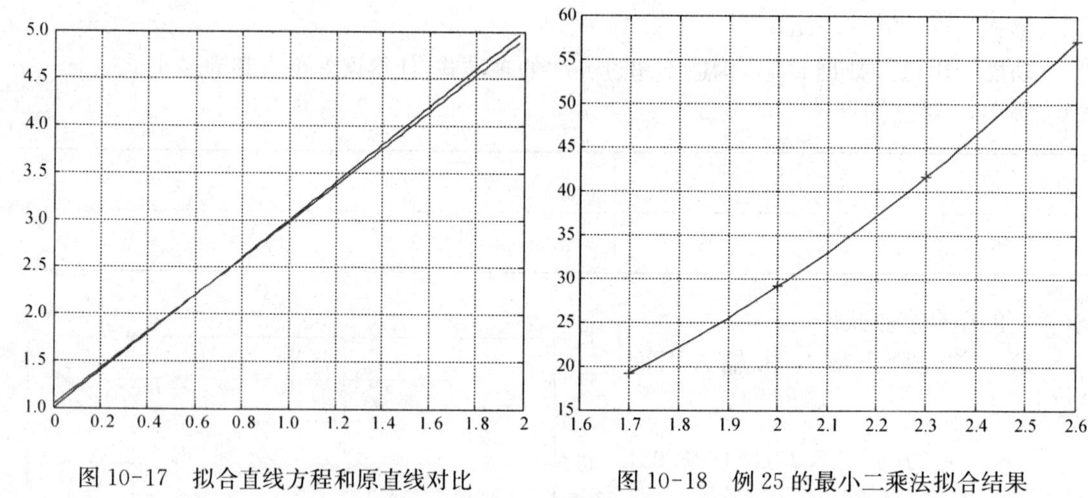

图 10-17　拟合直线方程和原直线对比　　图 10-18　例 25 的最小二乘法拟合结果

对于例 25 中的问题,也可以用相应的方法加以处理. 数据点为

x	1.7	2.0	2.3	2.6
y	19.20	29.10	41.65	57.1

输入语句:

```
x=1.7:0.3:2.6;y=[19.20, 29.10, 41.65, 57.1];
p=polyfit(x,y,3);disp(p)
x1=1.7:0.02:2.6;
y1=polyval(p,x1);
plot(x1,y1,x,y,'r+'),grid on
```

4. 非线性拟合

很多情况下,变量之间的关系不是线性关系,也不是多项式函数关系,对于这些非线性关系,MatLab 提供了相应的拟合方法.

格式　[k,r]=nlinfit(t,x,fun,k0)

功能　对非线性问题做相应的拟合.

说明　t,x 为已知数据点,fun 为函数关系,该关系中包含若干个未知参数,k0 为待拟合参数的初始值.

例 28　已知数据

t	0.5	1.0	1.5	2.0	2.5	3.0	3.5	4.0	4.5	5.0
x	2.1084	1.8704	1.5544	1.3522	1.1765	1.0239	0.8775	0.8051	0.6968	0.5766
t	5.5	6.0	6.5	7.0	7.5	8.0	8.5	9.0	9.5	10.0
x	0.4829	0.3890	0.3418	0.2640	0.2532	0.2127	0.2477	0.1906	0.1466	0.1157

试作相应的数据拟合.

解　首先画出相应的散点图(图 10-19),发现此图形类似于函数 $y = ae^{-bx}$ 曲线.

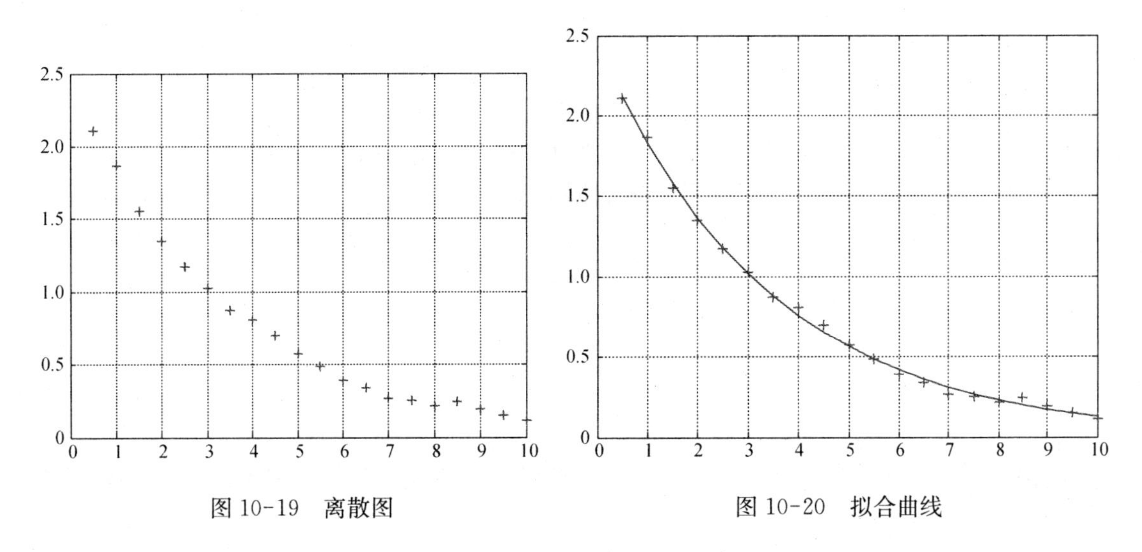

图 10-19　离散图　　　　图 10-20　拟合曲线

为此输入下面语句:

```
t=0.5:0.5:10;
x=[2.1084    1.8704    1.5544    1.3522    1.1765    1.0239    0.8725
0.8051    0.6968    0.5766...
0.4829    0.3890    0.3418    0.2640    0.2523    0.2127    0.2477    0.1906
0.1466    0.1157];
plot(t,x,'+'),grid on,hold on
fun=inline('k(1)*exp(-k(2)*t)','k','t');
k0=[1,-1];
[k,r]=nlinfit(t,x,fun,k0);
disp(k)
```

系数为

```
2.4616    0.2945
```

```
fun1=inline('2.4616*exp(-0.2945*t)');
x1=fun1(t);
plot(t,x1)
```

结果如图 10-20 所示.

直观地看，曲线拟合还是相当不错.但是当数据上的点和曲线存在较大差异的时候，这样的拟合是否可靠，下一节，我们通过线性回归的方法，对该问题作进一步的说明.

10.9 线性回归

1. 一元线性回归

设有变量 x,y，变量间有关系

$$y=\alpha_0+\alpha_1 x+\varepsilon,$$

其中，$\varepsilon\sim N(0,\sigma^2)$，则称该模型为一元线性回归模型，$\alpha_0$，$\alpha_1$ 称为回归系数.

建立一元线性回归模型，就是对已知数据点 $(x_i,\ y_i)(i=1,\ 2,\ \cdots,\ n)$，求出相应的回归系数 α_0，α_1，并使得关系

$$\begin{pmatrix} y_1 \\ y_2 \\ \vdots \\ y_n \end{pmatrix}=\begin{pmatrix} 1 & x_1 \\ 1 & x_2 \\ \vdots & \vdots \\ 1 & x_n \end{pmatrix}\begin{pmatrix} \alpha_0 \\ \alpha_1 \end{pmatrix}+\begin{pmatrix} \varepsilon_1 \\ \varepsilon_2 \\ \vdots \\ \varepsilon_n \end{pmatrix}$$

成立.最后对结果作统计分析：给出回归系数的置信区间、残差分析图以及问题中的某些统计数据.

建立线性回归的 MatLab 函数是 regress.

格式 [b bint r rint stats]=regress(y,x,alpha)

功能 由已知数据 x,y，建立线性回归模型.

说明 (1) b 是回归系数的点估计，bint 是回归系数的置信区间.

(2) r 是残差的点估计，rint 是残差的置信区间.

(3) 相关统计数据：

stats(1) 相关系数 R^2，R^2 越接近 1 越好；

stats(2) F 值，若 $F>F_\alpha(1,\ n-2)$，F 越大则回归方程越显著；

stats(3) 概率 p，当概率小于 α 时，回归成功；

stats(4) s^2（剩余方差），s^2 越小模型精度越高.

例 29 继续对例 26 中的问题进行一元线性回归.问题数据为

x	5	10	15	20	25	30
y	7.25	8.12	8.95	9.90	10.90	11.80

输入语句：

```
x=5:5:30;n=length(x);
x=[ones(n,1),x'];
y=[7.25 8.12 8.95 9.90 10.90 11.80]';
```

```
[b,bint,r,rint,stats]=regress(y,x)
```

各项数据为

b=6.2827　　0.1831　　　　　　　　　　　　　　　　　　　　　　(b 的点估计)

bint=

6.1344　　6.4310

0.1755　　0.1907　　　　　　　　　　　　　　　　　　　　　　(b 的置信区间)

r=0.0519　　0.0065　　−0.0790　　−0.0444　　0.0402　　0.0248(残差)

rint=

−0.0440　　0.1478

−0.1476　　0.1605

−0.1871　　0.0292

−0.1949　　0.1061

−0.1001　　0.1805

−0.0958　　0.1453

残差的区间估计(均包含零点)

stats=

1.0e+003 *

0.0010　4.4549　0.00000.0000

各项统计指标都相当好,说明模型成功.

注意到该值与拟合的结果是一致的! 最后画出残差图(图 10-21).

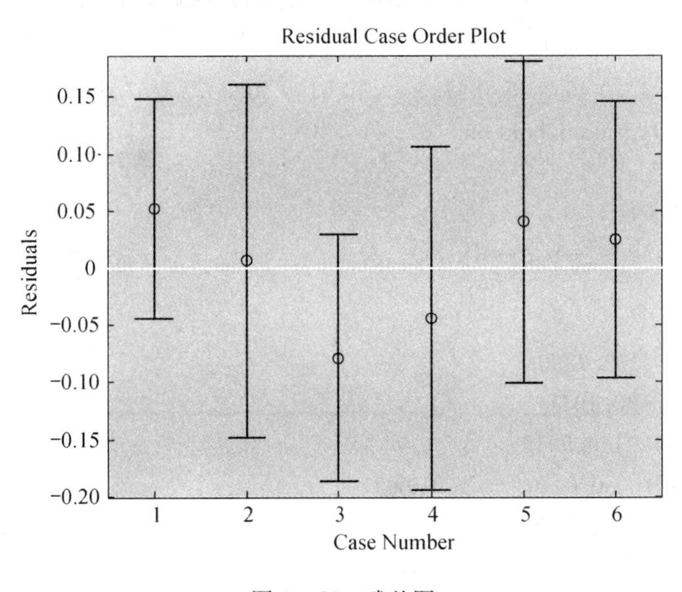

图 10-21　残差图

图 10-21 说明残差的置信区间均包含零点,模型比较成功.

例 30　研究表明,合金的强度 y 与含碳量 x 之间存在某种关系. 现有一批数据

x	0.10	0.11	0.12	0.13	0.14	0.15
y	41.0	42.5	45.0	45.5	45.0	47.5
x	0.16	0.17	0.18	0.20	0.22	0.24
y	49.1	51.0	50.0	55.5	57.5	59.5

试建立两变量之间的关系.

首先画出所给数据的散点图(图 10-22).

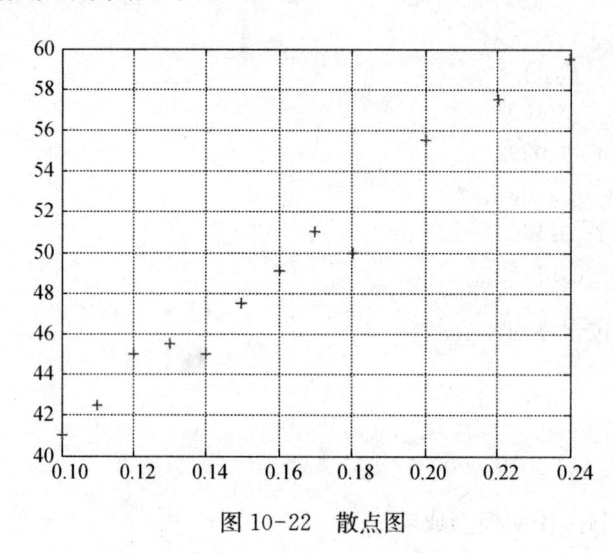

图 10-22　散点图

散点图说明,数据点近似在一条直线附近,再做回归,输入语句:

```
x=[0.1:0.01:0.18; 0.20; 0.22; 0.24];
y=[41.0 42.5 45.0 45.5 45.0 47.5 49.10 51.0 50.0 55.5 57.5 59.5];
plot(x,y,'r+'),grid on,hold on
n=length(x);
x=[ones(n,1),x'];
[b,bint,r,rint,stats]=regress(y',x)
```

结果为

```
b=27.8464      132.7830
bint=25.4953   30.1974
     118.5711  146.9949
r=   -0.1247    0.0475    1.2197
      0.3918   -1.4360   -0.2638
      0.0083    0.5805   -1.7473
      1.0970    0.4414   -0.2143
rint=
  -2.0074    1.7581   -1.9016    1.9966   -0.5641    3.0034   -1.6267
   2.4104   -3.2063    0.3343   -2.3376    1.8099   -2.0800    2.0967
```

```
-1.4574    2.6184   -3.3558   -0.1388   -0.7301    2.9241   -1.4150
 2.2977   -1.9171    1.4885

stats=
    0.9774    433.3746    0.0000    0.8625
```

残差图如图 10-23 所示.

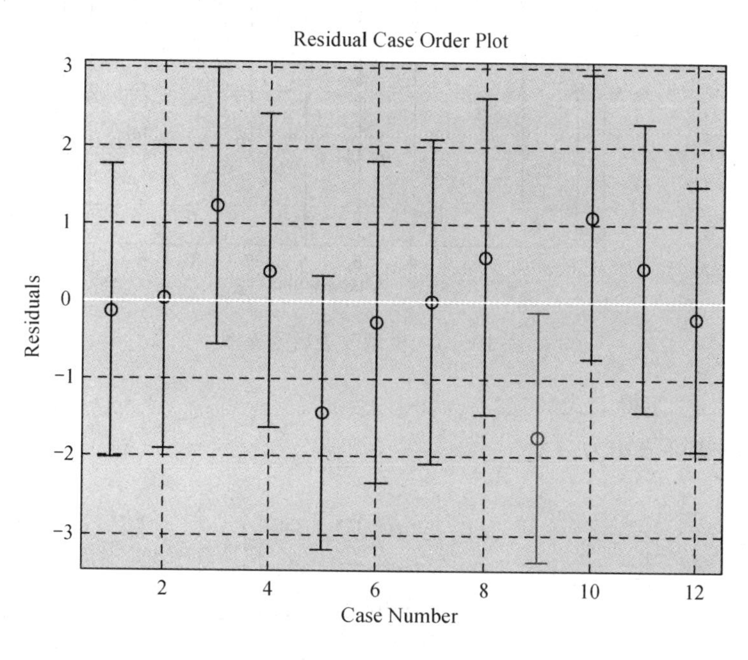

图 10-23　残差图

图 10-23 说明倒数第四个数据点有问题(称为异点)，剔除该点继续讨论，此时第五个点发生异常，再剔除后，则效果明显改进.

结果为

```
b=28.1159    133.0882
stats=
1.0e+003 *
0.0010    1.1588    0.0000    0.0003
```

stats 中的最后一项迅速减小，说明模型得到很大改进，残差图为图 10-24。

2. 多元线性回归

如同一元线性回归，若变量 y 的改变是由多个自变量 $x_1, x_2, \cdots, x_m$ 的改变所引起的，且有关系

$$y = \alpha_0 + \alpha_1 x_1 + \cdots + \alpha_m x_m + \varepsilon,$$

其中，$\varepsilon \sim N(0, \sigma^2)$，则称该模型为多元线性回归模型.

建立一个多元线性回归就是根据已知数据点 $(x_{i1}, x_{i2}, \cdots, x_{im}, y)(i = 1, 2, \cdots, n)$，

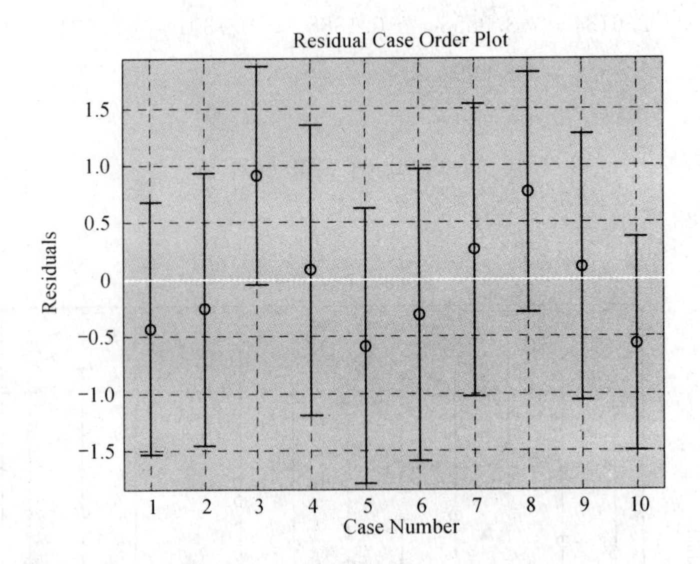

图 10-24　模型改进后残差图

寻求 $\alpha_0, \alpha_1, \cdots, \alpha_m$ 使得上式成立.

回归方程的矩阵表示为

$$\begin{pmatrix} y_1 \\ y_2 \\ \vdots \\ y_n \end{pmatrix} = \begin{pmatrix} 1 & x_{11} & x_{12} & \cdots & x_{1m} \\ 1 & x_{21} & x_{22} & \cdots & x_{2m} \\ \vdots & \vdots & \vdots & \vdots & \vdots \\ 1 & x_{n1} & x_{n2} & \cdots & x_{nm} \end{pmatrix} \begin{pmatrix} \alpha_0 \\ \alpha_1 \\ \alpha_2 \\ \vdots \\ \alpha_m \end{pmatrix} + \begin{pmatrix} \varepsilon_1 \\ \varepsilon_2 \\ \vdots \\ \varepsilon_n \end{pmatrix}.$$

例 31　已知数据点

x	2.4442	2.7174	0.3810	2.7401	1.8971	1.2926	0.8355	1.6406	2.8725	1.6406
y	4.6181	2.5955	3.3308	2.6385	2.7904	4.9704	4.5845	3.4513	5.3507	2.6033
z	−6.710	0.2316	−7.417	0.1514	−2.238	−12.71	−10.24	−4.974	−7.918	0.5813
x	0.4728	2.9118	2.8715	1.4561	2.4008	0.4527	1.2653	2.7472	2.3766	2.8785
y	3.8162	3.6447	4.7966	4.8856	3.0606	3.9693	3.8368	4.4389	4.6281	4.7641
z	−8.807	−2.591	−6.307	−9.739	−1.998	−9.305	−6.9751	−5.479	−6.968	−6.151
x	1.9672	0.1071	2.5474	2.8020	2.0362	2.2732	2.2294	1.1767	1.9664	0.5136
y	3.3281	4.5391	4.4653	2.9879	2.8570	3.9951	5.3792	3.5212	4.2558	3.1714
z	−3.572	−11.80	−5.963	−0.75	−2.15	−5.182	−9.532	−6.25	−6.671	−6.652

试建立相应的二元线性回归方程

$$z = \alpha_0 + \alpha_1 x + \alpha_2 y.$$

程序如下：

```
A=[2.4442    2.7174    0.3810    2.7401    1.8971    0.2926    0.8355
1.6406    2.8725    2.8947...
    0.4728    2.9118    2.8715  1.4561    2.4008    0.4257    1.2653    2.7472
  2.3766    2.8785    ...
    1.9672    0.1071    2.5474    2.8020    2.0362    2.2732  2.2294    1.1767
  1.9664    0.5136];
B=[ 4.6181    2.5955    3.3308    2.6385    2.7914    4.9704    4.5845
3.4513    5.3507    2.6033...
    3.8162    3.6447    4.7966  4.8856    3.0606    3.9693    3.8368    4.4389
  4.62814.7641  ...
    3.3281    4.5391    4.4653    2.9878    2.8570    3.9951  5.3792    3.5212
  4.2558    3.1714];
z=[-6.7104    0.2316   -7.4166    0.1514   -2.2384   -12.7086   -10.2427
-4.9738   -7.9812    0.5813...
   -8.8070   -2.5911   -6.3073   -9.7397   -1.9982   -9.3046   -6.9751
-5.4789   -6.9677   -6.1506...
   -3.7522   -11.8003   -5.9631   -0.7499   -2.1497   -5.1822   -9.5327
-6.2497   -6.6711   -6.6520]
n=length(A);
x=[ones(n,1),A',B']
[b,bint,r,rint,stats]=regress(z',x)
x=0:0.2:3;y=2.5:0.2:5.5;
[X,Y]=meshgrid(x,y);
Z=b(1)*ones(16,16)+b(2)*X+b(3)*Y;
mesh(X,Y,Z),hold on
```

各项值为

```
b=2.0432    2.2947    -3.1077
stats=
1.0e+005 *
0.0000    1.2598    0    0.0000
```

即回归方程为

$$z = 2.0432 + 2.2947x - 3.1077y.$$

数据表明，该回归方程比较理想. 曲面图形如图 10-25 所示.

散点基本在平面附近，差值不大，相应的残差图为图 10-26。图中有两个异点，剔除后情况会更好，这里不再讨论.

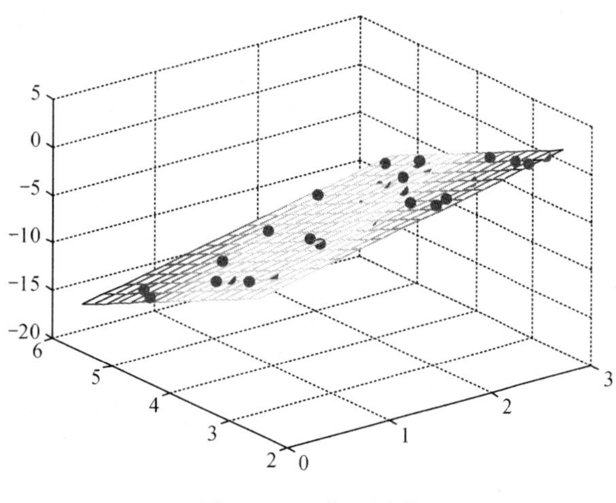

图 10-25　曲面图形

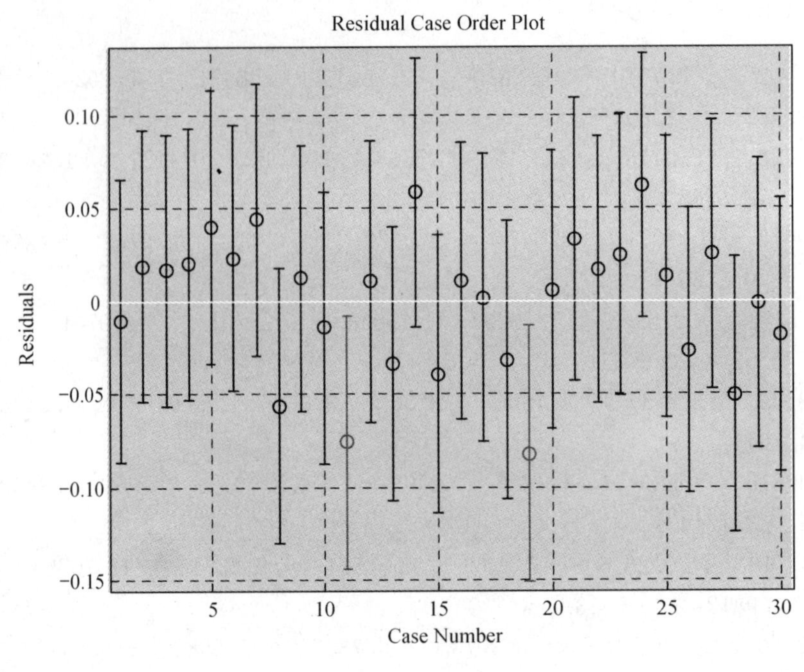

图 10-26 残差图

例 32(血压与年龄、体质指数及吸烟习惯的关系分析) 下表给出了 30 个人的血压、年龄、体质指数及是否有吸烟习惯的数据,试建立血压与年龄、体质指数及有无吸烟习惯的回归模型,并对一个年龄为 45,体质指数为 24.6 且有吸烟习惯的人,估算其血压.

血压	144	215	138	145	162	142	170	124	158	154
年龄	39	47	45	47	65	46	67	42	67	56
体指	24.2	31.1	22.6	24.0	25.9	25.1	29.5	19.7	27.2	19.3
吸烟	0	1	0	1	1	0	1	0	1	0
血压	162	150	140	110	128	130	135	114	116	124
年龄	64	56	59	34	42	48	45	18	20	19
体指	28.0	25.8	27.3	20.1	21.7	22.2	27.4	18.8	22.6	21.5
吸烟	1	0	0	0	0	1	0	0	0	0
血压	136	142	120	120	160	158	144	130	125	175
年龄	36	50	39	21	44	53	63	29	25	69
体指	25.0	26.2	23.5	20.3	27.1	28.6	28.3	22.0	25.3	27.4
吸烟	0	1	0	0	1	1	0	1	0	1

程序如下:

```
clear,clc,clf
x11=[39 47 45 47 65];x12=[46 67 42 67 56];x13=[64 56 59 34 42];
x14=[48 45 18 20 19];x15=[36 50 39 21 44];x16=[53 63 29 25 69];
```

```
    x21=[24.2 31.1 22.6 24.0 25.9];x22=[25.1 29.5 19.7  27.2 19.3];x23=[28.0 25.8 27.3 20.1 21.7];
    x24=[22.2 27.4 18.8 22.6 21.5];x25=[25.0 26.2 23.5 20.3 27.1]; x26=[28.6 28.3 22.0 25.3 27.4];
    x31=[0 1 0 1 1];x32=[0 1 0 1 0];x33=[1 0 0 0 0];x34=[1 0 0 0 0];x35=[0 1 0 0 1];
    x36=[1 0 1 0 1];
    y1=[144 215 138 145 162];y2=[142 170 124 158 154];y3=[162 150 140 110 128];
    y4=[130 135 114 116 124];y5=[136 142 120 120 160];y6=[158 144 130 125 175];
    x1=[x11 x12 x13 x14 x15 x16];x2=[x21 x22 x23 x24 x25 x26];x3=[x31 x32 x33 x34 x35 x36];
    y=[y1 y2 y3 y4 y5 y6];
n=30;m=3;
x=[ones(n,1),x1' x2' x3'];
[b bint,r,rint,stats]=regress(y',x);
b,bint,stats
rcoplot(r,rint)
```

各项数据分别为

b=45.3636　　0.3604　　3.0906　　11.8246　　　　(回归系数)

bint=3.5537　　87.1736;　　−0.0758　　0.7965;　　1.0530　　5.1281;　−0.1482　　23.7973;　　　　(回归系数的置信区间)

stats=0.6855　　18.8906　　0.0000　　169.7917　　(各项统计值)

由此得到回归方程:

$$y = 45.3636 + 0.3604x_1 + 3.0906x_2 + 11.8246x_3.$$

残差图如图 10-27 所示. 图中有两个异点,分别为第二个和第十个,检查原数据,发现第二人

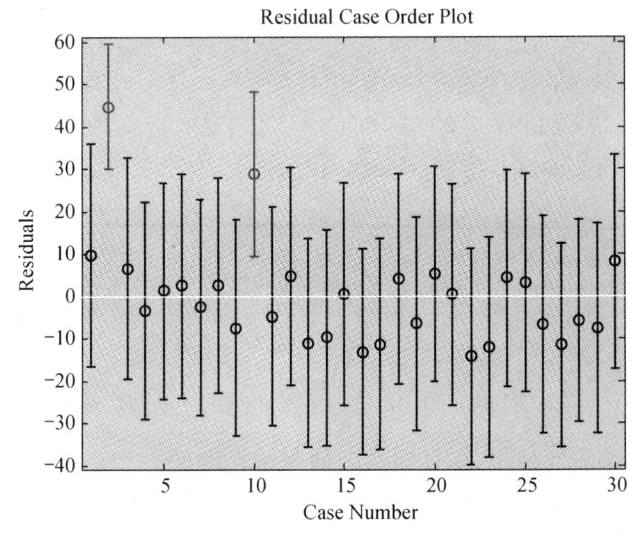

图 10-27　残差图

的各项数据为(215，47，31.1，1)，第三个指标偏大，说明他"偏胖"；而第十人的数据为(154，56，19.3，0)，说明他"偏瘦"，不具有样本的代表性. 剔除这两项数据，继续做回归：

b=58.5101　0.4303　2.3449　10.3065　　(回归系数)

bint=29.9064　87.1138；　0.1273　0.7332；　0.8509　3.8389；　3.3878　17.2253

stats=0.8462　44.0087　0.0000　53.6604

即回归方程为

$$y = 58.5101 + 0.4303x_1 + 2.3349x_2 + 10.3065x_3.$$

统计信息表明，模型比原有模型有了较大改进. 残差图如图 10-28 所示. 图中，最后个数据点有异常的可能，检查原数据，数据值为 (175，69，27.4，1)，数据表明，该被检查者年龄偏大，血压偏高，剔除该数据后，继续做回归得到各项数据值：

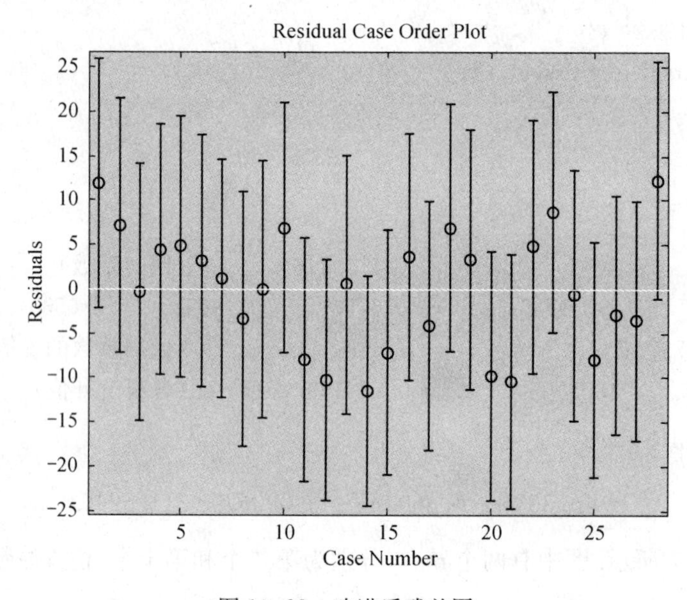

图 10-28　改进后残差图

b=58.1777　0.3728　2.4526　9.6790

bint=30.9412　85.4143；0.0776　0.6680；1.0252　3.8799；3.0560　16.3019

stats=0.8421　40.8998　0.0000　48.4214

回归方程为

$$y = 58.1717 + 0.3728x_1 + 2.4526x_2 + 9.6790x_3,$$

和上一方程

$$y = 58.5101 + 0.4303x_1 + 2.3349x_2 + 10.3065x_3$$

相比，年龄及吸烟的影响在减小，而体质指数的影响在增加.

模型说明：回归方程表明，年龄每上升一个单位，血压将增加 0.3728 个单位，而长期吸烟的人，其血压将比不经常吸烟的人平均高 9.6790 个单位，此结果充分说明吸烟有害健康！

模型评价：在该模型中，没有考虑其他因素，比如，高血压患者往往有遗传情况，即上一代有高血压病史的，下一代得高血压的可能性居多，考虑该因素的话，模型的准确性将进一步提高.

本例一应用，对一个年龄为 45，体质指数为 24.6 且有吸烟习惯的人，预测其血压.

输入语句

```
x=[1 45 24.6 1];y=sum(b'.*x)
```

返回值

```
y=144.9636
```

其血压估算值为 144.9636.

10.10 随机模拟

自然界中存在很多的随机现象，这些现象，很难用一个明确的数学表达式加以描述，但这些现象又存在着某种内在的规律. 而随机模拟是揭示这些随机现象的良好途径. 早期的一些学者所做的模拟试验，就是随机模拟的雏形. 普丰的投针试验、皮尔逊的抛硬币试验等都是揭示这类随机现象本质的有力佐证.

下面几个例子说明如何做随机模拟试验.

例 33　设计一个随机模拟方法求 π 的近似值.

解　在平面区域 $[0,1]\times[0,1]$ 中随机取点，考虑落在区域 $D=\{(x,y)\mid x^2+y^2\leqslant 1,\ x,y\geqslant 0\}$ 中的情况. 由几何概率知，落在区域 D 中的概率为区域 D 的面积与总区域（矩形）的面积之比，由此得到模拟方法.

程序如下：

```
n=100;                          %模拟次数
m=1e6;                          %每次取点个数
A=[];                           %存放每次试验的结果
for k=1:n
    cnt=0;                      %计数器
    a=rand(m,2);                %生成随机数，每行代表区
                                %域中的一个随机点
    for i=1:m
        if a(i,1)^2+a(i,2)^2<1  %判定点是否在圆中
            cnt=cnt+1;
        end
    end
    p=cnt/m;                    %每次试验的概率值
    A=[A,p];                    %存放结果
end
```

```
m=mean(A);
disp([m*4,pi])
```

结果为 3.1418 3.1416. 近似程度还是相当好的.

例 34 用随机模拟的方法计算积分$\int_0^2 x^2\mathrm{d}x$.

解 程序如下:

```
n=100;m=1e6;A=[];
for k=1:n
    cnt=0;a=rand(m,2);
    a(:,1)=a(:,1)*2; a(:,2)=a(:,2)*4;
    for i=1:m
        if a(i,2)<a(i,1)^2
            cnt=cnt+1;
        end
    end
    p=cnt/m;
    A=[A,p];
end
m=mean(A);int1=m*8;
syms x,int2=eval(int(x^2,0, 2));
disp([int1,int2])
```

结果为 2.6668 2.6667.模拟结果相当不错.

例 35 用随机模拟方法求由两球面$x^2+y^2+z^2\leqslant 1$, $x^2+y^2+(z-1)^2\leqslant 1$所围成的较小部分的体积.

解 仍然考虑在第一卦限中的情况. 此时点$P(x, y, z)$在两球体中,当且仅当点$P(x, y, z)$满足$x^2+y^2+z^2\leqslant 1$, $x^2+y^2+(z-1)^2\leqslant 1$. 由此建立相应的求解方法.

程序如下:

```
n=100;m=1e4;A=[];
for k=1:n
    cnt=0;a=rand(m,3);
    for i=1:m
        if a(i,1)^2+a(i,2)^2+a(i,3)^2<1   ...
            & a(i,1)^2+a(i,2)^2+(a(i,3)-1)^2<1
            cnt=cnt+1;
        end
    end
    p=cnt/m;A=[A,p];
end
m=mean(A);v=m*4;
```

```
disp(v)
```

返回值　1.3080

我们知道,球冠的体积公式为 $V(h)=\pi\left(rh^2-\frac{1}{3}h^3\right)$,代入 $r=1$, $h=\frac{1}{2}$,则得到相交球体的体积为 v=pi * 5/24 * 2,结果为 1.3090,近似程度不算很好,当取到 $n=10000$ 时,得到计算结果为 v=1.3091.

例 36(中子的逸出问题)　图 10-29 是一个中子穿过用于中子屏蔽的铅墙示意图.铅墙的高度远大于左右厚度.中子是由铅墙的左端垂直进入铅墙,在铅墙中运行一个单位距离后与铅原子碰撞,碰撞后,中子将任意改变方向,并继续运行一个单位后与下一个铅原子碰撞,如此下去,如果中子在铅墙内里消耗掉所有的能量或者从左端逸出就被视为中子被铅墙挡住,如果中子穿过铅墙就视为中子逸出.设铅墙厚度为 5 个单位,中子运行 7 个单位后能量耗尽,求中子逸出的概率.

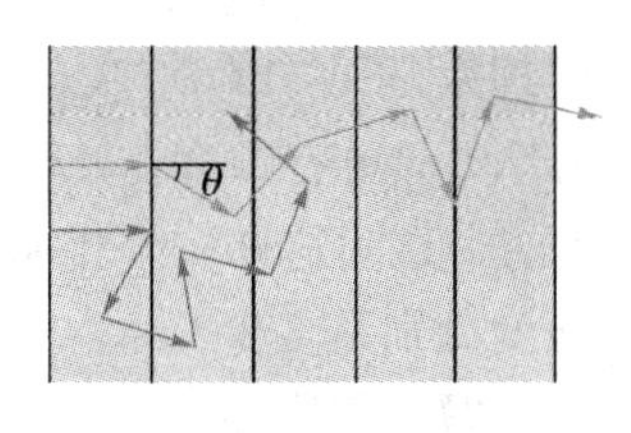

图 10-29　中子的逸出

解　本问题并不复杂,但要找出该问题的解析解并不容易,用随机模拟的方法来寻求该问题的答案.

程序如下:

```
clear,clc
n=1000000;
m=0;
for i=1:n;
    x=1;t=2;
    for k=1:7;
        ang=pi * rand;              %随机取一角度
        x=x+cos(ang);
        if x<0
            t=0;
            break                   %中子从左端逸出不再考虑
        end
        if x>5
            t=1;                    %一旦逸出,不再考虑
            break
        end
    end
    if  t==1
        m=m+1;
    end
end
disp(m/n)
```

结果为 0.0186,即中子逸出的概率为 1.86%,这个概率对中子逸出问题来说还是比较大的! 如果将铅墙的厚度增加到 5.5,则相应的概率为 0.0079,相比前一个结果,概率下降了一个 1%.

随机排队问题是建模中的一个普遍问题,下面这个问题的解法具有一般意义,适当修改其中的参数,可以将问题推广到任意有限台的服务系统中(比如银行取款服务系统).

例 37 理发店有三名理发师,平均每隔 10 min 左右有一名顾客到店(即顾客到达时间间隔服从均值为 10 的指数分布),顾客按先到先理发的原则接受服务,平均理发时间服从区间 [0, 15] 上的均匀分布,假定理发师从上午 10:00 开始工作,上午 9:50 起可能有顾客等候理发,下午 17:50 关门,但之前已经在店内的顾客,保证得到正常服务. 顾客按先后次序排队,只要有顾客在,理发师就不休息,没有顾客时理发师休息,早休息的理发师为顾客服务,试问这样一个排队系统的顾客平均等待时间,每个服务员的实际服务时间以及劳动强度分别是多少?

解 程序如下:

```
%该程序用数据模拟方法模拟三台服务的排队情况,其中变量
%a——顾客到店时间
%b——服务台开始服务时间
%s——每次服务的服务时间
%w——每名顾客的等待时间
%e——每次服务的结束时间
%awt——平均等待时间
%ast——每名理发师的平均服务时间
%sr——劳动强度
clear,clc
a=cumsum(exprnd(10,1,3))-10;          %三名顾客到店时间
b=(a>0).*a;                           %理发师开始工作时间,从上午 10:00 开始
s=unifrnd(15,30,1,3);                 %每个理发师的工作时间
e=b+s;                                %每个理发师当前服务的结束时间
w=b-a;                                %顾客的等待时间
c=[1 2 3];                            %三名理发师的工号
b1=b(1);b2=b(2);b3=b(3);
e1=e(1);e2=e(2);e3=e(3);
a(4)=a(3)+exprnd(10);                 %下一个顾客到店
b0=b;e0=e;k=4;
while a(k)<470                        %判定理发店是否关门并开始循环
    [m,j]=min(e0);                    %第一个结束工作的理发师为下一个顾客进行
                                      %服务
    b(k)=max(a(k),m);
    s(k)=unifrnd(15,30);
    e(k)=b(k)+s(k);w(k)=b(k)-a(k);
    b0(j)=b(k);e0(j)=e(k);c=[c,j];
```

```
        k=k+1;
        a(k)=a(k-1)+exprnd(10);
    end
    a(end)=[];
    n=length(s);aw=sum(w)/n;as=sum(s)/n;             %计算顾客数、平均等待时间等
    disp('    #n     arive     begin   end        waite    serve      sever')
    disp([(1:n)',a',b',e',w',s',c'])                  %显示相应的计算结果
    disp('awt       ast')
    disp([aw,as])
    t=max(480,e(end));                                %理发店结束工作时间
    f1=find(c==1);f2=find(c==2);f3=find(c==3);
                                                      %检查每名理发师的工作情况
    t1=sum(e(f1)-b(f1));t2=sum(e(f2)-b(f2));t3=sum(e(f3)-b(f3));
    sr=mean([t1 t2 t3])/t;                            %计算劳动强度
    f11=[f1',b(f1)',e(f1)',(e(f1)-b(f1))'];disp(f11),pause(5)
    f12=[f2',b(f2)',e(f2)',(e(f2)-b(f2))'];disp(f12),pause(5)
    f13=[f3',b(f3)',e(f3)',(e(f3)-b(f3))'];disp(f13),
    disp(['  t          t1          t2          t3          sr'])
                                                      %ti 表示第 i 名理发师服务的顾客数
    disp([t t1 t2 t3  sr])
    n1=length(f1);n2=length(f2);n3=length(f3);
    disp([n1 n2 n3])
```

一次模拟的结果是

```
  t           t1          t2          t3          sr
  487.1840    318.0527    309.9110    324.7051    0.6518
14      14      15
```

数据说明：理发店营业总时间为 487.1840 min，各个理发师的工作时间为：318.0527，309.9110，324.7051 min；分别给 14，14，15 名顾客理发，平均劳动强度为 0.6518，每名顾客的平均等待时间为 4.8165 min.

第 10 章练习

1. 完成下列计算：

(1) $X \sim B(7, 0.1)$，求 $P(X=3)$，$P(2 \leqslant X \leqslant 5)$；

(2) 设 $X \sim P(5)$，求 $P(X=4)$，$P(3 \leqslant X < 7)$；

(3) 设 $X \sim E(0.2)$，求 $P(X=4)$，$P(1 \leqslant X \leqslant 5)$，$P(X \geqslant 3)$；

(4) 设 $X \sim N(2,5)$，求 $P(-1 \leqslant X \leqslant 4)$，$P(X > 0)$.

2. 作出下列各随机变量的概率函数或密度函数图形：

(1) 当 $n=3, 6, 9, 12, 15, 18, 21$，$X \sim B(n, 0.25)$；

(2) 当 $\lambda=2, 4, 6, 8, 10$ 时，$X\sim P(\lambda)$；

(3) 当 $\lambda=2, 4, 6, 8, 10$ 时，$X\sim E(\lambda)$

(4) 设 $X\sim N(0, 1)$, $X\sim(2.5, 4.9)$.

3. 完成下列各分位数计算，并填表.

(1) 设 $X\sim N(0,1)$

α	0.1	0.9	0.95	0.99	0.995	0.999
u_α						

(2) $X\sim\chi^2(n)$

n \ α	0.005	0.01	0.05	0.1	0.9	0.95	0.99	0.995
7								
10								
13								
16								

(3) 设 $X\sim t(n)$

n \ α	0.9	0.95	0.99	0.995	0.999	0.9995
7						
10						
13						
16						

4. 大数定律实验.设掷硬币 n 次，观察正面出现的次数，并完成下表：

n	5000	25000	50000	100000	500000
频率					

5. 大数定律实验.设掷骰子 n 次(每次两个)观察出现的点数之和为 8 的次数，并完成下表：

n	5000	25000	50000	100000	500000
频率					

(该概率为 $\dfrac{5}{36}\approx 0.1389$)

6. (中心极限定理实验)在上例中，掷骰子 10000 次，求点数之和在 65000 到 85000 之和的概率，并用模拟方法来验证该概率.

7. 某部门从一台机床所生产的滚珠中随机抽取 12 个，测得直径(mm)如下：

14.5，14.7，14.6，15.3，15.2，14.9，15.3，15.0，15.2，15.1，14.9，15.2

设滚珠的直径服从正态分布.

(1) 求出均值和标准差的极大似然估计；

(2) 对不同的显著性水平，对直径的均值和标准差求出相应的区间估计；

(3) 设从另一台机床上抽取 12 个滚珠，测得直径(mm)如下：

15.2，15.3，15.4，14.9，15.6，15.3，15.2，14.9，15.1，15.6，14.9，14.9

记两台机床生产的滚珠直径的均值分别为 μ_1，μ_2，试问这两组产品是否有显著差异?

8. 30 名学生参加了某课程进行的考查同样知识的两次测验，成绩如下：

A	93	87	76	82	84	86	76	68	75	86	92	75	87	79	82
	69	75	82	88	75	76	84	88	91	76	76	69	75	71	70
B	86	88	82	84	88	91	82	77	92	88	91	84	83	82	88
	79	84	86	88	88	95	76	86	88	91	91	86	85	84	90

根据这些数据，你能否判定这两次测验的难度是否相同.

9. 已知数据

x	1	2	3	4	5	6
y	6.3567	3.9887	2.0982	0.0524	−2.0560	−3.7823

(1) 作出数据点的散点图；

(2) 求拟合函数 $y = ax + b$ 的系数 a，b；

(3) 作出拟合函数 $y = ax + b$ 图形；

(4) 计算误差平方和 $\sum_{k=1}^{6} [y_i - f(x_i)]^2$；

(5) 估计当 $x = 7$ 时对应的数据 y.

10. 已知数据

x	1	1.3	1.7	2.2	2.8	3.3
y	3.7095	4.5077	9.3364	13.0691	22.0566	29.6221

(1) 作出数据点的散点图；

(2) 求拟合函数的系数；

(3) 作出拟合函数图形；

(4) 计算误差平方和 $\sum_{k=1}^{6} [y_i - f(x_i)]^2$；

(5) 估计当 $x = 3.5$ 时对应的数据 y.

11. 已知 $\sqrt{1} = 1$，$\sqrt{4} = 2$，$\sqrt{9} = 3$，试用 interpl 函数的"linear"方法求 $\sqrt{5}$ 的近似值.

12. (非线性拟合)下表给出了某种生物重量的实验观察数据：

时间	0	1.25	2.5	3.75	5.00	6.25	7.50	8.75	10.00	11.25	12.50
重量	10.85	11.31	12.30	13.44	13.63	14.19	15.18	15.61	15.90	16.98	17.38
时间	13.75	15.00	16.25	17.50	18.75	20.00	21.25	22.50	23.75	25.00	
重量	17.78	18.66	19.19	17.78	19.21	19.14	19.74	19.96	20.06	19.91	

又，该生物的重量 $x(t)$ 满足方程

$$x(t)=a\,(1-be^{-kt})^{\frac{1}{1-m}},$$

试确定上式中的未知参数.

13. 已知实验数据：

t	0.25	0.5	1	1.5	2	3	4	6	7	8
x	19.23	18.17	15.50	14.20	12.91	9.55	7.46	5.23	4.22	3.01

又，变元间的关系为 $x=a\mathrm{e}^{-kt}$，试确定未知系数 a，k.

14. 试对习题 9 建立相应的回归方程，并对回归结果作分析.

15. 某种水稻含镉量 y (mg/kg) 与地上部生物量 x_1 (10 kg/盆) 及土壤含镉量 x_2 (100 mg/kg) 的 8 组观测值：

x_1	1.37	11.34	9.67	0.76	17.67	15.91	15.74	5.41
x_2	9.08	1.89	3.06	10.2	0.05	0.73	1.03	6.25
y	4.93	1.86	2.33	5.78	0.06	0.43	0.87	3.86

试建立相应的二元线性回归模型.

16. 试用蒙特卡罗模拟方法计算由曲面 $x^2+y^2=4z$，$z=\sqrt{5-x^2-y^2}$ 围成的体积.

17. 试用模拟方法求积分 $\iiint\limits_{\Omega}\frac{1}{(1+x+y+z)^3}\mathrm{d}x\mathrm{d}y\mathrm{d}z$，其中 Ω 是由 $x=0$，$y=0$，$z=0$，$x+y+z=1$ 围成的空间区域.

第11章 线性规划与非线性规划

线性规划与非线性规划模型是人们在日常生活中遇到的最多的简单模型，在企业的生产计划安排、物流公司的物资配送、餐饮企业临时工聘用、产品生产过程中的成本控制等都涉及大大小小的数学规划问题.本章将全面介绍如何使用 MatLab 来求解线性规划、二次规划以及非线性规划.

11.1 线性规划

1. 引例

例1 为某部门制定一个为期5年的投资企划.已知有4个项目可进行投资.

项目A：每年年初投资，次年末收回投资，获利7.5%；

项目B：于第二年的年初进行投资，至第五年的年末收回，获利23.8%，投资额不超过800万；

项目C：于第三年的年初进行投资，至第五年的年末收回，获利17.1%，投资额不超过600万；

项目D：每年年初投资，当年末收回，获利3.5%.

该部门现有资金2千万，试为该部门制定相应的投资计划，目标是收益为最大.

分析 该问题属于方案决策问题.所谓方案，即是确定每年的投资项目及相应的投资额.故以 i 表示年份，j 表示投资项目，x_{ij} 表示第 i 年对项目 j 的投资额度.投资方案为：

第一年 $x_{11}+x_{14}=2000$；

第二年 $x_{21}+x_{22}+x_{24}=1.035x_{14}$；

第三年 $x_{31}+x_{33}+x_{14}=1.075x_{11}+1.035x_{24}$；

第四年 $x_{41}+x_{44}=1.075x_{21}+1.035x_{34}$；

第五年 $x_{54}=1.075x_{31}+1.035x_{44}$.

若变量 x_{ij}（投资额度）满足上述条件，该方案就是可行的.而方案好坏体现在该方案能带来的相应收益.为此建立收益函数

$$z=1.075x_{41}+1.238x_{22}+1.171x_{33}+1.035x_{54},$$

由此得到问题的数学模型：

$$\max \quad z=1.075x_{41}+1.238x_{22}+1.171x_{33}+1.035x_{54},$$

$$
\text{s. t.}\begin{cases}x_{11}+x_{14}=2000,\\ x_{21}+x_{22}+x_{24}=1.035x_{14},\\ x_{31}+x_{33}+x_{34}=1.075x_{11}+1.035x_{24},\\ x_{41}+x_{44}=1.075x_{21}+1.035x_{34},\\ x_{54}=1.075x_{31}+1.035x_{44}.\end{cases}
$$

$$
x_{ij}\geqslant 0,\ i=1,2,3,4,5;\ j=1,2,3,4;\ x_{22}\leqslant 800,\ x_{33}\leqslant 600.
$$

由于在上面表达式中的每一项都是线性的,所以把这样的模型称为线性规划(模型).

2. MatLab 下的线性规划的标准形式

在 MatLab 下,线性规划的一般形式是

$$
\min\quad z=cx,
$$

$$
\text{s. t.}\begin{cases}Ax\leqslant b,\\ A_1x=b_1,\\ lb\leqslant x\leqslant ub.\end{cases}
$$

这里 lb, ub 分别表示变量 x 取值的下界和上界.

若线性规划不满足这样的条件,则要进行适当的变换转化为上面的形式.

3. 求解

MatLab 求解线性规划的函数为 linprog.

格式　[x,fval]=linprog(c,A,b,A1,b1,lb,ub)

功能　求解线性规划.

例 2　求解线性规划.

$$
\max\quad f=8x_1+10x_2,
$$

$$
\text{s. t.}\begin{cases}2x_1+x_2\leqslant 11,\\ x_1+2x_2\leqslant 10,\end{cases}
$$

$$
x_1,\ x_2\geqslant 0.
$$

解　将线性规划转换为 MatLab 下的标准形式:

$$
\min\quad f=-8x_1-10x_2,
$$

$$
\text{s. t.}\begin{cases}2x_1+x_2\leqslant 11,\\ x_1+2x_2\leqslant 10,\end{cases}
$$

$$
x_1,\ x_2\geqslant 0.
$$

此时, $\boldsymbol{c}=(-8,-10)^{\mathrm{T}}$, $\boldsymbol{A}=\begin{pmatrix}2&1\\1&2\end{pmatrix}$, $\boldsymbol{b}=\begin{pmatrix}11\\10\end{pmatrix}$, $\boldsymbol{lb}=\begin{pmatrix}0\\0\end{pmatrix}$.

输入语句:

```
c=[-8,-10];A=[2 1;1 2];b=[11 10]';
lb=[0,0]';
```

```
[x,fval]=linprog(c,A,b,[],[],lb);
disp([x',-fval])
```

结果为

```
4.0000    3.0000    62.0000
```

即问题的最优解为 $\boldsymbol{x}=(4,\ 3)^{\mathrm{T}}$，最优解值为 $f=62$.

例 3　求解线性规划.

$$\min\quad f=-2x_1-x_2+x_3,$$
$$\text{s. t.}\begin{cases}x_1+x_2+2x_3=6,\\ x_1+4x_2-x_3\leqslant 4,\\ 2x_1-2x_2+x_3\leqslant 12,\\ x_1\geqslant 0,\ x_2\geqslant 0,\ x_3\leqslant 5.\end{cases}$$

解　本问题中

$$\boldsymbol{c}=(-2,\ -1,\ 1),\ \boldsymbol{A}=\begin{pmatrix}1 & 4 & -1\\ 2 & -2 & 1\end{pmatrix},\ \boldsymbol{B}=\begin{pmatrix}4\\ 12\end{pmatrix},\ \boldsymbol{A}_1=(1,\ 1,\ 1),\ b_1=6,$$

$\boldsymbol{lb}=(0,\ 0,\ -\inf)^{\mathrm{T}}$，$\boldsymbol{ub}=(\inf,\ \inf,\ 5)^{\mathrm{T}}$.

输入语句：

```
c=[-2,-1,1]';A=[1 4 -1;2 -2 1];b=[4,12]';
A1=[1 1 1];b1=6;
lb=[0,0,-inf]';ub=[inf,inf,5];
[x,fval]=linprog(c,A,b,A1,b1,lb,ub);
disp([x',fval])
```

结果为　5.0000　　0.0000　　1.0000　　-9.0000

求解例 1 中的问题，此时要改写线性规划.

$$\max\quad z=1.075x_9+1.238x_4+1.171x_7+1.035x_{11},$$
$$\text{s. t.}\begin{cases}x_1+x_2=2000,\\ x_3+x_4+x_5-1.035x_2=0,\\ x_6+x_7+x_8-1.075x_1-1.035x_5=0,\\ x_9+x_{10}-1.075x_3-1.035x_8=0,\\ x_{11}-1.075x_6-1.035x_{10}=0.\end{cases}$$
$$x_i\geqslant 0,\ i=1,\ 2,\ 11,\ x_4\leqslant 800,\ x_7\leqslant 600.$$

输入语句：

```
c=[0,0,0,-1.238,0,0,-1.171,0,-1.075,0,-1.035];
A1=[1 1 0 0 0 0 0 0  0 0 0;...
0,-1.035,1 1 1 0 0 0 0 0 0;...
```

```
-1.075,0 0 0,-1.035,1 1 1 0 0 0;...
0 0 -1.075 0 0 0 0 -1.035 1 1 0;...
0 0 0 0 0  -1.075,0 0 0 -1.035 1 ];
b1=[2000,0 0 0 0]';
lb=[0 0 0 0,0 0 0 0 0 0 0 ];
ub=[inf inf inf 800 inf inf 600 inf inf inf inf];
[x,fval]=linprog(c,[],[],A1,b1,lb,ub);
disp([x',fval])
```

返回值

```
1.0e+003 *
1.0092    0.9908    0.2255    0.8000    0.0000    0.2860    0.6000    0.1989
0.4482    0.0000    0.3075    -2.4931
```

即投资方案为

$$\boldsymbol{x} = (1009.2,\ 990.8,\ 225.5,\ 800,\ 0,\ 286,\ 600,\ 198.9,\ 448.2,\ 0,\ 307.5)^{\mathrm{T}},$$

总收益为 $f = 493.1$ (万元).

结果分析:

第一年　项目 A 投资 1009.2,项目 D 投资 990.8;

第二年　项目 A 投资 225.8,项目 B 投资 800;

第三年　项目 A 投资 286,项目 C 投资 600,项目 D 投资 198.9;

第四年　项目 A 投资 448.2;

第五年　项目 D 投资 307.5.

应用一(运输问题)　有一连锁超市系统,该系统中有 4 个存储站和 10 个门店.每个存储站当前某类物质的库存情况分别为 198, 187, 179, 176;各门店对该类物质的需求量分别为 75, 69, 72, 83, 66, 65, 74, 62, 81, 56.从各个存储站到每个门店的单位运输费用分别为:

存储站 \ 门店	1	2	3	4	5	6	7	8	9	10
1	7	8	7	6	9	8	7	6	5	8
2	5	4	9	6	7	4	3	5	7	8
3	6	6	4	5	7	5	8	9	8	7
4	5	6	7	8	6	5	5	7	4	4

求相应的运输方案,使总成本为最小.

建模　以 $i(=1, 2, 3, 4)$ 表示存储站,以 $j(=1, 2, \cdots, 10)$ 表示门店, x_{ij} 表示第 i 个存储站向第 j 个门店的运输量, c_{ij} 表示相应的单位运输成本, $\boldsymbol{a} = (a_1, a_2, a_3, a_4)$ 表示存储站的库存量, $\boldsymbol{b} = (b_1, b_2, \cdots, b_{10})$ 为需求量,则模型为

$$\min \quad z=\sum c_{ij}x_{ij},$$

$$\text{s.t.}\begin{cases}\sum_{j=1}^{10}x_{ij}\leqslant a_i,\ i=1,2,3,4,\\ \sum_{i=1}^{4}x_{ij}=b_j,\ i=1,2,\cdots,10,\end{cases}$$

$$x_{ij}\geqslant 0$$

解模　注意到在 MatLab 中，决策变量必须以向量形式给出，所以要将原模型做适当的变形，即写成

$$\min \quad z=\sum_{i=1}^{40}c_ix_i,$$

$$\text{s.t.}\begin{cases}\sum_{j=1}^{40}a_{ij}x_j\leqslant a_i,\ i=1,2,3,4,\\ \sum_{i=1}^{40}b_{ij}x_i=b_j,\ j=1,2,\cdots,10,\end{cases}$$

$$x_i\geqslant 0(i=1,2,\cdots,40)$$

其中，$a_{11}=a_{12}=\cdots=a_{10}=1$，$a_{1j}=0(j>10)$，其他情况相似. b_{ij} 也相仿定义.

程序如下：

```
clear,clc
b=[196,187 179,176]';
b1=[75 69 72 83 66 65 74 62 81 56]';
c=[7 8 7 6 9 8 7 6 5 8,5 4 9 6 7 4 3 5 7 8,...
    6 6 4 5 7 5 8 9 8 7,5 6 7 8 6 5 5 7 4 4];
lb=zeros(1,40);
A=[ones(1,10),zeros(1,30); zeros(1,10),ones(1,10),zeros(1,20);
    zeros(1,20),ones(1,10),zeros(1,10);zeros(1,30),ones(1,10)];
A2=[];
for i=1:10;
    d=[zeros(1,i-1),1,zeros(1,10-i)];
    A2=[A2;d];
end
A1=[];
for i=1:10;
    A1=[A1;A2(i,:),A2(i,:),A2(i,:),A2(i,:)];
end
[x,fval]=linprog(c,A,b,A1,b1,lb);
```

最优解值(最小运输成本)

fval=3.2930e+003($z\approx 3923$)相应的运输方案为

```
 4.3807   0.0000   0.0000  13.6193   0.0000
 0.0000   0.0000  62.0000  81.0000   0.0000
 6.8148  69.0000   0.0000   0.0000   0.0000
37.1852  74.0000   0.0000   0.0000   0.0000
 5.3750   0.0000  72.0000  69.3807   4.4296
27.8148   0.0000   0.0000   0.0000   0.0000
58.4296   0.0000   0.0000   0.0000  61.5704
 0.0000   0.0000   0.0000   0.0000  56.0000
```

本问题若用 Lingo 软件加以求解,则要简单得多,有兴趣的读者可参阅有关书籍.

应用二(选址问题) 某公司有 6 个建筑工地,每个工地的位置以平面坐标 (x, y) 来表示,每个工地每天对水泥的需求量为 d (单位:t). 目前有两个临时水泥存放点,分别位于 $A(5, 2)$, $B(1, 6)$, 每个存放点各存放水泥 20(t/日). 假定,每个存放点到各个工地可以进行直线运货,试确定每天的供应计划,使每天的总吨公里数为最小.

工地	1	2	3	4	5	6
坐标	(1.3, 1.3)	(8.6, 0.8)	(0.3, 3.5)	(4.5, 5.2)	(2.5, 5.7)	(7.2, 6.8)
需求	5	3	4	6	7	10

建模 以 i 代表水泥存放点代号, j 表示工地代号($i=1, 2$; $j=1, 2, \cdots, 6$) x_{ij} 表示从存放点 i 向工地 j 运输的水泥量, d_{ij} 表示存放点 i 到工地 j 的距离, a_i 表示存放点 i 的水泥库存量, b_j 是工地 j 的水泥需求量. 则相应的线性规划为

$$\min \quad z=\sum d_{ij}x_{ij},$$

$$\text{s.t.}\begin{cases}\sum_{j=1}^{6} x_{ij}\leqslant a_i\,(i=1, 2),\\ \sum_{i=1}^{2} x_{ij}=b_j\,(j=1, 2, \cdots, 6).\end{cases}$$

$$x_{ij}\geqslant 0.$$

程序如下:

```
clear,clc
A=[5,1;2,6];                                          %存放点的坐标矩阵
B=[1.3,8.6,0.3,4.5,2.5,7.2;1.3,0.8,3.5,5.2,5.7,6.8];  %工地的坐标矩阵
d=[5 3 4 6 7 10];                                     %每个工地每天的水泥需求量
D=[];
for i=1:2
    for j=1:6
        D(i,j)=sqrt((A(1,i)-B(1,j))^2+(A(2,i)-B(2,j))^2);
                                                      %建立距离矩阵
```

```
    end
end
c=[D(1,:),D(2,:)];
A1=[ones(1,6),zeros(1,6);zeros(1,6),ones(1,6)];b1=[20, 20]';
b2=[5 3 4 6 7 10]';
e=zeros(1,6);A2=[];
for i=1:6
    e1=e;e1(i)=1;A2=[A2;e1,e1];
end
lb=zeros(1,12);
[x,fval]=linprog(c,A1,b1,A2,b2,lb);
x1=[x(1:6)';x(7:12)'];x=x1;
```

结果为

```
x=
   5.0000    3.0000    0.0000    2.0000    0.0000   10.0000
   0.0000    0.0000    4.0000    4.0000    7.0000    0.0000
fval=124.9451
```

进一步地，若在工地中，建立新的存放点，那么存放点放在哪两个，能让相应的总吨公里数为最小？

该规划为一个非线性规划，我们将在后面加以讨论.

11.2　0－1 规划

在线性规划模型中，若变量 $\boldsymbol{x}$ 的取值为 0 或者 1，如此的规划称为 0－1 规划. 在实际问题中，涉及"做"与"不做"的问题，大多与 0－1 规划有关.

MatLab 下 0－1 规划的基本形式是：

$$\min \quad z=\boldsymbol{c}^{\mathrm{T}}\boldsymbol{x},$$
$$\begin{cases}\boldsymbol{A}\boldsymbol{x}\leqslant\boldsymbol{b},\\ \boldsymbol{A}_1\boldsymbol{x}=\boldsymbol{b}_1,\\ \boldsymbol{x}=0\vee 1.\end{cases}$$

MatLab 下求解 0－1 规划的函数是 bintprog.

格式　[x,fval]=bintprog(c,A,b,A1,b1)

例 4　求解 0－1 规划.

$$\max \quad z=3x_1-2x_2+5x_3,$$
$$\text{s. t.}\begin{cases}x_1+2x_2-x_3\leqslant 2,\\ x_1+4x_2+x_3\leqslant 4,\\ x_1+x_2\leqslant 3,\\ 4x_2+x_3\leqslant 6,\\ x_i=0\vee 1,\ i=1,2,3.\end{cases}$$

输入语句：

```
clear,clc
c=[-3,2,-5];
A=[1 2 -1;1 4 1;1 1 0;0 4 1];b=[2 4 63 6];
[x,fval]=bintprog(c,A,b);
disp([x' -fval])
```

结果为

```
1    0    1    -8
```

即问题的最优解为 $\boldsymbol{x} = (1, 0, 1)^{\mathrm{T}}$，$z = 8$.

应用三（课程选课方案的确定） 某学校规定：运筹学专业的学生毕业时至少学习过两门数学课、三门运筹学课和两门计算机课. 这些课程的编号、名称、学分和所属类别由下表给出. 在这些限定条件下，一个学生在毕业时最少需要学习这些课程中哪些课程？又，如果某个学生既希望选修课程数量少，而又能获得较高的学分，他应该如何确定相应的选课计划.

编号	课程名称	学分	类别	先修课
1	微积分	5	数学	
2	线性代数	3	数学	
3	最优化方法	3	数学、运筹学	1, 2
4	数据结构	3	数学、计算机	7
5	应用统计	3	数学、运筹学	1,2
6	汇编语言	3	计算机、运筹学	7
7	程序设计	4	计算机	
8	自动化控制	2	运筹学	5
9	数学实验	2	计算机、运筹学	1,2

建模 以 $x_i = 1$ 表示该学生选课程号为 i 的课程，而 $x_i = 0$ 则表示未选该门课程，则问题的目标函数为 $z = \sum_{i=1}^{9} x_i$. 对毕业时选课的要求为

$$\begin{cases} x_1 + x_2 + x_3 + x_4 + x_5 \geqslant 2, \\ x_3 + x_5 + x_6 + x_8 + x_9 \geqslant 3, \\ x_4 + x_6 + x_7 + x_9 \geqslant 2, \end{cases}$$

而先修课程的要求则转化为关系

$$\begin{cases} 2x_3 - x_1 - x_2 \leqslant 0, \\ x_4 - x_7 \leqslant 0, \\ 2x_5 - x_1 - x_2 \leqslant 0, \\ 2x_9 - x_1 - x_2 \leqslant 0, \\ x_6 - x_7 \leqslant 0, \\ x_8 - x_5 \leqslant 0. \end{cases}$$

由此得到问题的模型

$$\min \quad z=\sum_{i=1}^{9} x_i,$$

$$\text{s. t.}\begin{cases} x_1+x_2+x_3+x_4+x_5 \geqslant 2, \\ x_3+x_5+x_6+x_8+x_9 \geqslant 3, \\ x_4+x_6+x_7+x_9 \geqslant 2, \\ 2x_3-x_1-x_2 \leqslant 0, \\ x_4-x_7 \leqslant 0, \\ 2x_5-x_1-x_2 \leqslant 0, \\ 2x_9-x_1-x_2 \leqslant 0, \\ x_6-x_7 \leqslant 0, \\ x_8-x_5 \leqslant 0. \end{cases}$$

$$x_i=0 \vee 1,\ i=1,\ 2,\ \cdots,\ 9$$

程序如下：

```
clear,clc
c=[1 1 1 1 1 1 1 1 1];
A=[-1 -1 -1 -1 -1 0 0 0 0;0 0 -1 0 -1 -1 0 -1 -1;...
   0 0 0 -1 0 -1 -1 0 -1;-1 -1 2 0 0 0 0 0 0;...
   0 0 0 1 0 0 -1 0 0;-1 -1 0 0 2 0 0 0 0;...
   -1 -1 0 0 0 0 0 0 2;0 0 0 0 0 1 -1 0 0;...
   0 0 0 0 -1 0 0 1 0];
b=[-2 -3 -2 0 0 0 0 0 0]';
[x,fval]=bintprog(c,A,b);
disp([x', fval])
```

结果为

```
1    1    0    0    1    1    1    1    0    6
```

此时选修课程为微积分、线性代数、应用统计、汇编语言、程序设计与自动化控制，总学分为 20.若要取得较高的学分，模型修改为

$$\min \quad z=\sum_{i=1}^{9} c_i x_i,$$

$$\text{s. t.}\begin{cases} x_1+x_2+x_3+x_4+x_5+x_6+x_7+x_8+x_9=6, \\ x_1+x_2+x_3+x_4+x_5 \geqslant 2, \\ x_3+x_5+x_6+x_8+x_9 \geqslant 3, \\ x_4+x_6+x_7+x_9 \geqslant 2, \\ 2x_3-x_1-x_2 \leqslant 0, \\ x_4-x_7 \leqslant 0, \\ 2x_5-x_1-x_2 \leqslant 0, \\ 2x_9-x_1-x_2 \leqslant 0, \\ x_6-x_7 \leqslant 0, \\ x_8-x_5 \leqslant 0. \end{cases}$$

结果为

1　1　1　0　1　1　1　0　0　21

比原方案增加了一个学分.

应用四(指派问题求解)　有5名工人,分配完成5项工作,每人做不同的工作所需要的时间如下表所示,问应该如何分配,使完成这些工作的时间总和为最少?

工人＼工作	1	2	3	4	5
1	5	6	8	6	7
2	3	4	6	6	4
3	6	6	8	9	7
4	6	8	6	8	7
5	7	5	6	5	7

建模　引入决策变量

$$x_{ij}=\begin{cases}1, & \text{第 } i \text{ 人完成第 } j \text{ 项工作},\\ 0, & \text{第 } j \text{ 项工作由他人完成}.\end{cases}$$

而 c_{ij} 表示第 i 人完成第 j 项工作所需要的时间,则模型为

$$\min \quad z=\sum_{i,j} c_{ij} x_{ij},$$

$$\text{s. t.}\begin{cases}\sum_{i=1}^{5} x_{ij}=1(j=1,2,3,4,5),\\ \sum_{j=1}^{5} x_{ij}=1(i=1,2,3,4,5),\\ x_{ij}=1 \vee 0.\end{cases}$$

程序如下:

```
clear,clc
c1=[5 6 8 6 7;3 4 6 6 4;6 6 8 9 7;6 8 6 8 7;7 5 6 5 7];
c=[];
for i=1:5
    c=[c,c1(i,:)];                                   %构造时间向量
end
A=[];
for i=1:5
    A=[A;zeros(1,5*(i-1)),ones(1,5),zeros(1,5*(5-i))];%工人约束
end
a1=[1 0 0 0 0];a2=[0,1 0 0 0];a3=[0 0 1 0 0];a4=[0 0 0 1 0];a5=[0 0 0 0 1];
A2=[a1 a1 a1 a1 a1;a2 a2 a2 a2 a2;a3 a3 a3 a3 a3;...
```

```
    a4 a4 a4 a4 a4;a5 a5 a5 a5 a5];                    %工作约束
A=[A;A2];
b=ones(10,1);
[x,fval]=bintprog(c,[],[],A,b);
y=[];x=x';
for i=1:5
    y=[y;x(1,5*(i-1)+1:5*(i-1)+5)];
end
x=y; disp(x),disp(fval)                                %输出分配方案及所需时间
```

结果为

```
x=1   0   0   0   0
  0   0   0   0   1
  0   1   0   0   0
  0   0   1   0   0
  0   0   0   1   0
```

总时间=26.

在某些情况下,工作数与工人数并不相等,此时模型有所变化.下面这个例子说明了这种情况.

例 5　求解下面指派问题

$$C=\begin{pmatrix}25 & 29 & 31 & 42 & 37\\ 39 & 38 & 26 & 20 & 33\\ 34 & 27 & 28 & 40 & 32\\ 24 & 42 & 36 & 23 & 45\end{pmatrix}.$$

要求每项工作都能完成,但每人至少完成其中的一项.

建模　引入决策变量

$$x_{ij}=\begin{cases}1, & \text{第 } i \text{ 人完成第 } j \text{ 项工作},\\ 0, & \text{第 } j \text{ 项工作由他人完成}.\end{cases}$$

而 c_{ij} 表示第 i 人完成第 j 项工作所需要的时间,则模型为

$$\min \quad z=\sum_{i,j}c_{ij}x_{ij},$$

$$\text{s. t.}\begin{cases}\sum_{i=1}^{5}x_{ij}=1(j=1,2,3,4,5),\\ 1\leqslant\sum_{j=1}^{5}x_{ij}\leqslant 2(i=1,2,3,4),\\ x_{ij}=1\vee 0.\end{cases}$$

程序如下:

```
clear,clc
```

```
c1=[25 29 31 42 37;39 38 26 20 33;34 27 28 40 32;24 42 36 23 45];
c=[];
for i=1:4
c=[c,c1(i,:)];                                                    %构造时间向量
end
A2=[];
for i=1:4
    A2=[A2;zeros(1,5*(i-1)),ones(1,5),zeros(1,5*(5-i-1))];  %工人约束
end
a1=[1 0 0 0 0];a2=[0,1 0 0 0];a3=[0 0 1 0 0];a4=[0 0 0 1 0];a5=[0 0 0 0 1];
A1=[a1 a1 a1 a1,;a2 a2 a2 a2;a3 a3 a3 a3; a4 a4 a4 a4;a5 a5 a5 a5 ];
                                                                  %工作约束
A=[-A2;A2];b=[-1 -1 -1 -1 2 2 2 2]';
b1=ones(5,1);
[x,fval]=bintprog(c,A,b,A1,b1);
y=[];x=x';
for i=1:4
    y=[y;x(1,5*(i-1)+1:5*(i-1)+5)];
end
x=y; disp(x),disp(fval)
```

结果为

```
x: (4,1)        1
   (1,2)        1
   (2,3)        1
   (2,4)        1
   (3,5)        1
fval=131
```

即相应的指派矩阵为

$$\boldsymbol{x}=\begin{pmatrix}0&1&0&0&0\\0&0&1&1&0\\0&0&0&0&1\\1&0&0&0&0\end{pmatrix}.$$

11.3 二次规划

1. 二次规划的基本形式

在上面线性规划形式中，若目标函数不是线性函数，而是一个二次函数，即

$$f(x)=\sum_{i,j=1}^{n}a_{ij}x_ix_j+\sum_{i=1}^{n}c_ix_i+a.$$

则相应的模型称为二次规划. 引入矩阵

$$\boldsymbol{H}=\begin{pmatrix}2a_{11} & a_{12} & \cdots & a_{1n}\\ a_{21} & 2a_{22} & \cdots & a_{2n}\\ \vdots & \vdots & \vdots & \vdots\\ a_{n1} & a_{n2} & \cdots & 2a_{nn}\end{pmatrix},$$

则目标函数的矩阵形式为

$$f=\frac{1}{2}\boldsymbol{x}^{\mathrm{T}}\boldsymbol{H}\boldsymbol{x}+\boldsymbol{c}\boldsymbol{x}+\boldsymbol{a},$$

这里 $\boldsymbol{x}=(x_1,x_2,\cdots,x_n)^{\mathrm{T}}$，而 $a_{ij}=a_{ji}$ $(i,j=1,2,\cdots,n)$.

例 6　设二次规划的目标函数为

$$f(x_1,x_2,x_3,x_4)=2x_1^2+3x_2^2+5x_3^2-3x_4^2+3x_1x_2-4x_1x_3+5x_1x_4+2x_2x_3+7x_2x_4-6x_3x_4+4x_1-x_2+3x_3+5x_4,$$

则相应的矩阵与向量分别为

$$\boldsymbol{H}=\begin{pmatrix}4 & 3 & 4 & 5\\ 3 & 6 & 2 & 7\\ 4 & 2 & 10 & -6\\ 5 & 7 & -6 & -6\end{pmatrix},\quad \boldsymbol{c}=(4,-1,3,5).$$

注意到矩阵 $\boldsymbol{H}$ 是对称阵.

MatLab 下二次规划的基本形式为

$$\min\quad f=\frac{1}{2}x^{\mathrm{T}}\boldsymbol{H}\boldsymbol{x}+\boldsymbol{c}\boldsymbol{x}+\boldsymbol{a},$$

$$\text{s. t.}\begin{cases}\boldsymbol{A}\boldsymbol{x}\leqslant\boldsymbol{b},\\ \boldsymbol{A}_1\boldsymbol{x}=\boldsymbol{b}_1,\\ \boldsymbol{lb}\leqslant\boldsymbol{x}\leqslant\boldsymbol{ub}.\end{cases}$$

2. 二次规划的 MatLab 求解

求解二次规划的 MatLab 函数为 quadprog.

格式　quadprog(H,c,A,b,A1,b1,lb,ub)

功能　按指定要求求解二次规划.

例 7　求解二次规划.

$$\min\quad f=\frac{1}{2}x_1^2+x_2^2-x_1x_2-2x_1-6x_2,$$

$$\text{s. t.}\begin{cases}x_1+x_2\leqslant 2,\\ -x_1+2x_2\leqslant 2\\ 2x_1+x_2\leqslant 3\\ x_1,\ x_2\geqslant 0,\ x_2\leqslant 5.\end{cases}$$

解 由上面讨论知 $\boldsymbol{H}=\begin{pmatrix}1 & -1\\ -1 & 2\end{pmatrix}$，输入下面语句：

```
H=[1-1;-1 2];c=[-2 -6];
A=[1 1;-1 2;2 1];b=[2 2 3];
lb=[0,0];ub=[inf,5];
[x,fval]=quadprog(H,c,A,b,[],[],lb,ub);
disp([x',fval])
```

返回值 0.6667　　1.3333　-8.2222.

例 8 配制一个面包,每只面包要求含有甲、乙、丙这三种营养成分至少为 20，24，30 个单位.现有四种原料可供选择,每种原料所含有的营养成分如下表所示：

	A	B	C	D
甲	1	2	1/2	1/4
乙	3	1	2	1/2
丙	3	1	2	4

而配制一个面包的成本为

$$f=0.3x_1^2+0.15x_2^2+0.4x_3^2+0.2x_4^2+0.4x_1x_2+0.6x_1x_3+x_2x_3+0.9x_3x_4+4x_1+3x_2+8x_3+15x_4+6,$$

其中，x_i 是配制一个面包所使用第 i 种原料的用量,问如何配制一个面包,能让总成本为最小.

解 由题意得到问题的规划模型：

$$\min\quad f=0.3x_1^2+0.15x_2^2+0.4x_3^2+0.2x_4^2+0.4x_1x_2+0.6x_1x_3+x_2x_3+0.9x_3x_4+4x_1+3x_2+8x_3+15x_4+6,$$

$$\text{s. t.}\begin{cases}x_1+2x_2+\dfrac{1}{2}x_3+\dfrac{1}{4}x_4\geqslant 20,\\ 3x_1+x_2+2x_3+4x_4\geqslant 30,\\ 3x_1+x_2+2x_3+\dfrac{1}{2}x_4\geqslant 24.\end{cases}$$

$x_i\geqslant 0,\ i=1,\ 2,\ 3,\ 4.$

程序如下：

```
H=[0.6 0.4 0.6 0;0.4 0.3 1 0;0.6 1 0.8 0.9;0 0 0.9 0.4];
```

```
c=[4 3 8 15];
A=[-1 -2 -1/2-1/4;-3 -1 -2 -4;-3 -1 -2 -1/2];
b=[-20,-30,-24];
lb=[0 0 0 0 ];
[x,fval]=quadprog(H,c,A,b,[],[],lb);
disp([x',fval])
```

结果为

```
x=8.0000      6.0000         0           0
  fval=99.8000
```

结果分析　由于第三和第四种原料所含的营养成分不多,但成本不低,因此在原料选择上不采用这两类原料是个预料中的结果.

11.4 非线性规划

在实际中遇到的问题很多是非线性规划.所谓的非线性规划指的是在目标函数或约束条件中,有非线性关系式存在.

1. 非线性规划的一般形式

(1) 无约束优化问题

$$\min \quad f(\boldsymbol{x})$$

多元函数的极值问题一般都属于无约束的优化问题.

MatLab 求解无约束优化问题的函数是 fminsearch.

格式　[x fval]=fminsearch(f,x0,options)

功能　求函数 f 的极小值,x0 是初始点.

例 9　求函数 $f(x, y)=\mathrm{e}^{2x}(x+y^2+2y)$ 的极小值.

程序如下:

```
clear,clc
f=@(x)exp(2*x(1))*(x(1)+x(2)^2+2*x(2));
x0=[0,0];
[x,fval]=fminsearch(f,x0);
disp([x,fval])
```

结果为

```
0.5000   -1.0000   -1.3591
```

在"微积分"课程中我们知道,函数 $f(x, y)=\mathrm{e}^{2x}(x+y^2+2y)$ 在点 $\left(\frac{1}{2}, -1\right)$ 处取

极小值$-\frac{1}{2}e$，输入

```
-exp(1)/2
```

返回值

```
-1.3591
```

结果相同.

(2) 有约束优化问题

$$\min \quad f(\boldsymbol{x}),$$
$$\text{s. t.}\begin{cases} c(\boldsymbol{x})\leqslant 0, \\ c_1(\boldsymbol{x})=0, \\ \boldsymbol{A}\boldsymbol{x}\leqslant \boldsymbol{b}, \\ \boldsymbol{A}_1\boldsymbol{x}=\boldsymbol{b}_1 \\ l\boldsymbol{b}\leqslant \boldsymbol{x}\leqslant u\boldsymbol{b}. \end{cases}$$

例 10 设有V立方的沙石要由甲地运往乙地，在运输前要将沙石放入有底无盖并在底部装有滑行器的木箱中. 沙石运到乙地后，从箱中倒出然后继续使用. 已知每装运一箱沙石需要费用121.5元，箱底和两端的材料费为145元/m^2，箱子两侧的材料费为65元/m^2，箱底的两个滑行器与箱子同长，材料费为20元/m，问箱子的长宽高各取多少，才能使木箱的制造成本与运输成本之和为最小？若箱底及两侧可用废料来构成，而废料总量为4 m^2，此时又该如何考虑？

分析 制造费用由两侧、两端、底面再加滑行器构成，而运输费用则由沙石量/每次运输量决定，由此可以得到模型.

建模 以$x_i(i=1,2,3)$分别表示箱子的长、宽和高，则箱子的制造费用为

$$145x_1x_2+2\times 145x_2x_3+2\times 65x_1x_3,$$

滑行器费用
$$2\times 20x_1,$$

运输费用
$$121.5\times V/(x_1x_2x_3),$$

所有总成本为

$$f=145x_1x_2+2\times 145x_2x_3+2\times 65x_1x_3+2\times 20x_1+121.5V/(x_1x_2x_3),$$

因此规划模型为

$$f=145x_1x_2+2\times 145x_2x_3+2\times 65x_1x_3+2\times 20x_1+121.5V/(x_1x_2x_3),$$
$$x_1,\ x_2,\ x_3>0.$$

若两侧及底用废料构建，则模型为

$$f=2\times 145x_2x_3+2\times 20x_1+121.5V/(x_1x_2x_3),$$
$$\begin{cases} 2x_1x_3+x_1x_2\leqslant 4, \\ x_i>0, i=1,2,3. \end{cases}$$

前者称为无约束的优化模型,后者称为有约束的优化模型.

2. 非线性规划的求解

MatLab 求解非线性规划的函数为 fmincon.

格式　fmincon(f,x0,A,b,A1,b1,lb,ub,con)

功能　对目标函数 f 按要求求最小值解,其中 f 是优化中的目标函数,con 是由非线性约束条件构造的函数,x0 是求解的初始点.

注　用该函数得到的问题解,通常是局部最优解,因此在得到解后,要对该解做分析、探索,以说明该解是否到达全局最优.

例 11　求解非线性规划

$$\min \quad z=(x_1-1.5)^2+x_2^2,$$
$$\begin{cases} x_1^2+x_2^2\leqslant 1, \\ 2x_1+x_2\geqslant 1, \\ x_1,\ x_2\geqslant 0. \end{cases}$$

初始点取 (0.5, 0.5).

解　首先建立非线性约束条件的函数文件 con1.m,输入语句:

```
function [c,ceq]=con1(x);
c=x(1)^2+x(2)^2-1;
ceq=[];
```

再建立求解规划的脚本文件

```
fun='(x(1)-1.5)^2+x(2)^2';
x0=[0.5,0.5];
A=[-2 -1];b=-1;Aeq=[];beq=[];lb=[0,0];ub=[];
[x,fval,h]=fmincon(fun,x0,A,b,Aeq,beq,lb,ub,'con1');
disp([x,fval,h])
```

求解结果为

```
1.0000         0    0.2500    1.0000
```

如果用 15 位小数显示的话,目标函数值为 0.249999999999992,该问题的精确解为 0.25. 由图解法可得到这一结果.

再回到例 10 中的情况,输入语句

```
fun='145*x(1)*x(2)+290*x(2)*x(3)+130*x(1)*x(3)+40*x(1)+121.5*
    1000/(x(1)*x(2)*x(3))';
x0=[1 2 2];
[x,fval]=fmincon(fun,x0,[],[],[],[],[0 0 0],[],'con2');
disp([x,fval])
```

结果为

```
1.0e+003 *
0.0049    0.0025    0.0027    9.3226
```

为检验该解,取若干个点,求得相应的成本值如下:

x	(5,3,4)	(2,2,4)	(3,3,3)	(5,3,3)	(8,8,8)	(2,2,2.)
fval	10480	11614	9705	9635	36717	17526
x	(4,3,4)	(4,2,4)	(5,2.8,2.8)	(4,2.8,2.8)	(5,2,2.2)	(6,2,3)
fval	9445	9517	9423	9388	9879	9435

数据表明用MatLab得到的解还是一个较好的解.

对于第二个问题,输入语句:

```
fun='290 * x(2) * x(3)+40 * x(1)+121.5 * 1000/(x(1) * x(2) * x(3))';
x0=[1 2 2];
[x,fval]=fmincon(fun,x0,[],[],[],[],[0 0 0],[],'con2_1');
disp([x,fval])
```

结果为

```
28.0298    1.9663    1.9663    3363.6
```

应用五(广告与销售案例分析) 某公司销售的某种饮料价格为4.5元,公司为尽快收回投资,决定提高售价,但是在提高售价的同时,销售量会下降.为促进销售量,销售部门决定投入一定的广告费用,在媒体上做广告.统计数据表明,一定量的广告费用投入会促进销售.研究表明广告费的投入与销售量之间存在一个比例因子,该因子称为销售因子.为此,销售部门统计了多种情况下的销售数据,列表如下:

销售价	4.5	5	5.25	5.5	5.75	6	6.25	6.5	7
销售额	420	400	380	370	350	330	310	280	220
广告费	0	1	2	3	4	5	6	7	
因子	1.0	1.5	1.7	1.92	2.0	1.92	1.85	1.75	

其中,销售额及广告费用的单位都是百万元.试为该公司制定相应的销售策略.

模型分析 以 p 表示销售价格,x 表示预期销售量,k 表示广告费用,l 表示销售增长因子,广告投入后,实际的销售量量为 y,获得的利润为 L.

画出各数据的散点图如图11-1所示.

图形表明,销售量与销售价格几乎为线性关系,即 $x = a_1 p + a_2$;而销售因子与广告投入为抛物线关系,即 $l = b_1 k^2 + b_2 k + b_3$,这里 a_1, a_2, b_1, b_2, b_3 均为未知参数.

模型建立 由前面分析容易得到问题的数学模型:

$$\max \quad L = (b_1 k^2 + b_2 k + b_3) p (a_1 p + a_2) - k,$$
$$p > 0, k > 0.$$

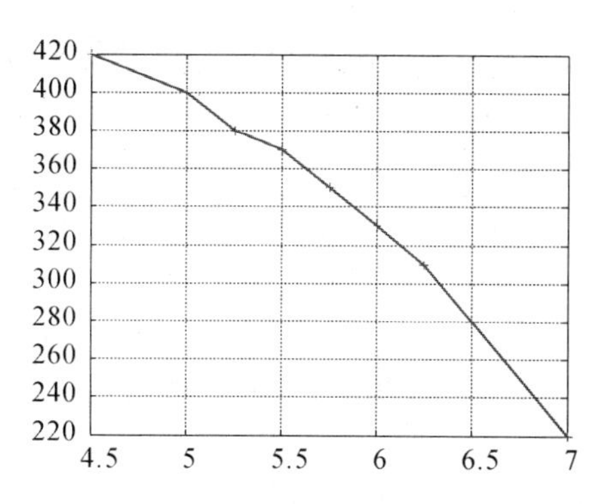

图 11-1　散点图

模型求解　首先用数据拟合方法求出未知参数，输入语句

```
p=[4.5,5,5.25,5.5,5.75,6,6.25,6.5,7];
x=[420,400,380,370,350,330,310, 280, 220];
k=[0,1,2,3,4,5,6,7];l=[1.0,1.5,1.7,1.92,2.0,1.92,1.85,1.75];
plot(p,x,'r+',p,x),grid on,hold on
figure(2)
plot(k,l,'r+',k,l),grid on,hold on
a=polyfit(p,x,1);b=polyfit(k,l,2);
p1=4.5:.1:7;
x1=polyval(a,p1);
figure(1),plot(p1,x1,'k')
k1=0:.1:7;l1=polyval(b,k1);
```

拟合的图形如图 11-2 所示.

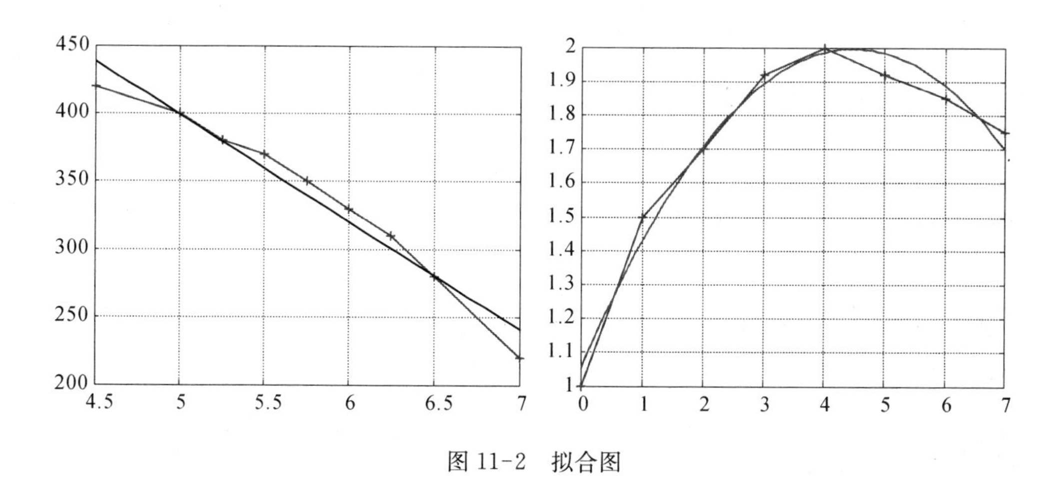

图 11-2　拟合图

这是一个无约束的非线性规划问题，调用 fmincon 函数得不到最优解. 用求极值函数 fminsearch 进行求解，输入语句

```
a=[-78.9744   794.1026];
b=[-0.0468      0.4196      1.0550];
```

```
f=@(x)x(2)-(b(1)*x(2)^2+b(2)*x(2)+b(3))*x(1)*(a(1)*x(1)+a(2));
[x,fval]=fminsearch(f,[5,2]);
disp(x)
```

返回值

```
5.0276      4.4776
```

即销售价格 $x = 5.0276$（元），投入广告费用为 $k = 4.4776$（万元）此时能获得最大收益，收益值为 $L = 3978.99$（万元）.

再回到应用一中的情况. 此时将存放点的位置视为变量，以 (a_i', b_i') $(i = 1, 2, \cdots, 6)$ 表示六个工地的坐标，(x_i, y_i) $(i = 1, 2)$ 表示欲设立存放点的坐标，则模型为

$$\min \quad f = \sum_{j=1}^{2}\sum_{i=1}^{6} x_{ij}\sqrt{(x_i - a_j')^2 + (y_i - b_j')^2},$$

$$\text{s. t.}\begin{cases}\sum_{j=1}^{6} x_{ij} \leqslant a_i \ (i = 1, 2),\\ \sum_{i=1}^{6} x_{ij} = b_j \ (j = 1, 2, \cdots, 6).\end{cases}$$

$$x_{ij} \geqslant 0,\ x'_i \geqslant 0,\ y'_i \geqslant 0.$$

此时变量个数上升到 16 个，而目标函数为非线性函数.

首先编写目标函数文件：

```
function f=fyy1(x)
a=[1.3 8.6 0.3 4.5 2.5 7.2];
b=[1.3 0.8 3.5 5.2 5.7 6.8];
f=0;
for i=1:6
    d1=sqrt((x(13)-a(i))^2+(x(14)-b(i))^2);
    d2=sqrt((x(15)-a(i))^2+(x(16)-b(i))^2);
    f=d1*x(i)+d2*x(i+6)+f;
end
```

再编写求解问题的脚本文件：

```
clear,clc
a=[1.3 8.6 0.3 4.5 2.5 7.2];
b=[1.3 0.8 3.5 5.2 5.7 6.8];
d=[3 3 4 6 7 10]';e=[20 20]';
A=[ones(1,6),zeros(1,10);zeros(1,6),ones(1,6),zeros(1,4)];
Aeq=[eye(6),eye(6),zeros(6,4)];
c=e;beq=d;
x0=[zeros(1,12),5 1 3 3];
```

```
lb=zeros(1,16);ub=[d' d' [10 10 10 10]];
[x,fval]=fmincon('fyy1',x0,A,c,Aeq,beq,lb,ub);
disp(fval)
x=[x(1:6) x(13) x(14);x(7:12) x(15) x(16)];
disp(x)
plot(a,b,'r*'),grid on,hold on
plot(x(1,7),x(1,8),'bd'),plot(x(2,7),x(2,8),'ko'),
```

对应的最优解为

```
x=
      0    3.0000   -0.0000    5.9778    0.0000   10.0000    7.2499    7.7495
 3.0000    0.0000    4.0000    0.0222    7.0000    0.0000    2.9939    6.4925
```

最优解值为

```
fval=69.0844
```

与原问题相比，吨公里数下降了 55.8607 单位.

思考：这样的解是否为最优解，如何得到更好的解?

第 11 章练习

1. 求解下面线性规划.

(1) $\max z = 3x_1 - x_2 - x_3$,

$$\text{s.t.}\begin{cases} x_1 - 2x_2 + x_3 \leqslant 11, \\ -4x_1 + x_2 + 2x_3 \geqslant 3, \\ 2x_1 - x_3 = -1, \\ x_1,\ x_2,\ x_3 \geqslant 0. \end{cases}$$

(2) $\max z = 4x_1 + 4x_2 + 4x_3 - 2x_4$,

$$\text{s.t.}\begin{cases} -x_1 + 2x_2 + 3x_3 + x_4 \leqslant 15, \\ x_1 - x_2 + 2x_3 + 2x_4 \leqslant 8, \\ 2x_1 + x_2 - 2x_3 - x_3 \geqslant 2, \\ 0 \leqslant x_1 \leqslant 8, 0 \leqslant x_2 \leqslant 6, 0 \leqslant x_3 \leqslant 5,\ x_4 \geqslant 1. \end{cases}$$

2. 求解下面运输问题.

产地	销地				产量
	甲	乙	丙	丁	
A	18	15	17	13	100
B	7	11	15	12	120
C	14	12	10	11	160
销量	50	70	60	80	

3. 求解 0－1 规划.

$$\max \quad z=3x_1+2x_2-5x_3-2x_4+3x_5,$$
$$\text{s. t.}\begin{cases}x_1+x_2+2x_3+2x_4+x_5\leqslant 5,\\ 5x_1+3x_2-3x_3+x_3+2x_5\leqslant 10,\\ 10x_1-5x_2+3x_4-3x_5\geqslant 3,\\ x_i=0\vee 1,\ i=1,2,3,4,5.\end{cases}$$

4. 设成本矩阵为

$$\boldsymbol{C}=\begin{pmatrix}7&9&11&13\\13&12&15&16\\14&16&19&15\\11&12&16&14\end{pmatrix},$$

求该指派问题的最小解.

5. 分配甲、乙、丙、丁四人完成五项任务,每人完成各项任务的费用如下表:

人	任务				
	A	B	C	D	E
甲	25	29	34	36	41
乙	39	37	28	25	34
丙	34	27	29	35	35
丁	28	35	37	34	39

由于任务数大于人数,规定其中的一人可以完成两项,其余三人各完成一项.试确定任务的分配方案,使完成这些任务所需要的费用最小.

6. 求解二次规划:

$$\min \quad z=\frac{3}{2}x_1^2+x_2^2+\frac{1}{2}x_3^2+x_4^2-x_1x_2-x_2x_3+x_3x_4+x_1+2x_2-x_3+3x_4,$$
$$\text{s. t.}\begin{cases}3x_1+x_2-2x_3+2x_4\leqslant 5,\\ x_1+2x_2+x_3-x_4=1.\end{cases}$$

7. 用 fminsearch 函数求解无约束优化问题:

$$\min \quad f=2x_1^2+x_2^2-2x_1x_2+2x_1-2x_2,$$

初始点取 $x_0=(0,0)$.(对得到的解用二元函数的求极值方法加以验证)

8. 用 fmincon 函数求解有约束的优化问题:

$$\min \quad f=-x_1x_2x_3,$$
$$\text{s. t.} \quad 0\leqslant x_1+2x_2+3x_3\leqslant 72.$$

9. 用 fmincon 函数求解有约束的优化问题:

$$\min \quad f = 2x_1x_2,$$
$$\text{s.t.} \begin{cases} x_1^2 + x_2^2 \leqslant 2, \\ x_1 + 2x_2 \geqslant 1. \end{cases}$$

并用图解法加以验证.

10. 求解非线性规划:

$$\min \quad f = \exp(x_1x_2x_3x_4x_5)$$
$$\text{s.t.} \begin{cases} x_1^2 + x_2^2 + x_3^2 + x_4^2 + x_5^2 = 10, \\ x_2x_3 - 5x_4x_5 = 0, \\ x_1^3 + x_2^3 + 1 = 0, \\ -2.3 \leqslant x_i \leqslant 2.3,\ i = 1,\ 2, \\ -2.3 \leqslant x_i \leqslant 3.2,\ i = 3.4.5. \end{cases}$$

(注意初始点的选择)

11. 某公司向用户提供某种电机. 合同规定:第一、第二、第三、第四季度末分别交货 80, 70, 60, 70 台,每季度的生产费用为 $f = ax^2 + bx + c$(万元),其中 x 是该季度的产量. 若产量超过需求,可以用于下季度交货,但需支付存储费,每季度每台的存储费为 d(百元). 已知公司每季度的最大生产能力是 120 台,第一季度开始时无库存,第四季度末也没有库存. 取 $a = 0.4$, $b = 12$, $c = 50$, $d = 2$, 问:公司应如何组织生产,才能既满足合同又使总费用最低? 并讨论 a, b, c, d 的变化对计划的影响.

第 12 章　MATLAB 实验

在本章中，我们将通过完成一些基础实验来熟练掌握 MatLab 的基础操作，加深对基本函数使用方法的理解. 在下面的讨论中，并没有给出所有问题的求解程序，对一些简单问题，读者可以参考前面章节中有关问题的讨论，给出相应的求解程序.

12.1　函数作图

实验目的　掌握作图函数 plot, plot3, ezplot, mesh, surf, ezsurf 的使用及相关参数的设置.

1. 图形基本设置

在 $[0, 6\pi]$ 区间中作出 $\sin x$, $\sin\frac{x}{2}$, $\cos x$, $-\sin x$ 的图形，曲线颜色分别为蓝色、绿色、红色和黑色，定义坐标轴、标题和图例，线宽为 1.5，标题为"多个函数图形"，字体颜色为蓝色，大小取 14，其大致图形如图 12-1 所示.

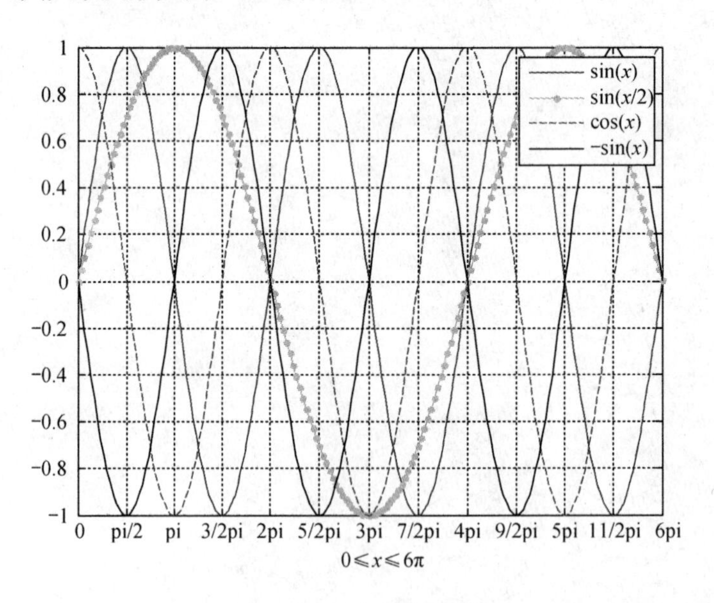

图 12-1　多个函数图形

2. 曲线及包络线

在"微积分"课程中，函数 $y = x\sin x$ 在 $(-\infty, +\infty)$ 上是无界函数但不是无穷大，通过下面图形，将更好地理解该问题的意义.

对图 12-2 和图 12-3 的结果，编写相应的 MatLab 程序，要求在 $[-10\pi, 10\pi]$ 区间中作出函数 $y = x\sin x$ 图形，并做出相应的包络线 $y = \pm x$，并给出图形上的文字.

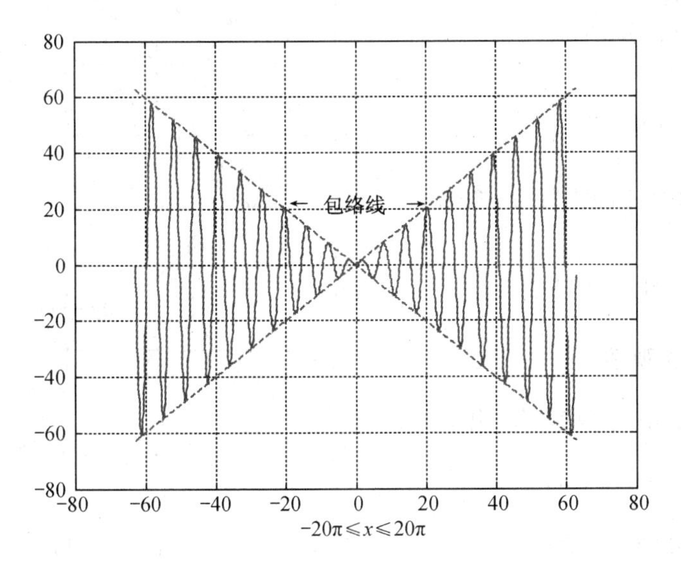

图 12-2　$y = x\sin x$ 图形

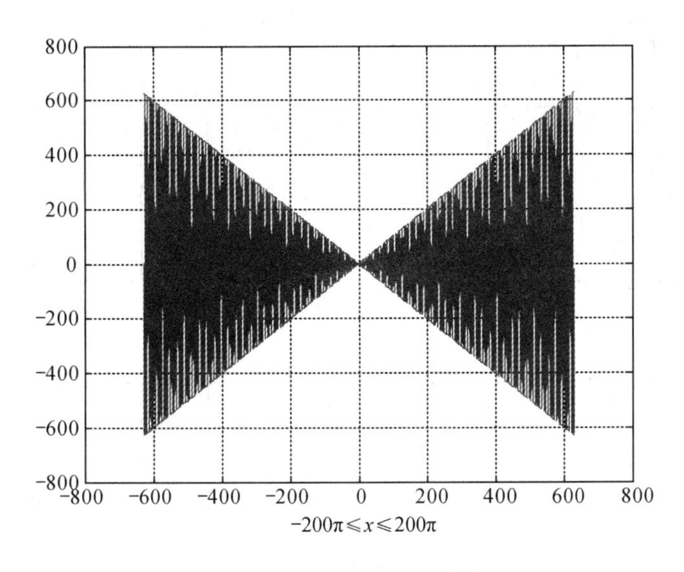

图 12-3　$y = x\sin x$ 图形

3. 参数方程作图

对不同的 $a \in [0.5, 6]$，画出一组椭圆曲线 $\frac{x^2}{a^2} + \frac{y^2}{36 - a^2} = 1$. 大致图形如图 12-4 所示.

从图形中可以看到，当参数 a 取不同值时，椭圆的长半轴与短半轴将发生变化. 参考程序如下：

```
clear,clc,clf
a=0.5:0.5:6;
t=[0:pi/100:2*pi]';
x=cos(t)*a;
y=sin(t)*sqrt(36-a.^2);
plot(x,y),grid on
title('多个椭圆图形','Fontsize',14,
'Color','b')
xlabel('-6\leq x \leq 6')
```

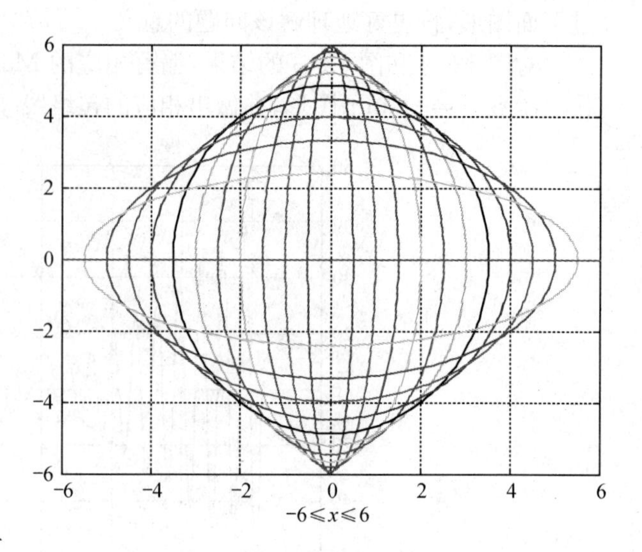

图 12-4　多个椭圆图形

4. 函数特性观察

编写 MatLab 程序，作出函数 $f(x)=\dfrac{1}{x^2+2x+c}$ $(-5\leqslant x\leqslant 4)$ 的图形，c 的取值分别为 -2，-1，0，1，2，3，并标出极值、驻点、单调区间、凹凸区间及渐近线. 大致图形如12-5所示.

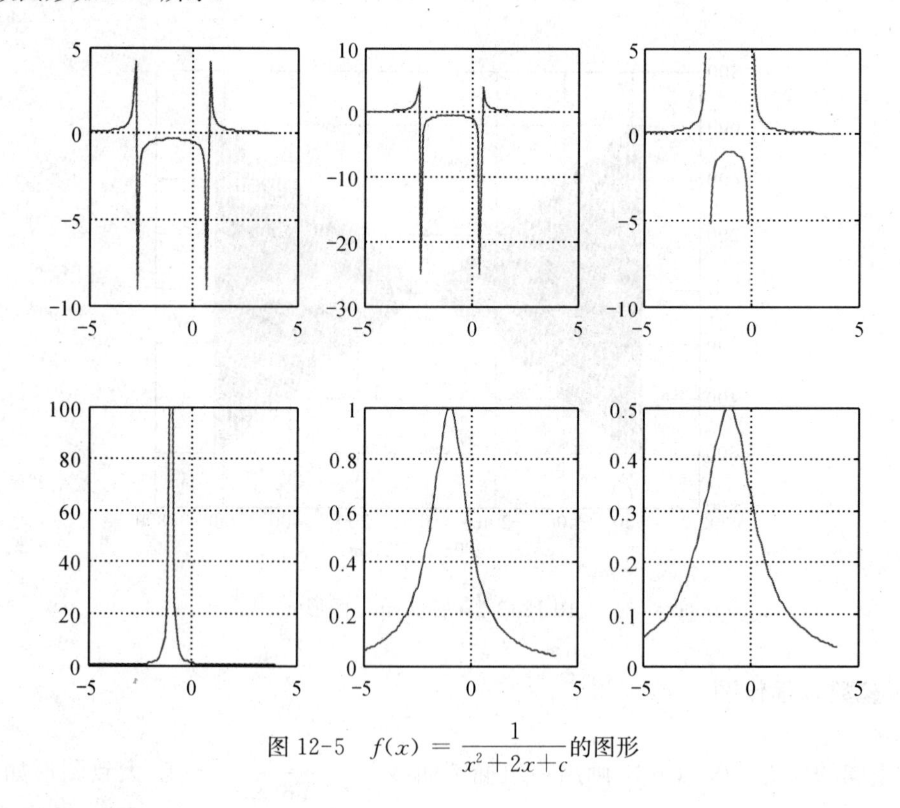

图 12-5　$f(x)=\dfrac{1}{x^2+2x+c}$的图形

5. 海螺线绘制

设计一个方程，画出海螺线. 一个可能的结果如图 12-6 所示.

参考程序如下：

```
clear,clc,clf
t=0:pi/100:20*pi;
x=0.5*t.*cos(t);y=0.5*t.*sin(t);
z=0.03*(x.^2+y.^2);
plot3(x,y,-z),grid
```

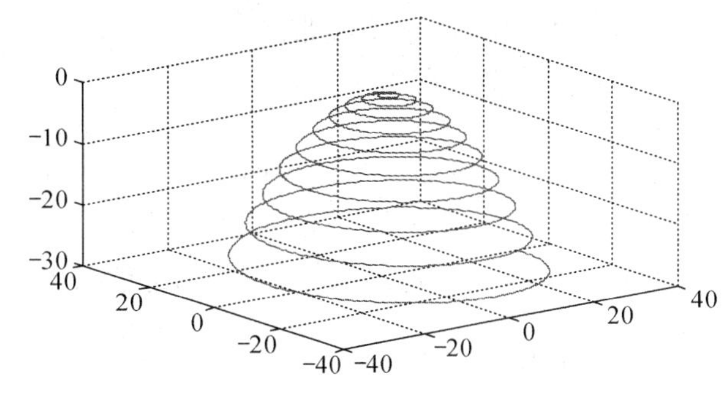

图 12-6　海螺线

6. 空间曲面绘制

分别绘制曲面 $z=x^2+y^2$，$z=\sqrt{x^2+y^2}$，$x^2+y^2+z^2=4$ 的图形. 各曲面的图形大致如图 12-7 所示.

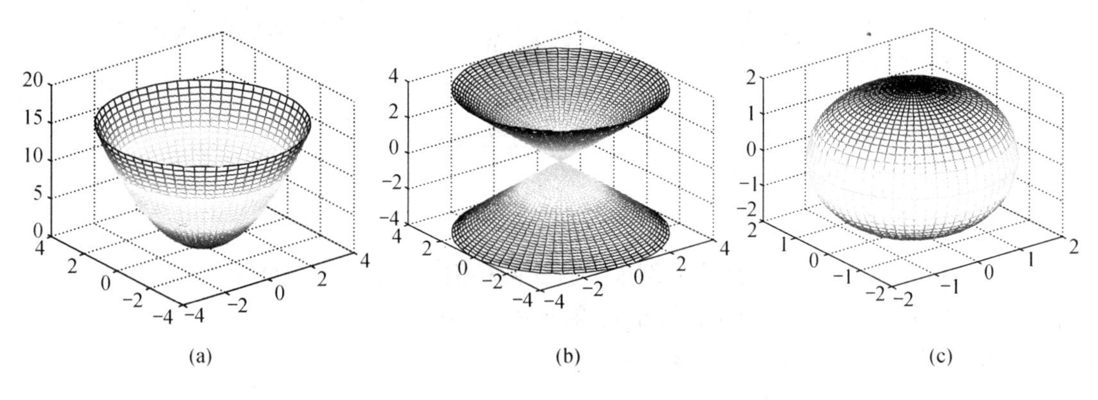

(a)　(b)　(c)

图 12-7　各曲线图形

用 ezmesh 函数作出的图形如图 12-8 所示.

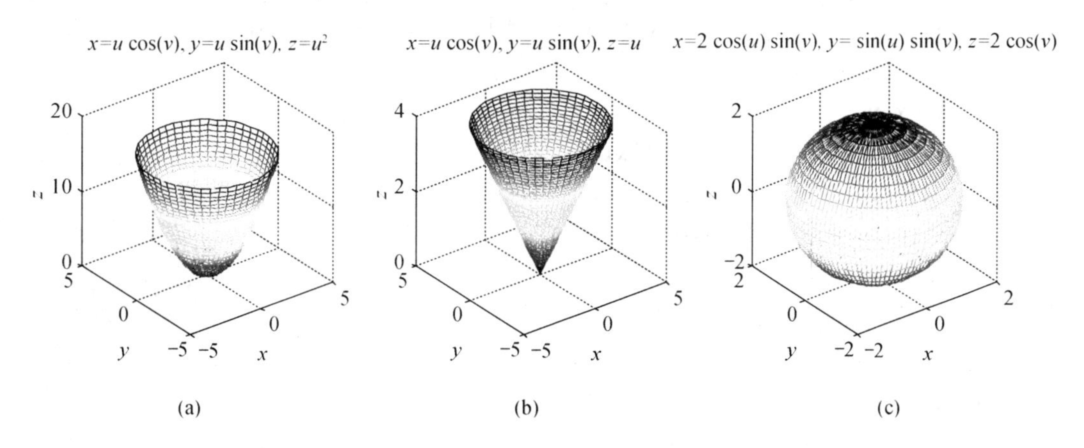

(a)　(b)　(c)

图 12-8　ezmesh 函数作出的图形

第二类曲面积分针对的是定向曲面积分问题，这里将曲面分为单侧曲面和双侧曲面. 所谓的定向曲面指的是曲面的侧向是唯一确定的(称为双侧曲面). 单侧曲面的一个典型例子是莫比乌斯(Mobius)带.

实验 1 作出莫比乌斯带.

曲面的参数方程为

$$x = r(t,\ v)\cos t,\quad y = (r,\ t)\sin t,\quad z = bv\sin\frac{t}{2},$$

其中 $r(t,\ v) = a + bv\cos\frac{t}{2}$, a, b 为常数, $t \in [0,\ 2\pi]$, $v \in [-1,\ 1]$.

参考程序如下:

```
clear,clc
ezsurf('(0.5+0.2*v*cos(t/2))*cos(t)','(0.5+0.2
*v*cos(t/2))*sin(t)',…
'0.2*v*sin(t/2)',[0, 2*pi,-1,1])
light('position',[2,1,2])
lighting phong;                    %照明设置
shading interp;axis off            %不显示坐标
camlight(-220,-170)                %设置光照位置
axis equal
view(60, 25)
```

图 12-9 莫比乌斯带

空间曲面问题中的另一个典型例子是直交圆柱面. 所谓的直交圆柱面指的是两个半径相同的圆柱面垂直相交,且每个圆柱面都穿过另一个圆柱面.

实验 2 作出直交圆柱面图形.

程序如下:

```
clear,clc
t=[0:0.01:pi+0.01]';s=[0:0.01:2];
x=cos(t)*(0*s+1);y=sin(t)*(0*s+1);z=(0*t+1)*s;
figure('color',[0.5,0.5,0.5])
h=surf(x,y,z);holdon
h1=surf(x,-y,-z);h2=surf(x,-y,z);
h3=surf(x,y,-z);h4=surf(z,y,x);
h5=surf(z,-y,x);h6=surf(-z,y,x);
h7=surf(-z,-y,x);hold off
view(-115,28),
light('position',[2,2,2])
lighting phong;
shading interp;axis off
camlight(-200,-150)
axis equal
```

其结果如图 12-10 所示.

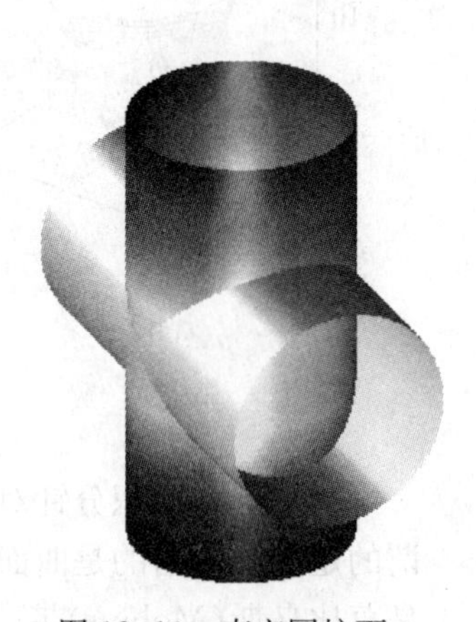

图 12-10 直交圆柱面

12.2 极限与连续

实验目的　掌握 MatLab 求极限方法，通过实验进一步理解极限的意义.

1. 求极限

例 1　求下列极限

(1) $\lim\limits_{x\to 0^+}(\cos\sqrt{x})^{\frac{1}{x}}$；　　(2) $\lim\limits_{x\to+\infty}\left(\dfrac{a^{\frac{1}{x}}+b^{\frac{1}{x}}+c^{\frac{1}{x}}}{3}\right)^x$；

(3) $\lim\limits_{x\to 1}\dfrac{x^x-1}{x\ln x}$；　　(4) $\lim\limits_{x\to+\infty}\left(\dfrac{2}{\pi}\arctan x\right)^x$.

解　程序如下：

```
syms x
L1=limit(cos(sqrt(x))^(1/x),x,0,'right');
syms a b c
L2=limit(((a^(1/x)+b^(1/x)+c^(1/x))/3)^x,x,inf);
L3=limit((x^x-1)/x/log(x),x,1);
L4=limit((2*atan(x)/pi)^x,x,inf);
disp([L1,L2,L3,L4])
```

结果为

```
[exp(-1/2), a^(1/3)*b^(1/3)*c^(1/3),1,exp(-2/pi)]
```

2. 作数列散点图并求极限

例 2　记 $(2n-1)!!=1\cdot 3\cdot 5\cdot\cdots\cdot(2n-1)$，$(2n)!!=2\cdot 4\cdot 6\cdot\cdots\cdot(2n)$；定义 $x_n=\dfrac{(2n-1)!!}{(2n)!!}$，$y_n=\dfrac{1}{\sqrt{4n}}$，$z_n=\dfrac{1}{\sqrt{2n+1}}$；

(1) 分别作出 x_n，y_n，z_n 的散点图；

(2) 当 n 取多少时，能有 $x_n-y_n<\dfrac{1}{10000}$，

(3) 求极限 $\lim\limits_{n\to\infty}x_n$.

解　(1) 数列的散点图如图 12-11 所示. 图形表明了不等式之间的关系.

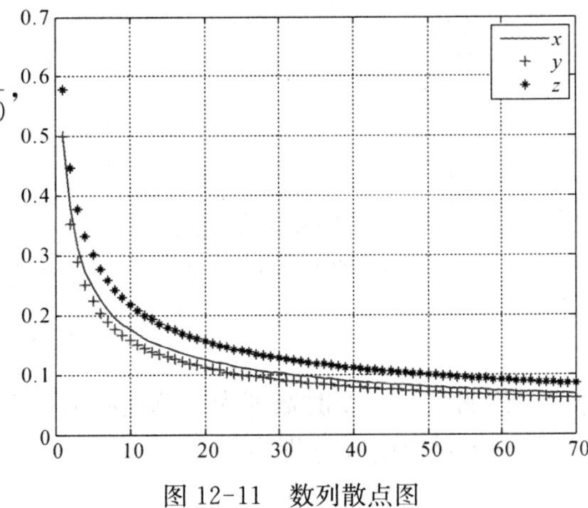

图 12-11　数列散点图

(2) 因 $\lim\limits_{n\to\infty}\dfrac{1}{\sqrt{n}}=0$ 以及关系 $y_n\leqslant x_n\leqslant z_n\Rightarrow\lim\limits_{n\to\infty}x_n=0$，但其趋于零的速度还是相当缓慢的，误差 x_n-y_n 趋于零的速度更缓，这一点不通过相应的实验是很难发现的. 事实

上，当 $n=100000$ 时，两者的误差仅为 2.029830559148039e－004，我们用15位小数显示最后几个结果：

x	0.001784139727441	0.001784130806653	0.001784121885999
y	0.001581154641710	0.001581146735838	0.001581138830084

(3) 最后求出相应的极限.输入语句

```
syms n
y=1/sqrt(4*n);z=1/sqrt(2*n-1);
a=limit(y,n,inf);b=limit(z,n,inf);
a=eval(a);b=eval(b);
c=num2str(a);
if a==b
    disp(['The limit of xn is  ',c])
else
      disp('The limit can not be calculated by this way')
end
```

返回值为　The limit of xn is　0

即 $\lim\limits_{n\to\infty}x_n=0$.

例3　记数列 $x_n=\sqrt[n]{n}$，

(1) 作出数列的散点图；

(2) 对 $k=1,2,\cdots,7$，确定最大的 n 使得 $x_n<1+\dfrac{1}{10^k}$；

(3) 求出极限 $\lim\limits_{n\to\infty}\sqrt[n]{n}$.

解　(1) 两种不同情况下的散点图如图12-12所示.

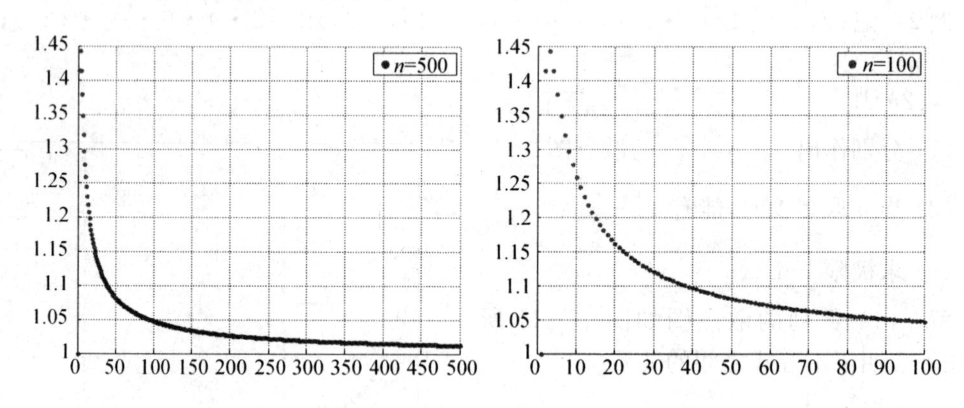

图12-12　散点图

说明当 $n>2$ 时数列为单调递减的；

(2) 对应的 n 分别为

39　　652　　9124　　116678　　1416368　　16626518　　190660034

当 $k=8$ 时,相应的数据为

```
1.0e+009 *
0.0000  0.0000  0.0000  0.0001  0.0014  0.0166  0.1907  2.1488
```

为验证这组数的正确性,输入语句

```
a=38^(1/38),b=39^(1/39)
```

结果为

```
a=1.1005  b=1.0985
```

符合预期结果.最后输入语句

```
a=limit(n^(1/n),n,inf)
```

返回值 $a=1$,即 $\lim\limits_{n\to\infty}\sqrt[n]{n}=1$.

实验 4　设 $x_1=2$, $y_1=5$,定义 $x_{n+1}=\dfrac{x_n+y_n}{2}$, $y_{n+1}=\sqrt{x_n y_n}$ ($n=1, 2, \cdots$),编写 MatLab 程序文件,要求:

(1) 画出两数列的散点图;

(2) 根据散点图,是否能观察出这两个数列是否存在极限?

(3) 设计一个方法,求出数列的极限(近似计算).

3. 割圆实验

例 4　(1) 在单位圆中画出正六边形、正十二边形等图形;

(2) 给出一个方法,计算正 $n\times 6$ 边形的面积,并输出若干项的值;

(3) 能否得到最终的极限?

解　参考程序如下:

```
n=6;R=1;
t=0:0.01:2*pi;      x=R*cos(t);      y=R*sin(t);
plot(x,y),hold on,grid on                  %画圆
axis 'equal'
for k=1:6;
    a=linspace(pi/2,5/2*pi,k*n+1);
    x1=R*cos(a);
    y1=R*sin(a);
    plot(x1,y1);
    pause(3)
end
s=[];
for k=1:1000
    s=[s,k*n*cos(pi/(k*n))*sin(pi/(k*n))];
end
```

```
format long,disp(s(end))
```

结果为

```
3.141592079399515
```

相应的图形如图 12-13 所示.

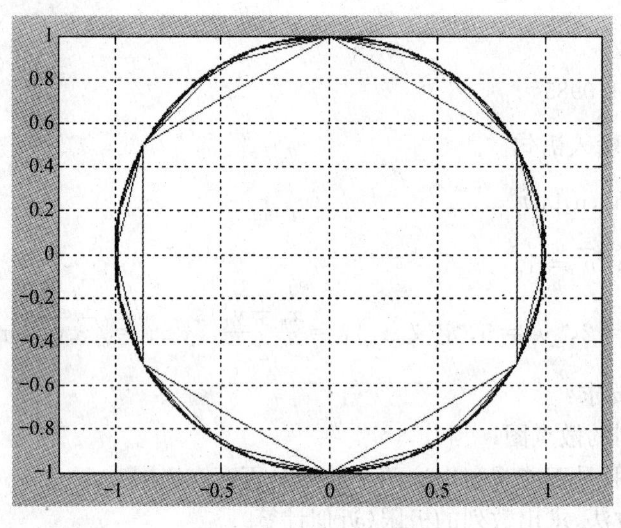

图 12-13　正 $n\times 6$ 边形

12.3 应用导数进行函数分析:函数零点、单调性与极值的讨论

实验目的　掌握用二分法、牛顿切线法求函数零点及方程的根.

1. 二分法

例 5　用二分法求方程 $x^2=\cos x$ $\left(x\in\left[\frac{\pi}{6}, \frac{3\pi}{4}\right]\right)$的近似根(精确到小数点后 6 位).

解　(1) 画出函数的大致图形;

(2) 编写求解方程根的脚本文件;

(3) 验证结果.

函数的图形如图 12-14 所示. 图形表明,函数的零点在 [0.5, 1] 之间.

满足条件的结果为:

```
0.824132      -8.2583e-007      19
```

参考程序如下

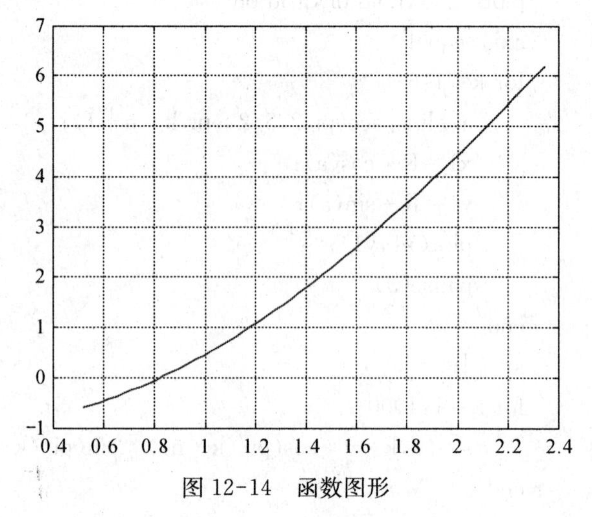

图 12-14　函数图形

```
a=0.5;b=1;c=(a+b)/2;k=1;
f=inline('x^2-cos(x)');
while abs(f(c))>1e-6
    if sign(f(a))==sign(f(c))
        a=c;
    else
        b=c;
    end
    c=(a+b)/2;k=k+1;
end
disp([c,f(c),k])
```

实验 4　用相同的方法求出函数 $3x^2-8x+\frac{4}{x}=0$ 在 [2, 2.5] 中的零点.

2. 牛顿切线法

例 6　用牛顿切线法求方程 $x^2+\frac{1}{x^2}=10x$ 的近似根(精确到小数点后 10 位).

解　对函数 $f(x)$，选择一个初始点 x_0 作为迭代的初始点，要求该点的函数值与该点的二阶导数值有相同的符号，然后在该点作曲线的切线，并以切线与 x 轴的交点的横坐标作为下一个迭代点，重新进行计算. 直到找到满足条件的点为止.

若 x_k 为当前迭代点，则切线方程为

$$y-f(x_k)=f'(x_k)(x-x_k),$$

令 $y=0$，则得到下一个迭代点：$x_{k+1}=x_k-\frac{f(x_k)}{f'(x_k)}$.

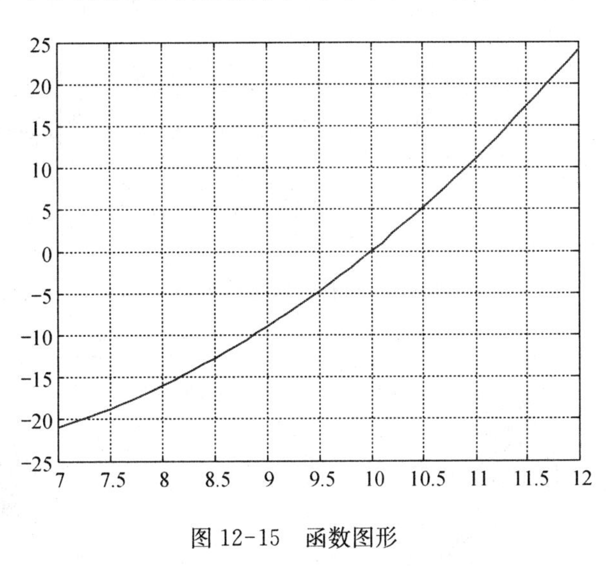

图 12-15　函数图形

首先作出函数的大致图形(图 12-15). 由图发现方程的根应在区间 [7, 12] 之间. 再编写求解方程近似根的脚本文件.

运行结果为

```
x=12.0000   10.2835   10.0062    9.9990    9.9990    9.9990    9.9990
```

函数值为

```
4.547473508864641e-013
```

即经过 6 次迭代找到满足条件的近似根.

本题若用二分法进行求解的话，则迭代次数将大为增加. 计算结果为

```
9.5000   10.7500   10.1250    9.8125    9.9688   10.0469   10.0078
9.9883    9.9980   10.0029   10.0005    9.9993    9.9987    9.9990
9.9991    9.9990    9.9990    9.9990    9.9990    9.9990    9.9990
9.9990    9.9990    9.9990    9.9990    9.9990    9.9990    9.9990
9.9990    9.9990    9.9990    9.9990    9.9990    9.9990    9.9990
9.9990    9.9990    9.9990    9.9990    9.9990    9.9990    9.9990
9.9990    9.9990    9.9990
```

此时函数值为

```
f(c(end))=8.5265e-014
```

由此可见，牛顿切线法比二分法的效率高多了.

实验 求方程 $x=\tan x$ 的三个最小正根，精确到小数点后 12 位.

3. 割线、切线与导数定义

编写 MatLab 程序文件，对下面(1)和(2)中的问题进行讨论.

(1) 作出函数 $y=x^3$ 在点 (1, 1) 处的若干条割线和切线，观察函数在该点的可导性；

(2) 作出函数 $y=(x-5)x^{\frac{2}{3}}$ 在点 (0, 0) 处的两侧的若干条割线，观察函数在该点的可导性.

问题(1)的结果如图 12-16 所示，图中的黑线是切线，黑点是切点.

问题(2)的图形如图 12-17 所示.

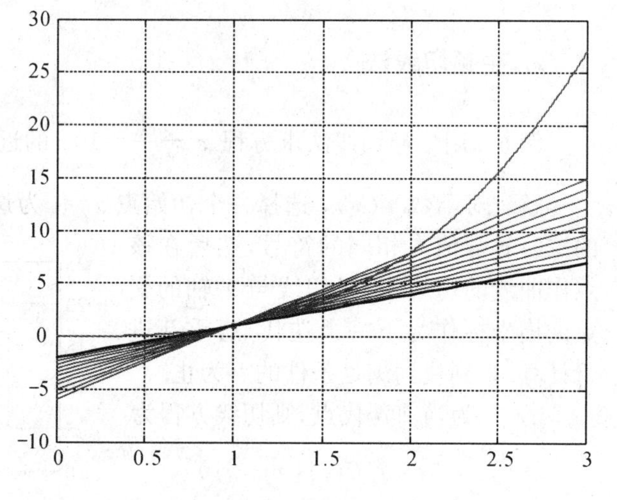

图 12-16 $y=x^3$ 割线、切线

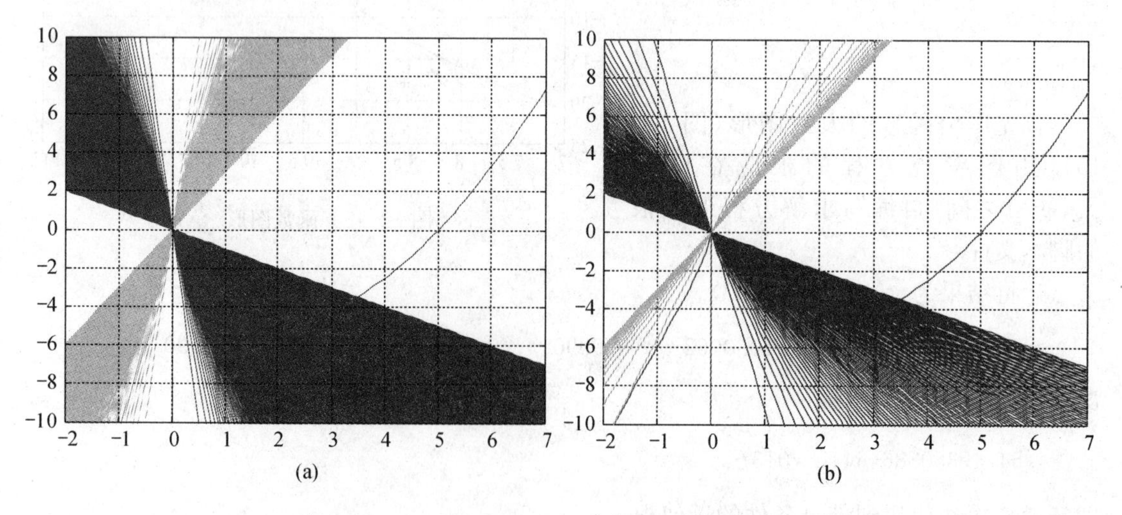

图 12-17 $y=(x-5)x^{\frac{2}{3}}$ 的割线、切线

图 12-17 中可以看到，函数在点 (0, 0) 处的切线存在(为 y 轴)，但函数在该点不可导.

4. 函数形态研究

编写 MatLab 程序文件，做出函数 $f(x)=\dfrac{(x-1)^2}{3(x+1)}$ 的图形，标出极值点、拐点、单调区间和曲线的渐近线. 结果如图 12-18 所示.

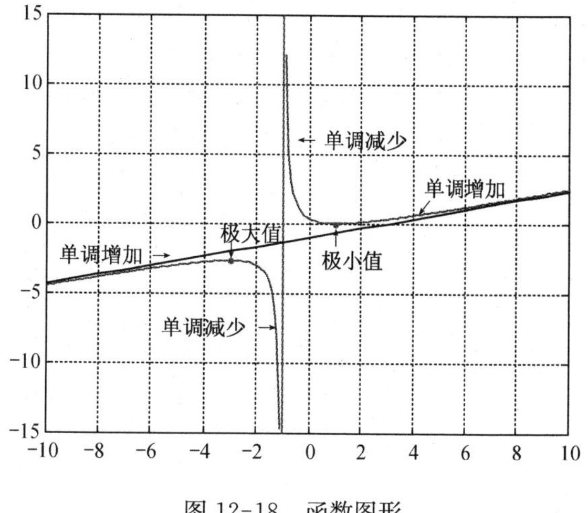

图 12-18 函数图形

5. 应用：梯子的长度问题

一幢楼房的后面是一个花园. 在花园中紧靠着楼房有一个温室，温室伸入花园宽 2 m，高 3 m. 温室正上方是楼房的窗台，清洁工打扫窗台周围时，需要使用梯子越过温室，一端放在花园中，一端依靠在楼房的墙上. 又因为温室是不能承受梯子压力的，因此当梯子太短时清洁工可能无法完成工作. 问：

(1) 一架长度为 7 m 的梯子能否满足工作要求？

(2) 清洁工要能打扫窗台周围的卫生，梯子的长度最少是多少？

(3) 当窗台的高度为多少时，7 m 的梯子能满足工作要求？

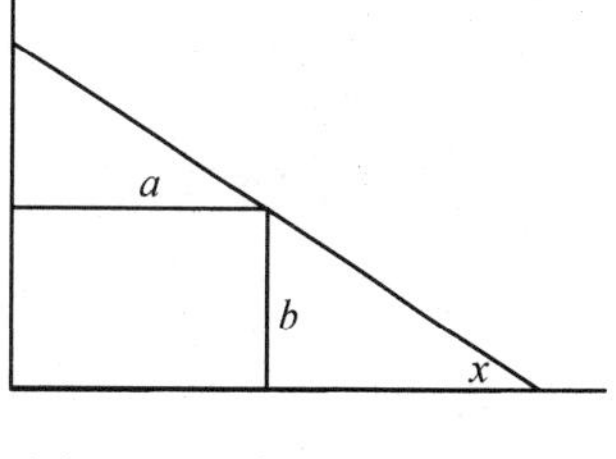

图 12-19 梯子长度问题

问题类型：一元函数的极值问题.

模型求解的大致过程：

(1) 画出梯子在多种情况下的动画演示；

(2) 建立梯子长度函数；

(3) 求出函数的极小点；

(4) 对模型解进行讨论.

解 在多个角度下的情况如图 12-20 所示.

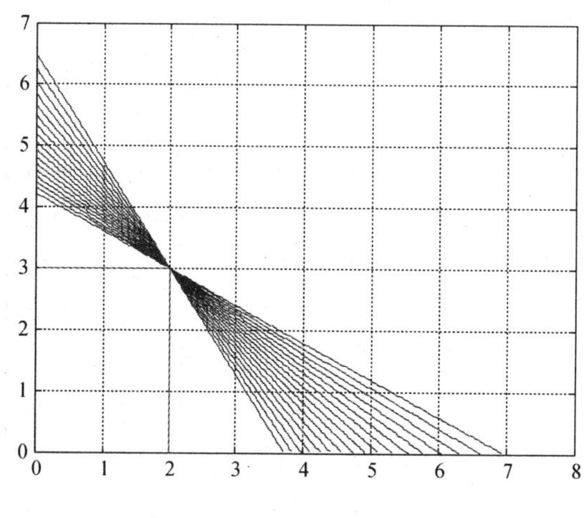

图 12-20 多角度下梯子长度

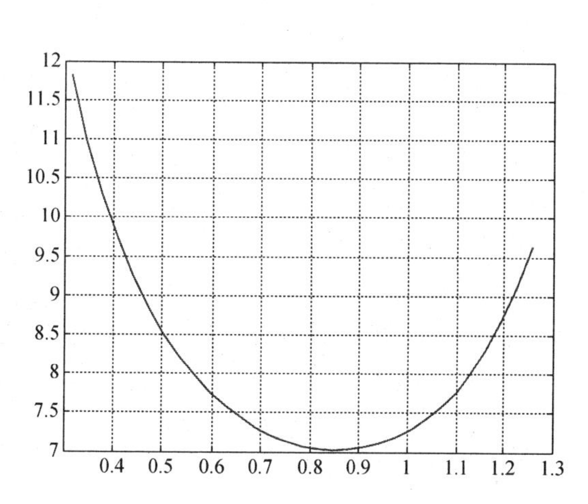

图 12-21 梯长函数

动画程序为

```
clear,clc,clf
for t=-pi/3:pi/100:-pi/6;
    x=0:.1:2;y=3*ones(1,length(x));
    plot(x,y,'r'),grid on,hold on
    y=0:.1:3;x=2*ones(1,length(y));
    plot(x,y,'r'),axis([0,8,0,7])
    k=tan(t);
    x=0:.03:2-3/k;
    y=3+k*(x-2);plot(x,y),
    hold off
    pause(0.5)
end
```

梯长函数 $l(x)=\dfrac{2}{\cos x}+\dfrac{3}{\sin(x)},\quad x\in\left(0,\ \dfrac{\pi}{2}\right).$

函数图形如图 12-21 所示. 函数有唯一极小点.

求出极小点为 0.8527,而此时的梯长为 7.0235,即梯长不够要求;若将高度值修改为 2.9 m 时,相应的解为 0.8472, 6.8904. 即长度满足要求.

12.4 积分实验

实验目的 通过下面一组实验,理解数值积分的意义、数值积分收敛的概念及应用.

在"微积分"课程中,关于函数 $f(x)$ 在区间 $[a,\ b]$ 上的定积分是由如下的表达式给出的:

$$\int_a^b f(x)\mathrm{d}x=\lim_{\lambda\to 0}\sum_{i=1}^{n}f(\xi_i)\Delta x_i.$$

即 $\int_a^b f(x)\mathrm{d}x\approx\sum_{i=1}^{n}f(\xi_i)\Delta x_i.$

显然,当分割越细致,相应的近似程度越好. 值得注意的是,点 ξ_i 的取法不同,相应的误差会有较大的差别;同时,方法的不同,也会带来较大的差别,由此产生了多种近似计算方法. 比如,在图 12-22 中(函数为 $y=x^2$, 区间为 $[0,\ 1]$),取中点则明显好于取左端点;注意到,若用梯形面积近似取代矩形面积,则结果将优于上面方法. 由此产生了

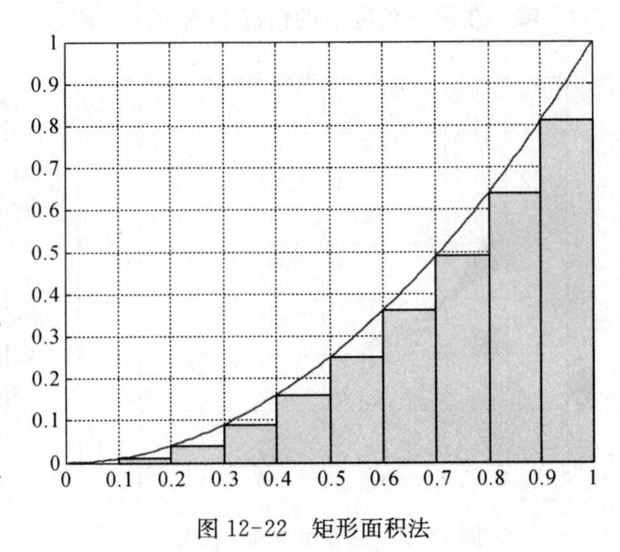

图 12-22 矩形面积法

用什么样的方法能更快、更好地得到近似计算结果的问题.

图 12-22 的参考程序为:

```
x1=0:.01:1;y1=x1.^2;
f=inline('x^2');
plot(x1,y1,'r'),grid on,hold on
x=[];y=[];
for k=1:9
    x2=k*0.1:0.01:k*0.1+0.1;
    y2=f(x2(1))*ones(1,11);
    y1=0:0.01:f(x2(1));
    m=length(y1);
    x21=k*0.1+0.1:-0.01:k*0.1;
    y21=f(x2(1)):-0.01:0;
    x=[x,k*0.1*ones(1,m),x2,(k*0.1+0.1)*ones(1,m),x21];
    y=[y,y1,y2,y21,0*ones(1,11)];
end
plot(x,y,'b'), fill(x,y,'y')
```

注意填充图的画法.

1. 数值积分比较

当 $n=6, 8, 10, 12, 14, 16, 18, 30$ 时,分别用矩形法、梯形法及抛物线法近似估算积分

$$\int_0^1 \frac{\sin x}{x}\mathrm{d}x$$

的值,这里 n 是将区间 $[0, 1]$ n 等分后的区间个数.

各种情况下的计算公式为:

矩形公式　$\int_a^b f(x)\mathrm{d}x \approx \frac{1}{n}\sum_{i=1}^{n} f_i$;

梯形公式　$\int_a^b f(x)\mathrm{d}x = \frac{1}{2n}\left[f(a)+f(b)+2\sum_{i=1}^{n-1} f_i\right]$;

抛物线公式　$\int_a^b f(x)\mathrm{d}x \approx \frac{b-a}{3n}\left(f(a)+f(b)+2\sum_{i=1}^{m-1} f_{2i-1}+4\sum_{i=1}^{m} f_{2i}\right)$,其中 $n=2m$.

式中,f_i 表示在分点处函数 $f(x)$ 的取值(抛物线法的意义:对连续的三个点,做出相应的抛物线,并用抛物线与三条直线围成的图形面积近似取代曲边梯形面积).

下面列出了相应的近似计算值,第一段的数据是用矩形法计算所得;第二段的数据是用梯形法计算所得;第三段的数据是用抛物线法所得.

0.958596, 0.955599, 0.953759, 0.952514, 0.951617, 0.950939, 0.950409, 0.949984, 0.949634, 0.949342, 0.949095, 0.948882, 0.948697

0.945386，0.945691，0.945832，0.945909，0.945955，0.945985，0.946006，0.94602，0.946031，0.946039，0.946046，0.946051，0.946055

0.946084，0.946083，0.946083，0.946083，0.946083，0.946083，0.946083，0.946083，0.946083，0.946083，0.946083，0.946083，0.946083

输入语句　quad('sin(x)./x',0,1)

返回值　0.946083

数据表明,用抛物线方法得到的积分近似值比矩形法和梯形法要精确得多.

问题 1　对点 $x=0$，函数 $f(x)=\frac{\sin x}{x}$ 无意义,但我们又知道，

$$\lim_{x\to 0}\frac{\sin x}{x}=1,$$

该如何解决这个问题?

问题 2　对于抛物线公式,如何实现在不同点的取值?

参考程序如下:

```
clear,clc
f=inline('sin(x)./x');
A=[];k=1;
for  n=6:2:30;
    x=0:1/n:1;x(1)=x(1)+eps;          %避免分母为零
    I1=(sum(f(x))-f(x(n+1)))/n;
    I2=(sum(2*f(x))-f(x(1))-f(x(n+1)))/(2*n);
    m1=3:2:n;m2=2:2:n;
    I3=(f(x(1))+f(x(n+1))+2*sum(f(x(m1)))+4*sum(f(x(m2))))/(3*n);
    I=[I1,;I2;I3];
    A=[A,I];
end
    disp(A)
```

2. 面积估算

根据已知数据点,用 trapz 函数估计相应的面积.

已知下列数据:

x:
−1.0000	−0.9000	−0.8000	−0.7000	−0.6000	−0.5000	−0.4000
−0.3000	−0.2000	−0.1000	0	0.1000	0.2000	0.3000
0.4000	0.5000	0.6000	0.7000	0.8000	0.9000	1.0000

y:
0.0538	0.6193	0.3741	0.8004	0.8319	0.7353	0.8732
0.9882	1.3376	1.2719	0.8650	1.2985	1.0523	0.9476
0.9880	0.8455	0.7876	0.8631	0.7409	0.5776	0.0671

x:	−1.0000	−0.9000	−0.8000	−0.7000	−0.6000	−0.5000	−0.4000
	−0.3000	−0.2000	−0.1000	0	0.1000	0.2000	0.3000
	0.4000	0.5000	0.6000	0.7000	0.8000	0.9000	1.0000
y:	−0.1207	−0.3642	−0.4370	−0.6653	−0.6965	−0.7933	−0.9469
	−0.9246	−1.0585	−0.9061	−1.1147	−1.1019	−1.0607	−1.2484
	−0.7727	−0.8335	−0.8755	−0.5771	−0.7712	−0.4461	−0.0241

求由这些数据点围成的面积.

面积近似值为 3.1519.

3. 应用

应用 1 求一条直线 $y=a$，使得由曲线 $y=a$，$x=0$，$y=e^x$ 围成的面积与由曲线 $y=a$，$y=e^x$，$x=1$ 所围成的面积相等(精确到小数第 4 位).

解 (1) 对介于 1 及 e 的每个数 y_0，做平行于 x 轴的直线，并与 $y=e^x$ 交于点 (a, e^a)，并注意交点的横坐标数据类型；

(2) 用符号积分函数 int 分别计算两块面积；

(3) 比较两块面积的大小，若误差满足条件则计算结束；

(4) 若误差不满足条件，求下一个 y 值.

计算结果：经过 $k=718$ 次的迭代，得到 $y=1.7180$，此时误差为 −2.8183e−004.

应用 2 在相距 100 m 的两个塔(高度相同，海拔相同)上悬挂一根电缆，容许电缆在中间下垂 10 m，估计电缆长度.

由微分方程的知识，两端固定、中间下垂的绳索，其曲线方程为

$$y=a\cosh\frac{x}{a}\quad (x\in[-50, 50]),$$

其中，a 为曲线的最低点离开 x 轴的距离，曲线的中点在 y 轴上.

(1) 根据已知条件确定未知参数 a；

(2) 由 a 值，对上面函数作相应的求弧长的积分以求出弧长.

解 (1) 由已知条件，建立未知参数 a 应满足的方程 $a\cosh\frac{50}{a}=a+10$，描绘该曲线图形，输入语句：

```
f=inline('x*cosh(50/x)-x-10');
fplot(f,[20,150]),grid on
```

此时函数图形如图 12-23 所示. 图形表明，函数的零点在区间 [120, 140] 之间. 再做局部放大，得到图 12-24. 此时函数的零点大约在 120 附近. 再用函数 fzero 求函数的零点.

输入语句：

```
a=fzero(f,120)
```

返回值 a=126.6324.

(2) 用弧长公式 $s=\int_a^b\sqrt{1+y'^2}\,dx$ 求相应的弧长.

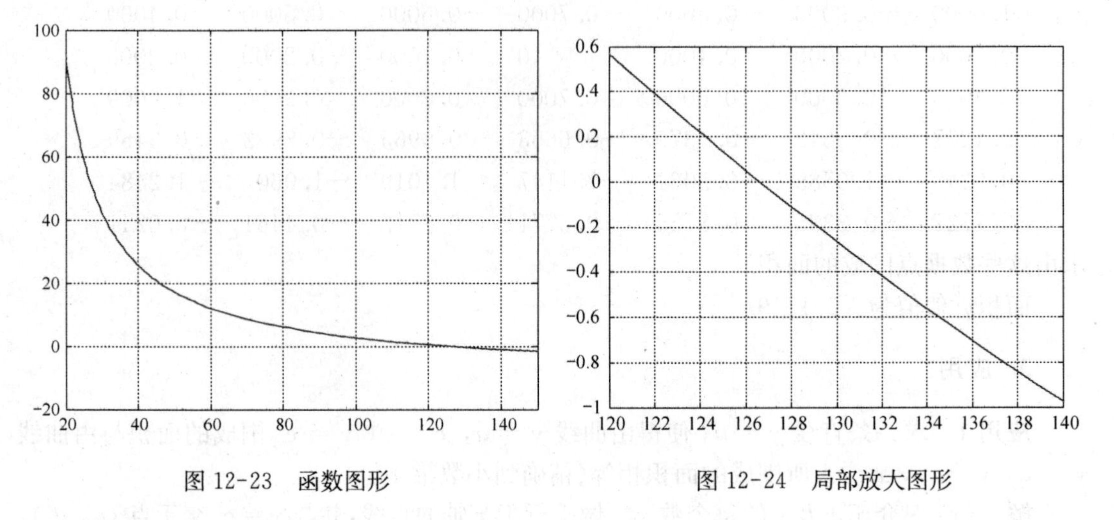

图 12-23　函数图形　　　　图 12-24　局部放大图形

输入语句

```
L=2*quad('sqrt(1+sinh(x/126.6324).^2)',0,50)
```

返回值　L=102.6187.

12.5 微分方程实验

实验目的　掌握微分方程的求解方法:解析解法、数值解法、高阶微分方程的解析解及数值解法、微分方程的应用.

1. 微分方程求解

编写脚本文件,用 dsolve 函数及 ode45 函数求解下列初值问题并作出相应的图形:

(1) $x^2y'+(1-2x)y=x^2$, $y\Big|_{x=1}=0$; 作图区间 $[1, 5]$;

(2) $y'-xy^{-2}=-e^{-x^2}$, $y(0)=1$; 作图区间 $[0, 2]$;

(3) $\begin{cases} x_1'=x_2+\cos t, \\ x_2'=\sin 2t, \\ x_1(0)=0.5,\ x_2(0)=-0.5. \end{cases}$

(4) $\begin{cases} x''+5x'+6x=te^{-2t}+\sin t, \\ x(0)=2,\ x'(0)=-1. \end{cases}$

2. 应用

应用 1　一个较热物体置于室温为 15℃ 的房间里,假设物体的初始温度为 95℃, 5.5 min后降到 65℃. 讨论下列问题:

(1) 试建立问题的数学模型;

(2) 画出温度下降曲线；

(3) 温度下降到 35℃需要多少时间？

(4) 温度从 35℃下降到 25℃需要多少时间？

(5) 20 min 后，该物体的温度是多少？

解　(1) 温度下降过程遵从牛顿定律：

$$\begin{cases}\dfrac{\mathrm{d}T}{\mathrm{d}t}=-k(T-15),\\ T(0)=95.\end{cases}$$

(2) 下降曲线如图 12-25 所示.

(3) 输入语句

```
t1=solve('35=80/exp(0.0855*t)+15','t')
```

返回值　16.2140

即大约需要 16 min，温度下降到 35℃.

(4) 输入语句

```
t2=solve('25=80/exp(0.0855*t)+15','t');disp([t2-t1])
```

即大约需要 8.1070 min，温度从 35℃下降到 25℃.

(5) 输入语句

```
t3=subs(T,20);disp(t3)
```

返回值　29.4693.

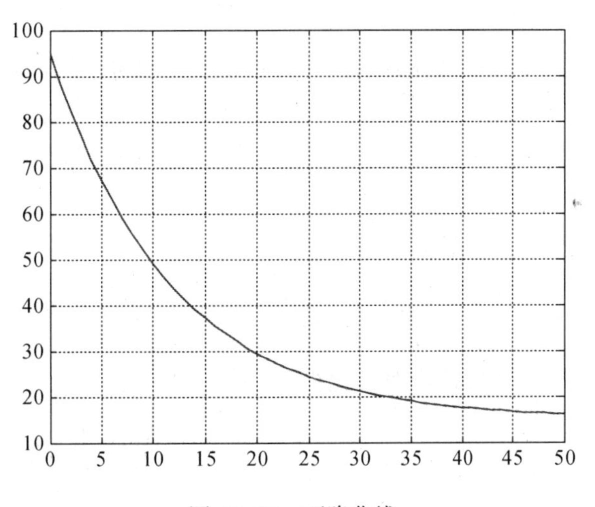

图 12-25　下降曲线

即 20 min 后，该物体温度大约为 29℃.

应用 2(追踪问题)　设旷野上有一只野兔和一条猎狗，在时刻 $t=0$ 猎狗发现了野兔并开始追踪，野兔也同时发现了猎狗并向洞穴直奔而去. 假设兔穴位于坐标原点，野狗位于 (70, 15). 时刻 $t=0$ 时野兔位于 $(0, b)=(0, -60)$ (单位：m). 猎狗追踪的方向始终对着兔子，野兔和猎狗的速度为常数，野兔速度 $u=3$ m/s，猎狗速度 $v=5$ m/s.

编写 MatLab 程序文件，完成下面工作：

(1) 确定猎狗的追踪轨迹；

(2) 猎狗是否能在野兔进洞之前抓到野兔？

解 1　解析解.

在时刻 $t=0$ 时，野狗及兔子的位置分别为位于 (70, 15)，(0, −60). 而在时刻 t 时，野狗位于 (x, y)，兔子位于 $(0, b+ut)$. 由已知条件得方程：

$$y'=\frac{y-b-ut}{x}.$$

在 0 到 t 时间中，野狗所走完的路程为

$$s = vt = \int_x^{70} \sqrt{1+y'^2}\,dt.$$

将上式代入前式，有

$$xy' = y - b - \frac{u}{v}\int_x^{70} \sqrt{1+y'^2}\,dt.$$

两边求导，则有

$$xy'' = \frac{u}{v}\sqrt{1+y'^2}.$$

这是一个可降阶的微分方程，令 $y' = p$, $\frac{u}{v} = k$, 则有

$$xp' = k\sqrt{1+p^2} \Rightarrow \frac{p'}{\sqrt{1+p'}} = \frac{k}{x}.$$

两边积分后有

$$\ln(p+\sqrt{1+p^2}) = k\ln x + C_1 = \ln x^k \Rightarrow p+\sqrt{1+p^2} = C_1 x^k,$$

取倒数后再作有理化得到：$p-\sqrt{1+p^2} = x^{-k}$，两式相加后有

$$p = \frac{dy}{dx} = \frac{1}{2}(C_1 x^k + C_1^{-1} x^{-k}).$$

积分后有

$$y = \frac{1}{2}\left(\frac{C_1}{k+1}x^{k+1} + \frac{1}{C_1(1-k)}x^{-k+1}\right) + C_2.$$

在 MatLab 下求解相应的微分方程，输入语句

```
y=dsolve('x*D2y=3/5*sqrt(1+(Dy)^2)','y(70)=15','Dy(70)=75/70','x');
a=0;y1=subs(y,a);vpa(y1)
```

此时有

```
y1=-6.0080
```

解 2 逐步追踪法.

程序如下：

```
b=-60;u=3;v=5;D=[70,15];
x=[0,0,70];y=[0,-60,15];
plot(x,y,'ro'),grid on,hold on
dt=1/3;r=u*dt;
R=[0,b];
```

```
x0=D(1);y0=D(2);k=1;
while norm(D(k,:)-R(k,:))>r
    k=k+1;
    R(k,:)=[0,b+(k-1)*u*dt];
    w=R(k-1,:)-D(k-1,:);w=w/norm(w);
    D(k,:)=D(k-1,:)+w*v*dt;
end
pause
K=int2str((k-1)/3);Y=int2str(D(end,2));
disp(['The dog catch the rabbit in ',K,' secends at (0,',Y,').'])
plot(R(:,1),R(:,2),'b.',[R(1,1),R(end,1)],[R(1,2),R(end,2)],'bo',...
    D(:,1),D(:,2),'r',[D(1,1),D(end,1)],[R(1,2),R(end,2)],'ro')
grid on,hold on
title('The graph of a dog catching a rabbit')
```

结果如图12-26所示.两种解法结果相同.程序结果表明:猎狗能在兔子进洞前抓住兔子.

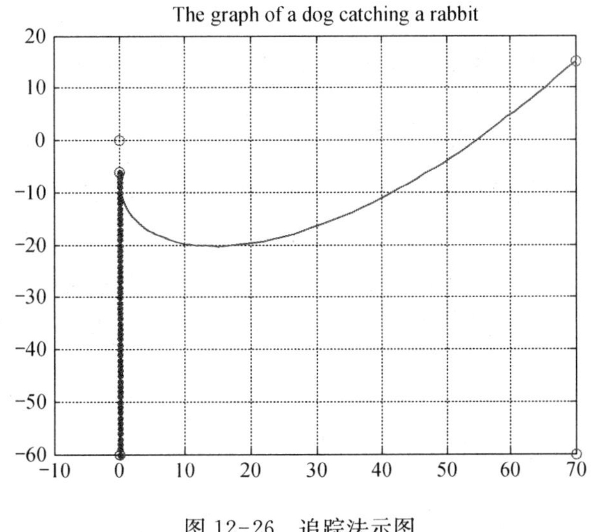

图12-26 追踪法示图

应用3(核废料问题) 有一段时间,美国原子能委员会处理浓缩核放射性废物是把废物装入密封性很好的圆筒中,然后扔进海里.处理核废料的地方的海水深度大约为300 ft,而使用的包装物是55 gal(加仑)的圆筒,装满核废料后得圆筒的实际重量为527.436 pdl(磅).实际测试结果是圆筒在下沉过程中所受的浮力为$f=370.327$ pdl $\approx$ 2090.7 N,阻力系数为$k=0.08$,圆筒发生破裂的直线极限速度是40 ft/s.

问题是,这样的做法是否安全?尽管美国原子能委员会一再表示,这样的处理方法是安全的,但有关的工程技术人员对此表示怀疑:这样的处理方式是否会存在风险?请你对这样的方法做出评判.

(1) 数据转换

300 ft $\approx 300\times0.3048$ m $=91.44$ m, 40 ft $\approx 40\times0.3048$ m $=12.192$ m,

527.436 pdl $\approx 527.436\times0.4536$ kg $=239.2450$ kg.

(2) 问题分析

方法是否安全的关键是,圆筒在到达海底时其直线下降速度是否超过12.192 m/s!

(3) 模型建立

圆筒在下降过程中受到重力mg、浮力f_1和阻力f_2的作用.设圆筒在下降过程中的速度为v,由已知条件知$f_2=cv$.以海平面为y轴,x轴垂直向下,则由牛顿第二定理,得到问题的数学模型：

$$\begin{cases} m\dfrac{\mathrm{d}^2x}{\mathrm{d}t^2}=mg-f_1-f_2=mg-f_1-cv, \\ x(0)=x'(0)=0. \end{cases}$$

即

$$\begin{cases} mx''+cx'=mg-f_1, \\ x(0)=x'(0)=0. \end{cases}$$

这是一个二阶线性微分方程.

解 (1) 用微分方程的 dsolve 函数求上面问题的解析解；

(2) 求出当圆筒到底海底时所需要的时间 t_1；

(3) 将时间 t_1 代入到速度函数 $v=x'$ 得到在圆筒到达海底时的极限速度.

结果为

v=13.91003470.

此时极限速度超过圆筒能承受的最大速度 12.192 m/s，从而说明这样的处理方式存在风险.

问题求解的参考程序：

```
m=239.2450;f1=2090.7;c=0.08;
f=m*9.8-f1;
x=dsolve('D2x+0.08/239.2450*Dx=253.866/239.2450','x(0)=0','Dx(0)=0','t');
t1=solve('91.44=6073617117/640*exp(-16/47849*t)+126933/40*t-6073617117/
640','t');
v=diff(x,'t');
v1=subs(v,t1(1));
disp(v1)
t2=0:.1:15;
v2=subs(v,t2);
plot(t2,v2);grid on,hold on
scatter(t1(1),v1,10,'r','filled')
```

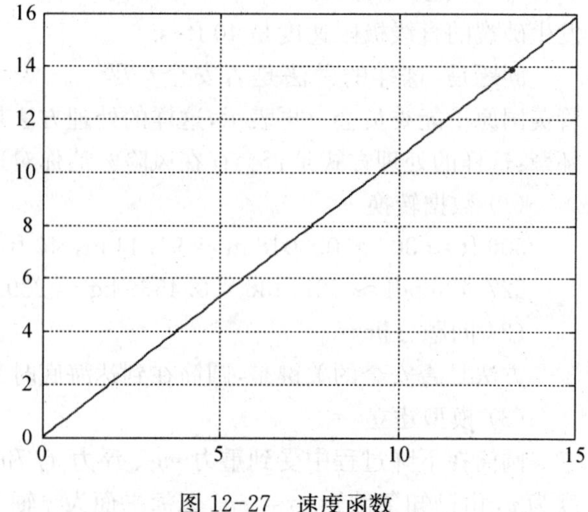

图 12-27　速度函数

速度函数图如图 12-27 所示.

思考:有没有其他求解方法?

技术人员所关心的是,圆筒在到达海底时的速度,因此可以考虑将问题转化为速度关于位移的关系,此时 $\dfrac{\mathrm{d}v}{\mathrm{d}t}=\dfrac{\mathrm{d}v}{\mathrm{d}x}\dfrac{\mathrm{d}x}{\mathrm{d}t}=v\dfrac{\mathrm{d}v}{\mathrm{d}x}$,从而原微分方程转变

为

$$mv\frac{\mathrm{d}v}{\mathrm{d}x}+cv=f_1-f_2,$$

初始条件为 $v\Big|_{x=0}=0$.

由此得初值问题

$$\begin{cases}mv\dfrac{\mathrm{d}v}{\mathrm{d}x}+cv=f_1-f_2,\\ v(0)=0.\end{cases}$$

但是该方程并不容易求解，为此交换变量，得初值问题

$$\begin{cases}\dfrac{\mathrm{d}x}{\mathrm{d}v}=\dfrac{mv}{f_1-f_2-cv},\\ x(0)=0.\end{cases}$$

利用 dsolve 函数，得到微分方程的符号解，最后求解当 $x=91.44$ 时圆筒的下降速度，从而得到问题的最后解：

```
13.91003470
```

该解与前面解法大致相同.

应用 4 地中海的鲨鱼哪去了?

背景 在第一次世界大战中，渔民们很少出去捕鱼. 当战争结束后，渔民们却发现地中海无鱼可捕. 这是怎么一回事? 渔民们百思不得其解. 这个奇怪的问题，吸引了众多的数学家和生物学家. 经过长时间的观察和分析，数学家们对此类问题，建立了相应的微分方程，从而有效地解答了该类问题.

问题 自然界中不同种群之间存在着既有依存又相互制约的生存方式：种群甲靠丰富的自然资源生长，而种群乙又靠捕食种群甲为生. 例如食用鱼和鲨鱼、美洲兔和山猫、落叶松和蚜虫等都是这种生存方式的典范. 生态学上称种群甲为食饵，而种群乙称为捕食者，两种生物共处一个系统——PP 系统. 一个比较简单的系统称为 Volterra 系统.

(1) 模型建立

设在时刻 t 时，种群甲的数量为 $x(t)$，种群乙的数量为 $y(t)$；种群甲独立生存的增长率为 r，即 $x'=rx$，乙的存在使甲的增长率减小，减少量与 y 成正比，即有关系

$$x'=(r-ay)x=rx-axy,$$

乙独立生存的死亡率为 d，即 $y'=-\mathrm{d}y$，而种群甲的存在使得乙的死亡率在减少，减少率与 x 成正比，即有关系

$$y'=-(d-bx)y=-dy+bxy.$$

由此得到问题的数学模型：

$$\begin{cases}x' = rx - axy,\\ y' = -dy + bxy.\end{cases}$$

关系式中的 a，b 分别表示种群乙对种群甲的杀伤力及种群甲对种群乙供养能力.

(2) 解模

输入语句 `[x,y]=dsolve('Dx=r*x-a*x*y','Dy=-d*y+b*x*y','t')`

返回值 Explicit solution could not be found.

说明该模型无解析解！

用数值方法求解.

设 $r=1$，$d=0.5$，$a=0.1$，$b=0.2$，$x(0)=25$，$y(0)=2$，并记 $x(1)=x$，$x(2)=y$.

① 编写微分方程组的函数文件：

```
function dx=shayu_1(t,x)
r=1;d=0.5;a=0.1;b=0.02;
dx=[(r-a*x(2)).*x(1);(-d+b*x(1)).*x(2)];
```

② 编写求解微分方程的脚本文件

```
ts=0:0.1:15;x0=[25,2];
[t,x]=ode45('shayu_1',ts,x0);
plot(t,x),grid on
figure(2),plot(x(:,1),x(:,2)),grid
```

结果如图 12-28、图 12-29 所示.

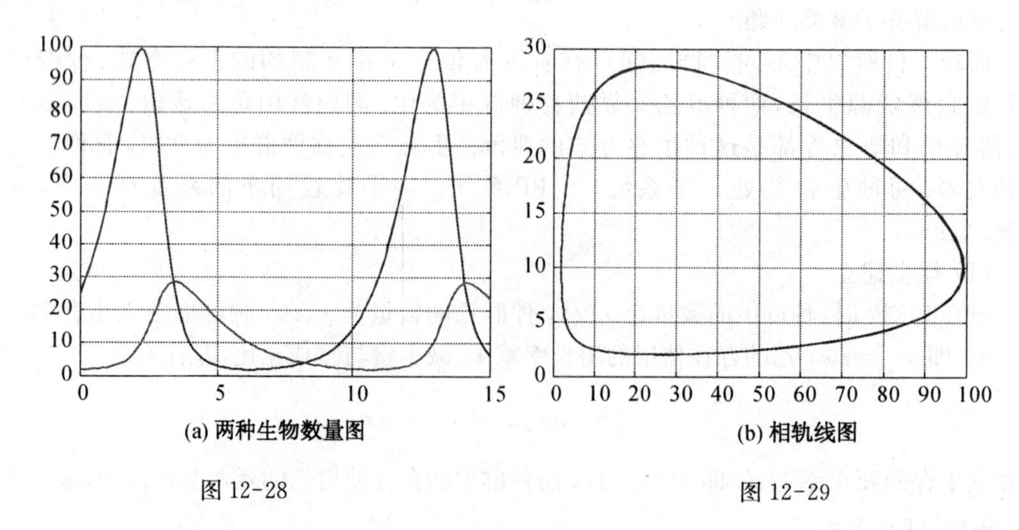

(a) 两种生物数量图 (b) 相轨线图

图 12-28 图 12-29

图形表明，种群甲和种群乙的数量呈现周期变化的情况. 如果将时间区间扩大到［0，100］，再观察相应的变化情况（图 12-29）会发现相应周期性的变化相当明显.

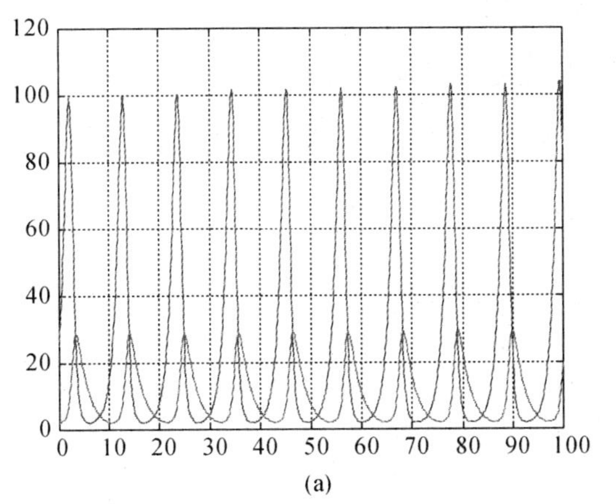

(a)

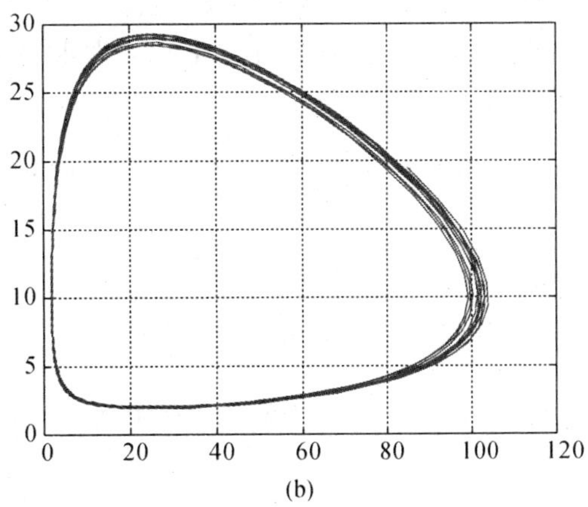

(b)

图 12-30 周期变化图

(3) 模型讨论

该模型是比较简单的 PP 系统,在该系统中,没有考虑种群中自身的阻滞因素;也没有考虑其他的外部因素,但该模型还是揭示了生物种群的一种相互制约的关系.

12.6 重积分与曲线、曲面积分

实验目的 MatLab 提供的求积分的函数及其他相关工具,掌握多种情况下求积分的方法以及应用,并用这些方法解决一些具体问题.

1. 积分计算

实验1 计算重积分、曲线积分与曲面积分.

(1) $\iint\limits_{D} x\cos(x+y)\,\mathrm{d}x\mathrm{d}y$, 其中 D 是顶点分别为 $(0,0)$, $(2\pi,0)$ 和 (π,π) 的三角形区域;

(2) $\iiint\limits_{\Omega}(x^2+y^2)\,\mathrm{d}V$, 其中 Ω 是由 $4z^2=25(x^2+y^2)$ 和平面 $z=5$ 围成的空间区域;

(3) $\iiint\limits_{\Omega} z\,\mathrm{d}V$, 其中 Ω 是由 $z=\sqrt{2-x^2-y^2}$ 和 $z=x^2+y^2$ 围成的闭区域;

(4) $\iiint\limits_{\Omega}\sqrt{x^2+y^2+z^2}\,\mathrm{d}V$, 其中 Ω 是由 $x^2+y^2+z^2=z$ 围成的闭区域;

(5) $\iiint\limits_{\Omega}(x^2+y^2)\,\mathrm{d}V$, 其中 Ω 是由不等式 $1\leqslant x^2+y^2+z^2\leqslant 4$ 围成的闭区域;

(6) $\iint\limits_{\Sigma}(x^2+y^2)\,\mathrm{d}S$, 其中 Σ 是由锥面 $z=\sqrt{x^2+y^2}$ 与抛物面 $z=2-x^2-y^2$ 相交而成.

例 7 求积分 $\iint\limits_{D} y^2\,\mathrm{d}\sigma$ 的近似值,其中区域 D 由 $y=1-x^2$ 和 $y=\mathrm{e}^x$ 围成.

解 先做出所围区域的图形(图 12-31).

两曲线的一个交点为 (0, 1)，为求另一交点，输入语句

```
f=inline('1-x^2-exp(x)'); x0=fzero(f,-0.5);
```

返回值为 x0=-0.7146.

最后完成积分，输入语句：

```
syms x y, I=int(int(y^2,y,exp(x),1-x^2),x,x0,0);disp(vpa(I,10))
```

返回值 0.05121196482.

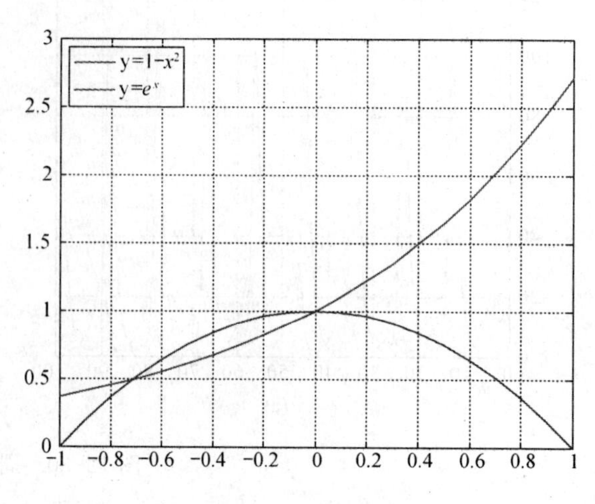

图 12-31 积分区域

也可用下面的方法计算该积分

```
f=inline('y.^2.*(y-1+x.^2<0).*(y-exp(x)>0)');
dblquad(f,-1,0,0,1)
```

返回值 0.0505.

两者之间还是有一定的误差. 为了探讨这个误差，计算下面的积分

$$\iint_D x\cos(x+y)\,\mathrm{d}x\mathrm{d}y,$$

其中，D 是顶点分别为 (0, 0)，(π, 0) 和 (π, π) 的三角形区域.

方法 1 做符号积分. 输入语句：

```
syms x y,a=int(int(x*cos(x+y),y,0,x),x,0,pi)
```

返回值 a=-(3*pi)/2

该值是精确解，相应的近似值为-4.7124

方法 2 做数值积分. 输入语句：

```
f=inline('x.*cos(x+y).*((y-x)<0).*(y>0)'); I=dblquad(f,0,pi,0,pi)
```

返回值 I=-4.7122

两个积分值也有一定的误差，究其原因是积分方式不同所产生的.

例 8 计算重积分 $\iiint_\Omega (x+e^y+\sin z)\mathrm{d}V$，其中积分区域 Ω 是由旋转抛物面 $z=8-x^2-y^2$，圆柱面 $x^2+y^2=1$ 及平面 $z=0$ 所围成的区域.

解 首先画出积分区域(图 12-32)，输入语句

```
clear,clc, clf
t=0:.1:2*pi;r=0:.1:2;
```

```
[T,R]=meshgrid(t,r);
x=R. * cos(T);y=R. * sin(T);
z=8-x.^2-y.^2;
mesh(x,y,z),hold on
[x1,y1,z1]=cylinder(2,40);
z2=4 * z1;
mesh(x1,y1,z2)
```

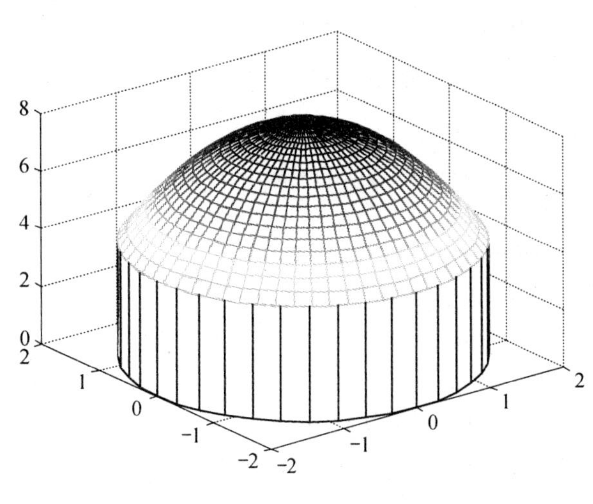

图 12-32　积分区域

由对称性知积分 $\iiint\limits_{\Omega} x\mathrm{d}V$ 为零，因此原积分变形为

$$\iiint\limits_{\Omega}(\mathrm{e}^y+\sin z)\mathrm{d}V.$$

再输入语句：

```
f=exp(y)+sin(z);z1=0;z2=8-x^2-y^2;
x1=-sqrt(4-y^2);x2=sqrt(4-y^2);
jfz=int(f,z,z1,z2);
jfx=int(jfz,x,x1,x2);
jfy=int(jfx,-2,2);vpa(jfy,10)
```

积分结果为　121.6650999

注　cylinder 函数的使用方法.

格式　[x,y,z]=cylinder(m,n);mesh(x,y,z)

功能　描绘半径为 m，高度为 1，圆柱面上线条数为 n 的圆柱面.

例 9　画出圆柱面 $x^2+y^2=9(0\leqslant z\leqslant 5)$，线条数为 60 的圆柱面.

解　输入语句：

```
[x,y,z]=cylinder(3,60);z=5 * z;mesh(x,y,z)
```

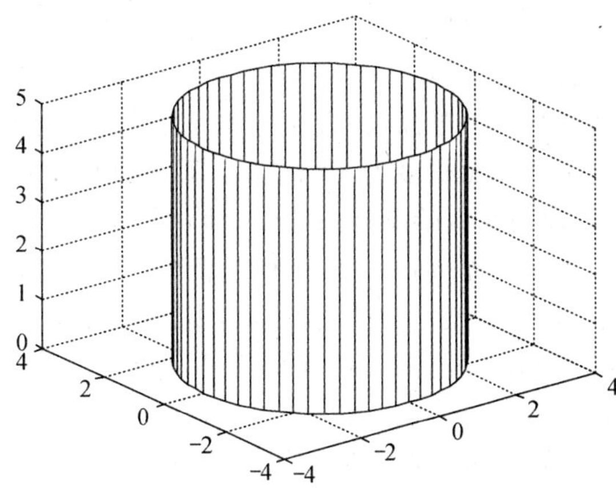

图 12-33　圆柱面

结果如图 12-33 所示.

例 10　计算曲面积分 $\iint\limits_{\Sigma}(x^2+y^2+z^2)\mathrm{d}S$，其中 Σ 为螺线曲面 $x=u\cos v,\ y=u\sin v,\ z=v\ (0\leqslant u\leqslant 2,\ 0\leqslant v\leqslant 2\pi)$.

解　曲面形状如图 12-34 所示. 参数方程下的第一类曲面积分公式：

$$\iint\limits_{\Sigma}f(x,\ y,\ z)\mathrm{d}S=\iint\limits_{D}f[x(u,\ v),\ y(u,\ v),\ z(u,\ v)]\sqrt{EG-F^2}\mathrm{d}\sigma,$$

其中，$E=x_u^2+y_u^2+z_u^2$，$G=x_v^2+y_v^2+z_v^2$，$F=x_ux_v+y_uy_v+z_uz_v$.

积分值为 275.0459.

参考程序如下：

```
syms u v
x=u*cos(v);y=u*sin(v);z=v;f=x^2+y^2+z^2;
E=simple(diff(x,u)^2+diff(y,u)^2+diff(z,u)^2);
G=simple(diff(x,v)^2+diff(y,v)^2+diff(z,v)^2);
F=simple(diff(x,u)*diff(x,v)+diff(y,u)*diff(y,v)+diff(z,u)*diff(z,v));
I=int(int(f*sqrt(E*G-F^2),v,0,2*pi),u,0,2);
a=eval(I);disp(a)
```

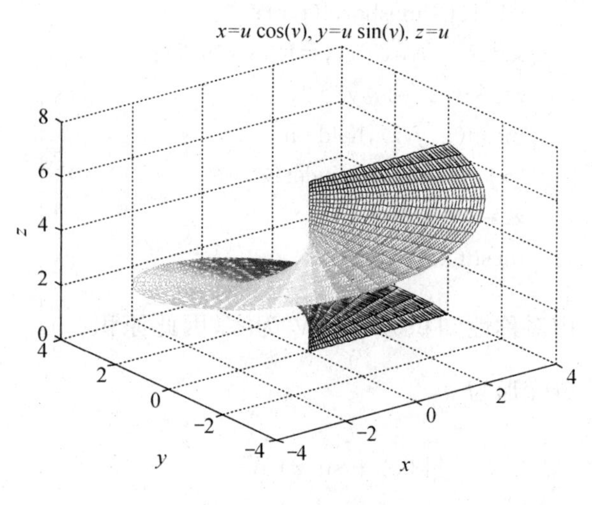

图 12-34 螺旋曲面

2. 应用:教堂问题

某个阿拉伯国家有一座著名的伊斯兰清真寺，它以中央大厅的金色巨大拱形圆顶而闻名遐迩. 因年久失修，国王下令将清真寺顶部重新贴金箔修饰. 据档案记载，大厅的顶部形状为半球面，其直径为 30 m. 考虑到可能的损耗和其他技术原因，实际用量将会比清真寺顶部面积多 1.5%. 据此，国王的财政大臣拨出了可制造 5750 m^2 规定厚度金箔的黄金. 建筑商人哈桑略通数学，他估算了下，觉得黄金会有盈余. 于是以较低的承包价得到了该项工程. 但是在施工前的测量中，工程师发现清真寺顶部实际上并非是一个精确的半球面，而是一个半椭球面，其半立轴是 30 m，而长半轴和短半轴分别是 30.6 m 和 29.6 m，这样一来，哈桑犯愁了，他担心黄金是否会有盈余，甚至可能短缺，请你为哈桑计算下，黄金是否够用？

解 问题的关键是确定顶部面积×1.015 是否大于 5750 m^2！为此需要计算椭球面的面积. (1) 建立大厅顶部的曲面方程

$$\frac{x^2}{30.6^2}+\frac{y^2}{29.6^2}+\frac{z^2}{30^2}=1;$$

(2) 将曲面方程转化为相应的参数方程

$$x=30.6\cos\theta\sin\varphi,\ y=29.6\sin\theta\sin\varphi,\ z=30\cos\theta;$$

(3) 仿上例，用参数方程形式求曲面面积；曲面面积近似值为

$$S\approx 5679.81\ \mathrm{m}^2;$$

(4) 计算实际需求量 $S_1=S\times 1.015\approx 5765.$

由此说明实际情况超过了预定的 5750 m^2 提供量，即意味着哈桑做了个亏本的生意.

12.7 无穷级数

实验目的　掌握级数求和的方法，掌握将函数展开成幂级数的方法，会求和函数及做近似计算.

1. 级数求和

例 11　求下列级数的和.

(1) $\sum_{n=1}^{+\infty} \frac{1}{n}$；　　(2) $\sum_{n=1}^{+\infty} \frac{1}{n^2}$；

(3) $\sum_{n=1}^{+\infty} (-1)^{n-1} \frac{1}{n}$；　　(4) $\sum_{n=1}^{+\infty} (-1)^{n-1} \frac{1}{n^2}$.

解　(1) 首先观察和的变化情况，就 $n = k \times 100$，画出相应的散点图，从而观察级数的收敛性.

输入语句：

```
syms n
for k=1:100;
    s(k)=symsum(1/n,n,1,k*100);
end
vpa(s,6),k=1:100;scatter(k,s,6,'r',
'filled'),grid on
```

结果如图 12-35 所示.

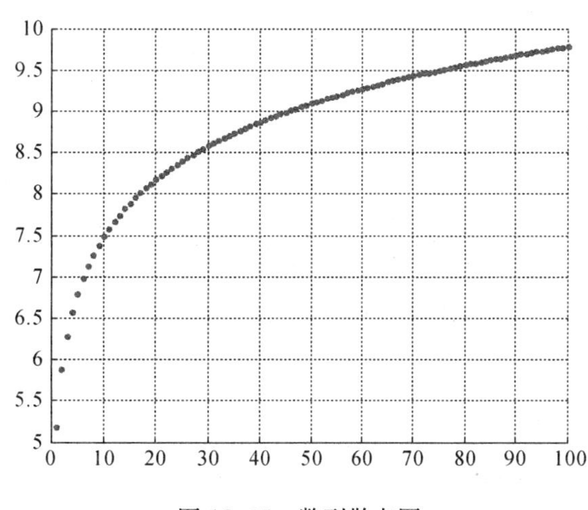

图 12-35　数列散点图

再输入语句

```
for k=1:100;
    s1(k)=s(k)-log(k*100);
end
k=1:100;
figure(2)
scatter(k,s1,2.3,'b','filled'),grid on
```

结果为图 12-36.

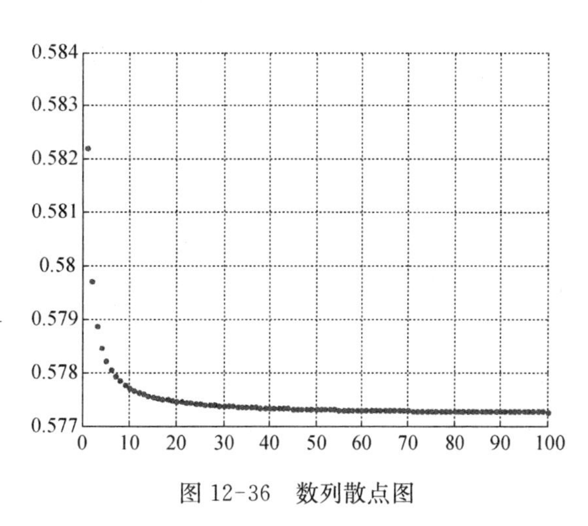

图 12-36　数列散点图

从图中可以看到，极限 $\lim_{n\to\infty}\left(\sum_{k=1}^{n} \frac{1}{k} - \ln n\right)$ 存在，其值大约在 0.577～0.578 之间.

输入语句

```
syms n k
a=limit(symsum(1/k,1,n)-log(n),n,inf); vpa(a,6)
```

结果为

```
0.577216
```

同样方法研究后面级数的收敛性,分别得到

$$\sum_{n=1}^{+\infty}\frac{1}{n^2}=\frac{\pi^2}{6},\quad \sum_{n=1}^{+\infty}\frac{(-1)^{n-1}}{n^2}=\frac{\pi^2}{6},\quad \sum_{n=1}^{+\infty}\frac{(-1)^{n-1}}{n^2}=\lg 2.$$

2. 级数收敛性判定

例 12 判定下列函数级数收敛性.

(1) $\sum_{n=1}^{\infty}(\sqrt[n]{2}-1)$; (2) $\sum_{n=2}^{\infty}\frac{\ln n}{2^n}$.

解 输入语句

```
syms n
a=limit((2^(1/n)-1)/(1/n),n,inf);                    %第(1)题
if a~=0
    disp('级数发散')
else
    disp('不能确定其收敛性')
end
```

返回值

```
级数发散
```

再输入

```
b=limit((log(n+1)/2^(n+1))/(log(n)/2^n),n,inf);      %第(2)题
b=eval(b);
if b>1
    disp('级数发散')
elseif b==1
    disp('不能确定其收敛性')
else
    m=2;s(m-1)=log(m)/2^m;
end
while 1
    m=m+1;
    s(m-1)=log(m)/2^m+s(m-2);
    if s(m-1)-s(m-2)<1e-8
```

```
        break
    end
end
disp(s(end))
```

返回值

```
0.5078
```

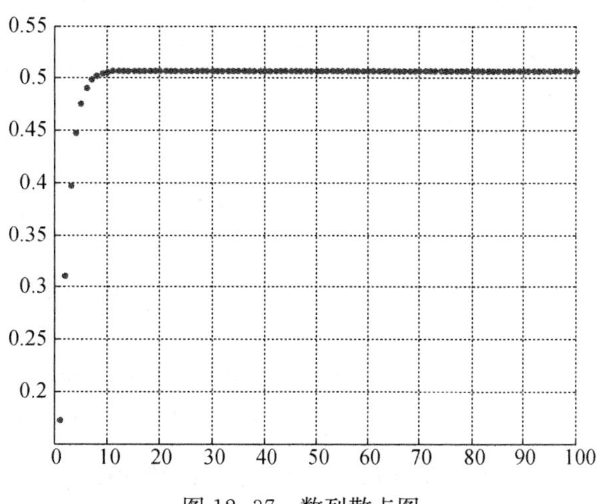

图 12-37 数列散点图

图 12-37 也说明了级数大致收敛范围.

3. 级数展开应用

例 13 用展开式

$$\ln(1+x)=x-\frac{x^2}{2}+\frac{x^3}{3}-\cdots+(-1)^{n-1}\frac{x^n}{n}+\cdots$$

近似计算 $\ln 2$，精确到小数点后第 5 位.

解 一个比较好的近似值为 0.693147.

方法 1 在展开式中，取 $x=1$，则有

$$\ln 2=1-\frac{1}{2}+\frac{1}{3}-\cdots+(-1)^{n-1}\frac{1}{n}+\cdots$$

若记 $S_n=1-\frac{1}{2}+\frac{1}{3}-\cdots+(-1)^{n-1}\frac{1}{n}$，则 $|r_n|\leqslant\frac{1}{n}$，说明级数尽管收敛，但收敛的速度相当缓慢，下面的计算结果说明了这一点：

0.693092，0.693092，0.693093，
0.693093，0.693094，0.693095，
0.693095，0.693096，0.693096，
0.693097，

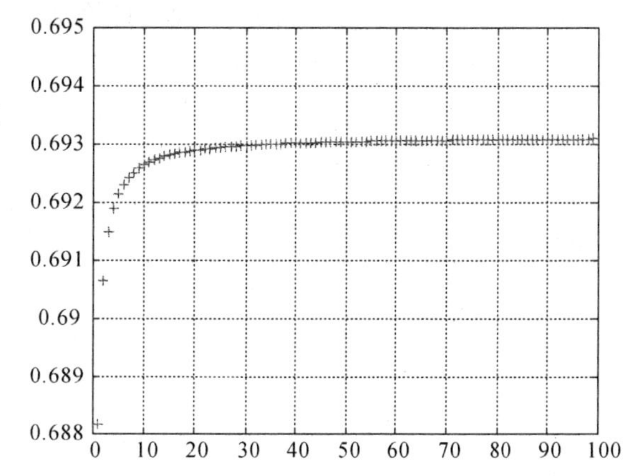

图 12-38 数列散点图

以上数据是取 $n=10000$ 时的计算值，并且每隔 100 取一个值，且是最后 10 个数据（图 12-38）.

方法 2

因

$$\ln(1+x)=x-\frac{x^2}{2}+\frac{x^3}{3}-\cdots+(-1)^{n-1}\frac{x^n}{n}+\cdots$$

所以

$$\ln(1-x)=-x-\frac{x^2}{2}-\frac{x^3}{3}-\cdots-\frac{x^n}{n}-\cdots$$

两式相减后有

$$\ln\frac{1+x}{1-x}=2\left(x+\frac{x^3}{3}+\frac{x^5}{5}+\cdots\right),$$

再取 $x=\frac{1}{3}$，此时收敛速度明显加快(思考原因)，相应的计算结果为

0.666667，0.691358，0.693004，0.693135，0.693146，
0.693147，0.693147，0.693147，0.693147，0.693147，

当 $n=6$ 时，部分和即达到预想的近似值.

4. π的近似计算

由公式 $\frac{\pi}{4}=\arctan\frac{1}{2}+\arctan\frac{1}{3}$，给出 π 的一个近似值，精确到 10^{-8}.

步骤 1，写出 $\arctan x$ 的展开式；

步骤 2，取 $x=\frac{1}{2}$ 及 $x=\frac{1}{3}$ 代入展开式，计算前 n 项的和，并估计余项值；

步骤 3，输出最后计算结果.

估计当 $n=30$ 时，展开式的和能满足精度要求(考虑下原因)，实际结果是，当 $n=20$ 时，要求已经满足. 下面是计算结果：

$n=20$　3.141592653589756

$n=30$　3.141592653589792

π 值为　3.141592653589756

相应的误差为　3.685940441755520e－014

程序为

```
a=1/2;b=1/3;
k=1;
s(k)=a+b;
for k=2:20;
    s(k)=(-1)^(k-1)*(a^(2*k-1)+b^(2*k-1))/(2*k-1)+s(k-1);
end
A=[s(end)*4,pi];
disp(A),
disp(A(1)-A(2))
```

实际情况是，当 $n=12$ 时，恰好能满足精度要求. 相应的计算值分别为

计算值与 π 的近似值　3.141592649716788　3.141592653589793

误差和迭代次数　　　0.000000003873005　12

5. 贝塞尔函数与函数逼近

零阶贝塞尔函数定义为

$$J_0(x)=\sum_{n=0}^{\infty}\frac{(-1)^n x^{2n}}{2^{2n}\ (n!)^2},$$

(1) 确定和函数的定义域；

(2) 记 $S_k(x)=\sum\limits_{n=0}^{k}\frac{(-1)^n x^{2n}}{2^{2n}\ (n!)^2}$，作出 $S_k(x)\ (k=0,1,2,3,4)$ 的图形，并和零阶贝塞尔函数曲线图形加以比较.

输入语句：

```
syms n
limit(2^(2*n)*gamma(n+1)/2^(2*n+2)/gamma(n+2),n,inf)
```

返回值　ans=0，由此得到收敛半径 $R=+\infty$，即收敛区间为整个数轴. 图形如图 12-39 所示.

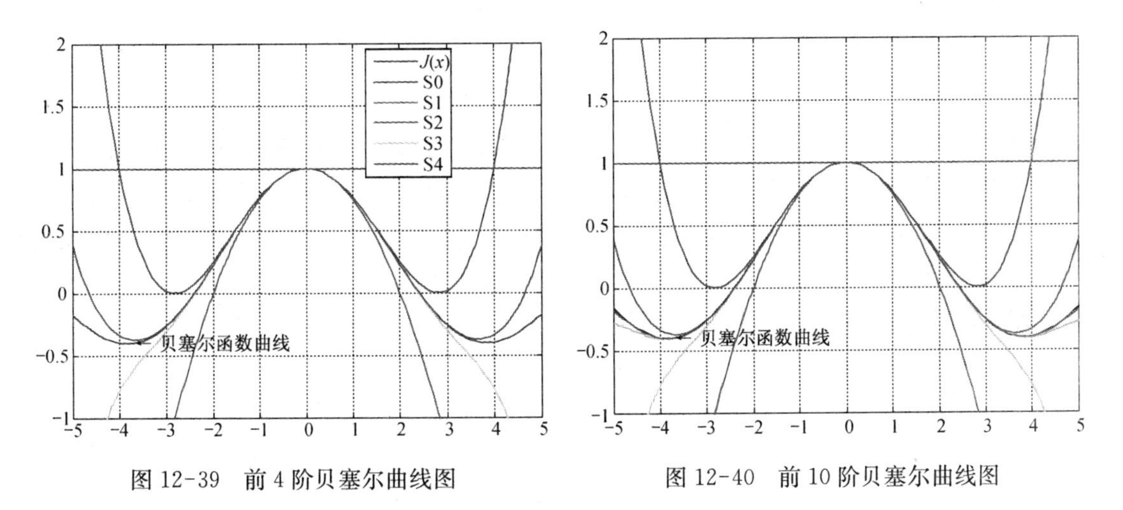

图 12-39　前 4 阶贝塞尔曲线图　　图 12-40　前 10 阶贝塞尔曲线图

图 12-40 是前 10 阶和函数图形与贝塞尔函数曲线图形. 从图形中可以看到，随着 n 的增加，$S_n(x)$ 与 $J_0(x)$ 的逼近程度就越好.

6. 傅里叶多项式与函数逼近

试在同一图形窗口中作出函数 $y=|x|\ (-\pi\leqslant x\leqslant\pi)$ 及它的 k 阶傅里叶多项式 $F_k(x)\ (k=1,2,\cdots,6)$，观察多项式函数 $F_k(x)$ 逼近函数 $y=|x|$ 的情况.

(1) 计算傅里叶系数；

(2) 生成多项式；

(3) 画出各函数的图形.

结果如图 12-41 所示.

参考程序为

```
syms x,
for k=1:6
    a(k)=int(x*cos(k*x),x,0,pi)*2/pi;
```

```
    end
    a0=int(x,x,0,pi)*2/pi;
    F(1)=a(1)*cos(x)+a0/2;
    for k=2:6
        F(k)=a(k)*cos(k*x)+F(k-1);
    end
    t=-pi:pi/100:pi;
    F=subs(F,t');
    plot(t,F),gridon,hold on,axis([-pi,pi,0,pi])
    plot(t,abs(t),'r')
```

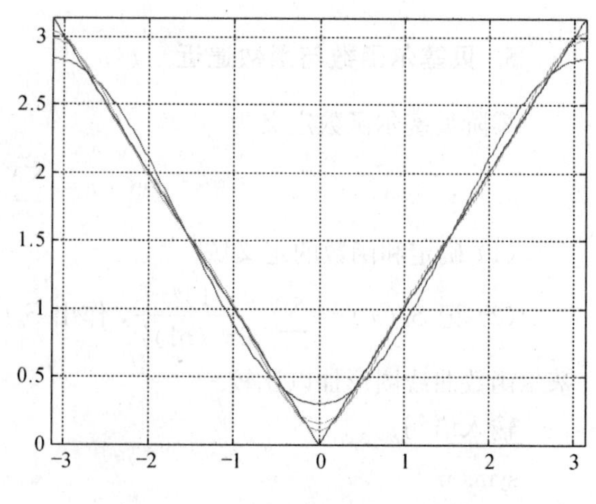

图 12-41　k 阶傅里叶多项式曲线图

7. 雪花与分形

(1) 雪花

① 以边长为1的等边三角形作为基础，第一步：将每边三等分，以每边的中间一段为底各向外作一个小的等边三角形，随后将这三个小等边三角形的底边删除；第二步：在第一步得出的多边形的每条边上重复第一部，如此继续下去所得到的曲线称为雪花图形.

② 记 s_n，l_n，p_n 分别表示第 n 个多变形的边数、每边的长和周长，给出 s_n，l_n 和 p_n 的表达式；

③ 求出图形的面积，并证明 $p_n \to \infty (n \to \infty)$.

解　① 不同边数下的雪花图形(图 12-42).

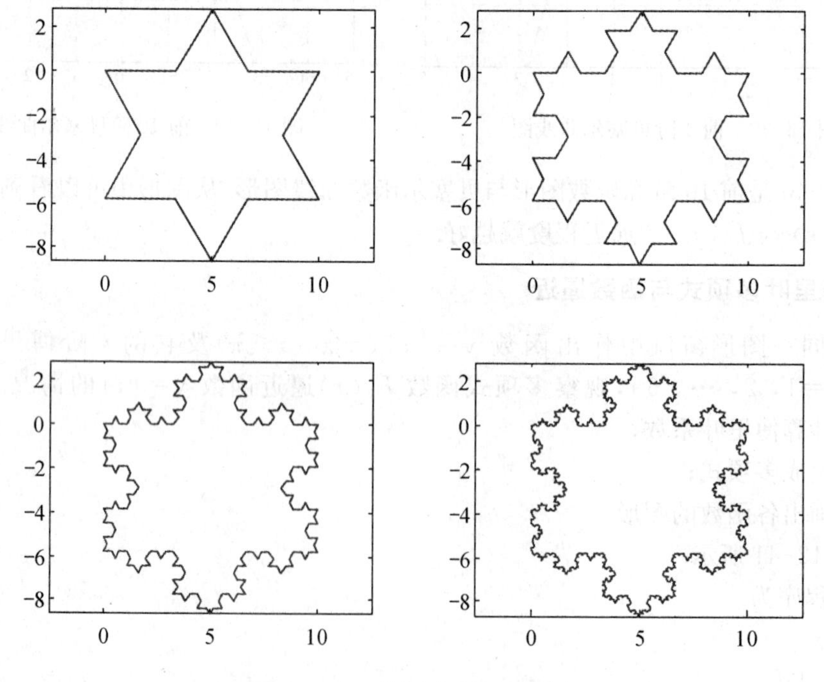

图 12-42　不同边数的雪花图形

② 记 s_n 为第 n 个多边形的边数，则容易看到，在下一步过程中，每条边都产生了 4 条边，由此得到边数关系：

$$s_0 = 3,\ s_1 = 3,\ s_2 = 3 \times 4,\ s_3 = 3 \times 4^2,\ \cdots,\ s_n = 3 \times 4^n,\ \cdots$$

注意到，每条边长是前一边长的$\frac{1}{3}$，所以在第 n 步时，总边数为 3×4^n，每边长为 $l_n = \frac{1}{3^n}$，所以周长为

$$p_n = 3 \times 4^n \times \frac{1}{3^n} = 3 \times \left(\frac{4}{3}\right)^n \to \infty.$$

注意到，边长为 a 的正三角形的面积为 $\frac{1}{4}\sqrt{3}a^2$，所以在第 n 个多边形时，边数为 3×4^n，边长为 $\frac{1}{3^n}$，每边增加一个等边三角形，面积为 $\frac{1}{4}\sqrt{3} \times \frac{1}{9^{n+1}}$，由此得到关系：

$$\begin{cases} S_0 = \dfrac{1}{4}\sqrt{3}, \\ S_n = S_{n-1} + \dfrac{1}{4}\sqrt{3} \times \dfrac{1}{9^{n+1}} \times 3 \times 4^n\ (n = 1,\ 2,\ \cdots), \end{cases}$$

所以

$$S_n = S_0 + \frac{\sqrt{3}}{12}\left[1 + \frac{4}{9} + \left(\frac{4}{9}\right)^2 + \cdots + \left(\frac{4}{9}\right)^n\right] = \frac{\sqrt{3}}{4} + \frac{\sqrt{3}}{12}\,\frac{1-(4/9)^n}{1-4/9} \to \frac{2\sqrt{3}}{5}.$$

上面计算结果表明，雪花的周长为无穷大，但面积是有限的，这样的一个怪异现象，在数学上就称为分形.

(2) Koch 曲线

在长度为 3 的直线上，三等分后，将中间段去掉，构成一个等边三角形，每边上再将中间段去掉，再构造一个等边三角形，……，如此得到的曲线称为 Kuch 曲线. 下面是经若干次分形后所得到的图形(图 12-43).

(3) 分形(Fractal)的简单描述

分形是由一些与其整体以某种方式相似的部分所组成的形体.

1989 年法尔科内提出类似但较为全面的定义：

① 分形集都具有任意小尺度下的比例细节，或者说它具有精细的结构；

② 分形集不能用传统的几何语言来描述，它既不是满足某些条件的点的轨迹，也不是某些简单方程的解集；

③ 分形集具有某种自相似形式，可能是近似的自相似或者统计的自相似；

④ 一般，分形集的“分形维数”严格大于它相应的拓扑维数；

⑤ 在大多数令人感兴趣的情形下，分形集由非常简单的方法定义，可能以变换的迭代产生.

(4) 康托(Cantor)三分集

设一根长度为 1 的线段，去掉当中的$\frac{1}{3}$，此时长度为$\frac{2}{3}$，集合为 $\left[0,\ \frac{1}{3}\right] \cup \left[\frac{2}{3},\ 1\right]$；对

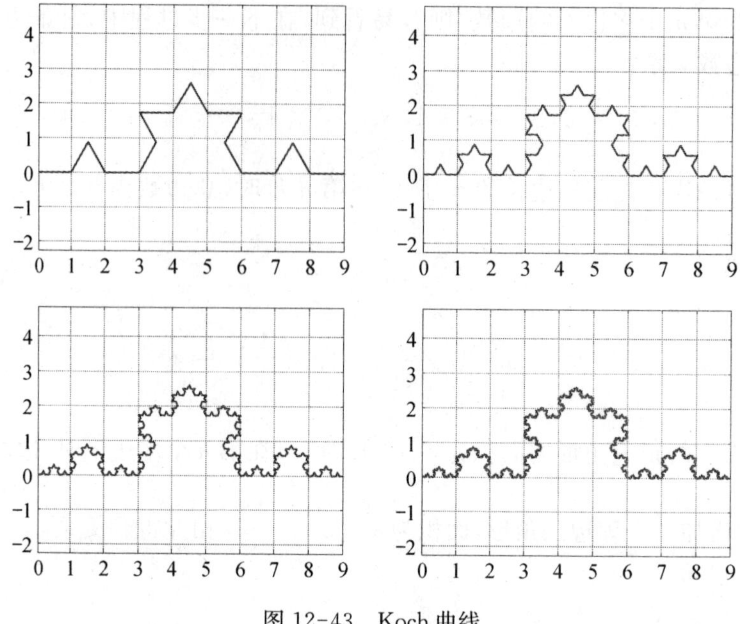

图 12-43　Koch 曲线

剩下的每个区间再做同样处理，此时长度为$\frac{4}{9}$，集合为

$$\left[0,\ \frac{1}{9}\right]\cup\left[\frac{2}{9},\ \frac{1}{3}\right]\cup\left[\frac{6}{9},\ \frac{7}{9}\right]\cup\left[\frac{8}{9},\ 1\right].$$

如此重复，所得到的集合称为康托三分集，其维数介于 0 与 1，图 12-44 是康托三分集当 $n=1, 2, 3, 4$ 时的图形.

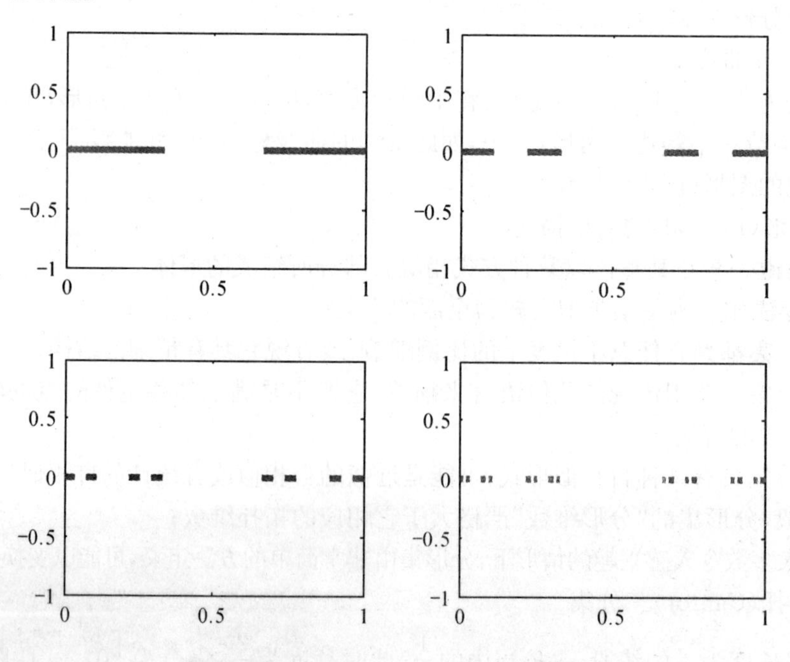

图 12-44　$k=1, 2, 3, 4$ 的三分集图形

最后一个图形放大后的效果如图 12-45 所示，可以看到，康托三分集在某些点处非常稠密，在某些点处又非常稀疏.

参考程序如下：

```
a=0:0.00001:1;
m=length(a);
y=0*ones(1,m);
plot(a,y,'r','linewidth',3),axis([0,1,
-0.2,0.2])
figure(2),
n=4;
A=0;                        %存放每个线段的左坐标
B=1;                        %存放每个线段的右坐标
for k=1:4
    p=length(A);A1=[];B1=[];
    for j=1:p;
        c1=[];
        A1=[A1,A(j)];
        A1=[A1,A(j)+2/3^k];
        c1=[c1,B(j)-2/3^k];c1=[c1,B(j)];
        B1=[B1,c1];
    end
    A=A1;B=B1;
    s=length(A);
    subplot(2,2,k)
    for t=1:length(A)
        x=[A(t),B(t)];
        y=[0,0];
        plot(x,y,'r','linewidth',4),hold on
        axis([0,1,-0.2,0.2])
    end
end
```

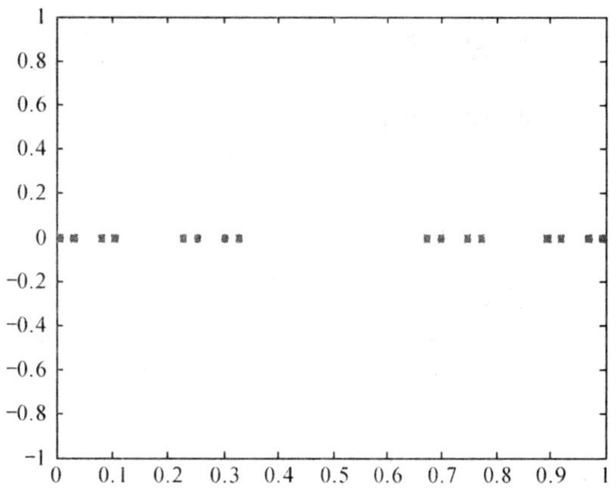

图 12-45　$n=4$ 的三分集图形

12.8 线性代数实验

实验目的　掌握使用 MatLab 提供的各项工具，求解线性代数的基本问题，包括计算行列式、矩阵方程求解、线性方程组求解及使用迭代法求解、矩阵的特征值与特征向量、矩阵条件数的意义及计算、实对称矩阵的对角化分解及二次型正定性判定.

1. 基础实验

例 14 求下列各行列式的值.

① $\begin{vmatrix} 1 & 2 & 3 & 4 & 5 \\ 2 & 3 & 4 & 5 & 1 \\ 3 & 4 & 5 & 1 & 2 \\ 4 & 5 & 1 & 2 & 3 \\ 5 & 1 & 2 & 3 & 4 \end{vmatrix}$；　　② $\begin{vmatrix} 1 & 1 & 1 & 1 \\ a & b & c & d \\ a^2 & b^2 & c^2 & d^2 \\ a^4 & b^4 & c^4 & d^4 \end{vmatrix}$；

③ $\begin{vmatrix} 5^4 & 4^4 & 3^4 & 2^4 & 1 \\ 5^3 & 4^3 & 3^3 & 2^3 & 1 \\ 5^2 & 4^2 & 3^2 & 2^2 & 1 \\ 5 & 4 & 3 & 2 & 1 \\ 1 & 1 & 1 & 1 & 1 \end{vmatrix}$；　　④ $\begin{vmatrix} x & -1 & 0 & 0 & 0 & 0 \\ 0 & x & -1 & 0 & 0 & 0 \\ 0 & 0 & x & -1 & 0 & 0 \\ 0 & 0 & 0 & x & -1 & 0 \\ 0 & 0 & 0 & 0 & x & -1 \\ a_0 & a_1 & a_2 & a_3 & a_4 & a_5 \end{vmatrix}$.

要求：用 MatLab 计算相应的结果，并用手工计算验证计算结果.

(2) 设矩阵 $\boldsymbol{X}$ 满足 $\boldsymbol{A}^*\boldsymbol{X}=\boldsymbol{A}^{-1}\boldsymbol{B}+2\boldsymbol{X}$，其中 $\boldsymbol{A}=\begin{pmatrix} 1 & 1 & -1 \\ -1 & 1 & 1 \\ 1 & -1 & 1 \end{pmatrix}$，$\boldsymbol{B}=\begin{pmatrix} 1 & 1 \\ 1 & 0 \\ 0 & -1 \end{pmatrix}$，求矩阵 $\boldsymbol{X}$.

(3) 已知 $\boldsymbol{A}$ 的伴随矩阵 $\boldsymbol{A}^*=\mathrm{diag}(1, 1, 1, 8)$ 且 $\boldsymbol{A}$ 满足

$$\boldsymbol{ABA}^{-1}=\boldsymbol{BA}^{-1}+3\boldsymbol{E},$$

求矩阵 $\boldsymbol{B}$.

(4) 设矩阵

$$\boldsymbol{A}=\begin{pmatrix} 2 & 3 & 1 & -3 & 7 \\ 1 & 2 & 0 & -2 & -4 \\ 3 & -2 & 8 & 3 & 0 \\ 2 & -3 & 7 & 4 & 3 \end{pmatrix},$$

求 $\boldsymbol{A}$ 的行最简形矩阵并求 $\boldsymbol{A}$ 的秩.

(5) 判定方程组 $\begin{cases} x_1-5x_2+2x_3-3x_4=11, \\ 5x_1+3x_2+6x_3-x_4=-1, \\ 2x_1+4x_2+2x_3+x_4=-6 \end{cases}$ 是否可解，若可解，用基础解系和特解表示方程组的所有解(通解形式).

(6) 对下面的矩阵，求特征值与对应的线性无关的特征向量，并判定是否能对角化：

① $\boldsymbol{A}=\begin{pmatrix} 2 & -1 & 2 \\ 5 & -3 & 3 \\ -1 & 0 & -2 \end{pmatrix}$；　　② $\boldsymbol{A}=\begin{pmatrix} 1 & 2 & 3 \\ 2 & 1 & 3 \\ 3 & 3 & 6 \end{pmatrix}$.

(7) 设矩阵 $\boldsymbol{A}=\begin{pmatrix}2 & 2 & -2\\ 2 & 5 & -4\\ 2 & -4 & -5\end{pmatrix}$，求正交阵 $\boldsymbol{P}$，使 $\boldsymbol{P}^{-1}\boldsymbol{A}\boldsymbol{P}$ 为对角阵.

(8) 设二次型 $f=2x_1^2+3x_2^2+3x_3^2+4x_2x_3$，求一个正交变换将其化为标准形.

(9) 设二次型 $f=x_1^2+3x_2^2+10x_3^2-2x_1x_2+4x_1x_3+2x_2x_3$，判定 f 的正定性.

解 (1) ① 方法 1

输入语句：

```
A=[1 2 3 4 5;2 3 4 5 1;3 4 5 1 2;4 5 1 2 3;5 1 2 3 4];
d1=det(A);disp(d1)
```

返回值 1875.

方法 2 从 $\boldsymbol{A}$ 的最后一行开始，每行减前一行，得到矩阵

$$\begin{matrix}1 & 2 & 3 & 4 & 5\\ 1 & 1 & 1 & 1 & -4\\ 1 & 1 & 1 & -4 & 1\\ 1 & 1 & -4 & 1 & 1\\ 1 & -4 & 1 & 1 & 1\end{matrix}$$

再作列操作，每列减去第一列，得到矩阵

$$\begin{matrix}1 & 1 & 2 & 3 & 4\\ 1 & 0 & 0 & 0 & -5\\ 1 & 0 & 0 & -5 & 0\\ 1 & 0 & -5 & 0 & 0\\ 1 & -5 & 0 & 0 & 0\end{matrix}$$

再将第二列到第五列的 $\frac{1}{5}$ 加到第一列上，则有

$$\begin{matrix}3 & 1 & 2 & 3 & 4\\ 0 & 0 & 0 & 0 & -5\\ 0 & 0 & 0 & -5 & 0\\ 0 & 0 & -5 & 0 & 0\\ 0 & -5 & 0 & 0 & 0\end{matrix}$$

则行列式为 $|\boldsymbol{A}|=3\times 5^4=1875$.

② 输入语句

```
syms a b c d
A=[1 1 1 1;a b c d;a^2 b^2 c^2 d^2;a^4 b^4 c^4 d^4];
disp(A)
d=det(A);simple(d)
```

返回值

```
(a-b)*(a-c)*(a-d)*(b-c)*(b-d)*(c-d)*(a+b+c+d)
```

③ 该行列式为变形的范德蒙德行列式，计算值为 288.0000.

输入语句 a=[1 2 3 4 5];V=vander(a);disp(V),det(vander(a))

④ 用下面的语句生成矩阵

```
syms x a0 a1 a2 a3 a4 a5
A=diag(x*ones(1,6));B=diag(-1*ones(1,5),1); A=A+B;
A(6,:)=[];a=[a0 a1 a2 a3 a4 a5];
A=[A;a];a=det(A);
```

此时矩阵为(符号矩阵)

```
[ x, -1, 0, 0, 0, 0]
[ 0, x, -1, 0, 0, 0]
[ 0, 0, x, -1, 0, 0]
[ 0, 0, 0, x, -1, 0]
[ 0, 0, 0, 0, x, -1]
[ a0, a1, a2, a3, a4, a5]
```

行列式为

```
a5*x^5+a4*x^4+a3*x^3+a2*x^2+a1*x+a0
```

(2) 因 $|\boldsymbol{A}|=4 \Rightarrow \boldsymbol{A}$ 可逆且 $\boldsymbol{A}^*=4\boldsymbol{A}^{-1}$，所以 $4\boldsymbol{X}=\boldsymbol{B}+2\boldsymbol{A}\boldsymbol{X} \Rightarrow \boldsymbol{X}=\frac{1}{2}(2\boldsymbol{E}-\boldsymbol{A})^{-1}\boldsymbol{B}$.

输入语句 X=inv(2*eye(3)-A)*B/2;

返回值

```
1/2      1/4
1/4     -1/4
1/4        0
```

(3) 用相仿的方法求解.

(4) 语句为

```
A=[2 3 1 -3 7;1 2 0 -2 -4;3 -2 8 3 0;2 -3 7 4 3];
B=rref(A);r=rank(A);
```

(5) 求解程序为

```
A=[1 -5 2 -3;5 3 6 -1;2 4 2 1];b=[1 1 -1 -6]';Ab=[A,b];
r1=rank(A);r2=rank(Ab);
if r1==r2;
    x1=null(A);x2=A\b;
    syms c1 c2
    x=c1*x1(:,1)+c2*x1(:,2)+x2;
else
    x=A\b;
```

```
end
disp(x)
```

(6) ① 输入语句

```
A=[2 -1 2;5 -3 3;-1 0 -2];
a=eig(A);
r=rank(a(1)*eye(3)-A);
if r==3
    disp('可对角化')
    [V,D]=eig(A);
else
    disp('不可对角化')
end
```

该矩阵唯一的特征值为 1，且 $R(\boldsymbol{E}-\boldsymbol{A})=2$，因此矩阵不能对角化.

返回值　不可对角化

② 此时矩阵的特征值为　-1.0000　　-0.0000　　9.0000

所以矩阵可对角化，且对应的由特征向量构成的矩阵为

```
 0.7071   0.5774   0.4082
-0.7071   0.5774   0.4082
      0  -0.5774   0.8165
```

对角阵为

```
-1.0000         0        0
      0   -0.0000        0
      0         0   9.0000
```

(7) 输入语句

```
A=[2 2 -2;2 5 -4;-2 -4 -5];
[P,D]=eig(A);
disp(P'*P),disp(inv(P)*A*P)
```

结果为

```
 1.0000  -0.0000   0.0000  -6.5887   0.0000  -0.0000
-0.0000   1.0000  -0.0000  -0.0000   1.0000   0.0000
-0.0000        0   7.5887   0.0000   0.0000   1.0000
```

(8) 输入语句

```
A=[1 0,0;0 3 2;0 2 3];[P,D]=eig(A);
syms y1 y2 y3
a=[y1,y2,y3];
b=inv(P)*A*P;c=diag(b);
f=sum(a.*c'.*a);
```

```
disp(f)
s1=[y1;y2;y3];s2=[y1 y2 y3];
f2=s2*inv(P)*A*P*s1;f2=simple(f2);
disp(f2)
```

两种方法得到的结果相同.

```
y1^2+y2^2+5*y3^2        y1^2+y2^2+5*y3^2
```

(9) 建立正定性判定的判定函数

```
function y=f(A,n);
%建立矩阵正定性判定的函数,A为待判定的矩阵;n为矩阵的阶
p=[];p1=[];
for k=1:n;
    B=A(1:k,1:k);d=det(B);
    p=[p,d];p1=[p1,(-1)^k*d];
end
disp(p)
if p>0
    disp('A是正定阵')
elseif  p1>0
    disp('A是负定阵')
elseif p>=0
    disp('A是半正定阵')
elseif p1>=0
    disp('A是半负定阵')
else
    disp('不能确定A的正定性')
end
```

在命令窗口中输入

```
A=[1 -1 2;-1 3 1;2 1 10];f(A,3)
```

返回值

```
1.0000    2.0000    3.0000  (各阶顺序主子式值)
```

A是正定阵

若输入

```
A=[1 -1 2;-1 3 1;2 1 8];f(A,3)
```

返回值

```
1.0000    2.0000   -1.0000
```

不能确定**A**的正定性

再输入

```
A=[-2 1 1;1-6,0;1 0 -4],f(A,3)
```

返回值

-2　　11　-38　　**A** 是负定阵.

2. 理解用迭代法求解线性方程组的过程和意义

例 15　用雅可比迭代及高斯-赛德尔迭代求解方程组

$$\begin{cases} 5x_1 - x_2 - 3x_3 = -1, \\ -x_1 + 2x_2 + 4x_3 = 0, \\ -3x_1 + 4x_2 + 15x_3 = 4, \end{cases}$$

初始点取 $\boldsymbol{x}^{(0)} = (1,\ 1,\ 1)^{\mathrm{T}}$.

解　步骤 1,写出迭代过程;

步骤 2,编写迭代过程语句并计算;

步骤 3,讨论收敛性.

(1) 雅可比迭代

迭代公式

$$\boldsymbol{x}^{(k+1)} = \boldsymbol{D}^{-1}(-\boldsymbol{L}-\boldsymbol{U})\boldsymbol{x}^{(k)} + \boldsymbol{D}^{-1}\boldsymbol{b}.$$

迭代结果为 $\boldsymbol{x} = (-0.0984,\ -1.1639,\ 0.5574)^{\mathrm{T}}$.

输入语句　A\b

结果为　-0.0984　-1.1639　0.5574,结果一致.

程序为

```
A=[5,-1,-3;-1 2 4;-3 4 15];b=[-1 0 4]';
D=diag(diag(A));L=tril(A,-1);U=triu(A,1);
B=inv(D) * (-L-U);f=inv(D) * b;
x=[1;1;1];e=1e-6;
for k=2:1000;
    x(:,k)=B * x(:,k-1)+f;
    a=norm(x(:,k)-x(:,(k-1)));
    if a<e
        break
    end
end
disp(x)
```

(2) 高斯-赛德尔迭代

迭代公式

$$x^{(k+1)}=-(D+L)^{-1}Ux^{(k)}+(D+L)^{-1}b=B_1x^{(k)}+f.$$

两种迭代法结果相同,但雅可比迭代,经过351次得到最后结果,而高斯-赛德尔迭代,只经过24次迭代即得到结果.

程序为

```
B1=-inv(D+L)*U;f1=inv(D+L)*b;
x=[1;1;1];e=1e-6;
for k=2:1000;
    x(:,k)=B1*x(:,k-1)+f1;
    a=norm(x(:,k)-x(:,(k-1)));
    if a<e
        break
    end
end
disp(x);
```

例16 用雅可比迭代及高斯-赛德尔迭代求解方程组:

$$\begin{cases}10x_1+4x_2+5x_3=-1,\\4x_1+10x_2+7x_3=0,\\5x_1+7x_2+10x_3=4,\end{cases}$$

初始点取 $x^{(0)}=(1,1,1)^{\mathrm{T}}$.

解 雅可比迭代不收敛,经过1000次迭代,计算值为 $x=(-1.2939,-1.5080,-1.5808)^{\mathrm{T}}$;问题是矩阵 A 不满足收敛条件:严格对角占优,即

$$|a_{ii}|>\sum_{j\neq i}|a_{ij}|.$$

高斯-赛德尔迭代收敛,经过20次迭代,得到收敛值

$$x=(-0.3658,-0.5132,0.9421)^{\mathrm{T}}$$

输入语句:A\b,得到

```
ans=-0.3658  -0.5132  0.9421
```

结果一致.

若将方程改为

$$\begin{cases}10x_1+4x_2+5x_3=-1,\\4x_1+12x_2+7x_3=0,\\5x_1+7x_2+13x_3=4,\end{cases}$$

此时两种迭代都收敛,方程的解为 $x=(-0.2791,-0.2173,0.5321)^{\mathrm{T}}$.

相应的迭代次数和迭代时间分别为

次数 170,15

时间　t1=7.7128e−004　t2=5.8779e−005

注　时间记录函数　开始　tic　结束　toc

3. 矩阵的条件数和矩阵的病态分析

例 17　设矩阵

$$A=\begin{pmatrix}1 & x_0 & x_0^2 & \cdots & x_0^{n-1}\\ 1 & x_1 & x_1^2 & \cdots & x_1^{n-1}\\ \cdots & \cdots & \cdots & \cdots & \cdots\\ 1 & x_{n-1} & x_{n-1}^2 & \cdots & x_{n-1}^{n-1}\end{pmatrix},$$

其中，$x_k=1+0.1k\ (k=0,1,\cdots,n-1)$. 向量 $\boldsymbol{b}_b$ 是矩阵的行和.

(1) 编写生成矩阵 $\boldsymbol{A}$ 的函数文件；

(2) 对 $n=5,7,9,\cdots$ 计算矩阵的条件数；

(3) 求方程组 $\boldsymbol{Ax}=\boldsymbol{b}$ 的解(用左除)；

(4) 对 $n=5,7,9,\cdots$ 时，在 $\boldsymbol{A}(n,n)$ 上加上扰动 ε，求方程 $\boldsymbol{Ax}=\boldsymbol{b}$ 的解($\boldsymbol{b}$ 不变)；

(5) $n=5,7,9,\cdots$ 时，在 $\boldsymbol{b}(n)$ 上加上扰动 ε，求方程 $\boldsymbol{Ax}=\boldsymbol{b}$ 的解($\boldsymbol{A}$ 不变).

解　(1) 生成函数文件：

步骤 1，根据确定的阶数，首先生成基础向量；

步骤 2，根据基础向量，生成矩阵；

步骤 3，交换列，得到矩阵.

```
function A=sy8_3_1(n);            %n 为矩阵的阶数
x(1)=1;
for k=2:n
    x(k)=1+(k-1)*0.1;             %生成向量
end
A=vander(x);                      %生成 MatLab 下的 VanDer Monde 矩阵
for i=1:n-1
    s=A(:,n);
    for j=n:-1:i+1
        A(:,j)=A(:,j-1);          %做列的变换
    end
    A(:,i)=s;
end
```

(2) 对生成的矩阵，用条件数函数计算相应的条件数. 对 $n=5,7,9,11,13$，相应的条件数为

```
1.0e+015 *
0.0000    0.0000    0.0000    0.0065    2.0586
```

(3) 输入语句

```
x=A\b;disp(x)
```

返回值

```
1.0000    1.0000    1.0000    1.0000    1.0000
```

即该方程的解为 $\boldsymbol{x}=(1,1,1,1,1)^{\mathrm{T}}$.

(4) 对 $\boldsymbol{A}$ 增加的扰动,相应的解为

```
1.0000    0.9929    0.9993    0.9999    1.0000    1.0000    1.0000
1.0000    1.0250    1.0025    1.0003    1.0000    1.0000    1.0000
1.0000    0.9672    0.9967    0.9997    1.0000    1.0000    1.0000
1.0000    1.0191    1.0019    1.0002    1.0000    1.0000    1.0000
1.0000    0.9959    0.9996    1.0000    1.0000    1.0000    1.0000
```

(5) 对 $\boldsymbol{b}$ 增加的扰动,相应的解为

```
1.0000    1.0071    1.0007    1.0001    1.0000    1.0000    1.0000
1.0000    0.9749    0.9975    0.9997    1.0000    1.0000    1.0000
1.0000    1.0330    1.0033    1.0003    1.0000    1.0000    1.0000
1.0000    0.9808    0.9981    0.9998    1.0000    1.0000    1.0000
1.0000    1.0042    1.0004    1.0000    1.0000    1.0000    1.0000
```

引起的解的改变不大.

参考程序为:

```
n=input('输入矩阵的阶数');
A=sy8_3_1(n);
b=sum(A,2);
x=A\b;disp(x)
a=5:10;m=length(a);
e=10.^(-a);y=x;z=x;
for k=1:m
    B=A;
    B(n,n)=B(n,n)+e(k);            %A的扰动
    d=B\b;
    y=[y,d];
end
for k=1:m
    c=b;c(n)=c(n)+e(k);            %b的扰动
    d=A\c;
    z=[z,d];
end
```

若取 $\boldsymbol{A}$ 为 n 阶希尔伯特矩阵,当 n 增大时,其解的波动性明显增大;而当 $\boldsymbol{A}$ 为 n 阶帕斯

卡矩阵时，解的波动不明显，有兴趣的读者可以仿照上面程序进行实验.

4. 线性映射

将线性函数

$$y = ax + b$$

建立的数集间的对应关系，扩展到空间中点的对应关系，得到空间中的线性映射关系.

例 18 （贷款与还款问题） 设某人因购物的需要，向银行申请贷款，然后做每月的等额还款，建立相应的还款计划模型. 并考虑下面问题：

(1) 某人因买房向银行贷款 120 万元，分 20 年还款，年利率为 5.5%，试确定每月的还款计划；

(2) 画出还款计划曲线；

(3) 若利率上涨到 6%，每月的还款计划做如何改变？是否还款数也增加 10%？若每月的还款数保持不变，则需要还款多少年？

(4) 利率上升到何值时，不改变还款计划，是否存在一辈子都还不清的可能？

求解描述

(1) 以 X_0 表示贷款总额，X_n 表示第 n 年的欠款余额，建立 X_n 与 X_{n+1} 的函数关系；

(2) 对上面的函数关系，用 MatLab 画出相应的散点图；

(3) 在(1) 建立的函数关系中，修改利率值，修改还款计划或者修改还款年数；

(4) 令还款年数为无穷，确定相应的利率.

建模 以 r 表示年利率，m 为每月的还款数，N 表示还款的年份，则有

$$X_{n+1} = X_n + rX_n - 12m = RX_n - 12m.$$

其中，$R = 1 + r$，由此得模型

$$X_n = R^n X_0 - 12m(R^n - 1)/(R - 1).$$

当 $n = N$ 时，有 $X_N = 0$，从中求出每月还款数 m. 取 $X_0 = 120$，$r = 0.055$，$N = 20$. 解得 $m \approx 8\ 636$（元），还贷函数曲线如图 12-46 所示.

若 $r = 0.06$，则相应的还款数为 8 718元，增加了 351 元，增加的幅度小于利率上涨的幅度；若每月的还款数不变，则还款时间为 21.664 5(年).

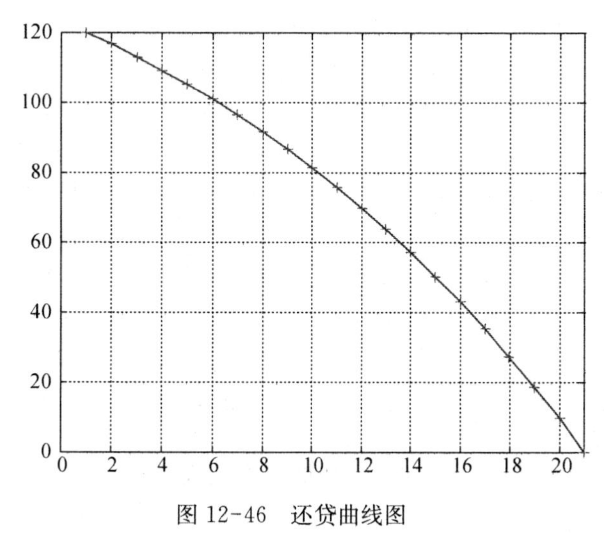

图 12-46 还贷曲线图

在服务系统、销售系统中，天气状况对系统的营运会产生较大的影响，研究天气变化的规律，对系统决策会产生积极的作用.

例 19（天气变化分析） 设某地区的天气状况主要分为：晴天、多云、阴天、雨天，分别表示为 (A_1, A_2, A_3, A_4)，研

究表明,其相互间的关系用下面的矩阵加以表现:

$$P = \begin{pmatrix} \frac{1}{2} & \frac{1}{4} & \frac{1}{8} & \frac{1}{8} \\ \frac{1}{3} & \frac{1}{3} & \frac{1}{6} & \frac{1}{6} \\ \frac{1}{12} & \frac{1}{4} & \frac{1}{3} & \frac{1}{3} \\ \frac{1}{16} & \frac{3}{16} & \frac{7}{16} & \frac{5}{16} \end{pmatrix},$$

即

$$(A_1, A_2, A_3, A_4)^{k+1} = (A_1, A_2, A_3, A_4)^k P,$$

矩阵 P 称为概率转移矩阵,上式简写为 $A = AP$:

(1) 分别取 $A = (1, 0, 0, 0)$或$(0, 1, 0, 0)$ 时考查若干天的天气状况;

(2) 考查 50 天后及 100 天后的天气状况;

(3) 给出一年中晴天的天数;

(4) 若某公司的销售利润对天气的反应为

天气	晴天	多云	阴天	雨天
利润	345	281	159	82

试估计该公司一年的利润值.

解 步骤 1:按关系编写 MatLab 的脚本文件,观察在多种初始条件下的天气演变情况;

步骤 2:当天数 n 较大时,计算各种天气的稳定概率;

步骤 3:用函数期望求出该公司一年的预测销售利润.

各项数据依次为(前 5 天的天气变化状况)

```
1.0000    0.5000    0.3516    0.2917    0.2655    0.2539
     0    0.2500    0.2630    0.2604    0.2584    0.2575
     0    0.1250    0.2005    0.2355    0.2513    0.2584
     0    0.1250    0.1849    0.2124    0.2247    0.2303

     0    0.3333    0.3021    0.2718    0.2568    0.2500
1.0000    0.3333    0.2674    0.2595    0.2578    0.2572
     0    0.1667    0.2257    0.2472    0.2565    0.2607
     0    0.1667    0.2049    0.2216    0.2289    0.2321
```

当 $n = 50$ 时,各种情况下的天气概率为

晴天　　0.2445　　0.2567　　0.2641　　0.2347

多云	0.2445	0.2567	0.2641	0.2347
阴天	0.2445	0.2567	0.2641	0.2347
雨天	0.2445	0.2567	0.2641	0.2347

从中发现，当 n 较大时，不同初始条件下各种情况下的概率基本一致，该概率称为稳定概率，它是马尔科夫链的重要特征之一.

以期望表示平均利润，则有 EY＝80406.

5. 应用：车流量问题

图 12-47 给出了某地区部分单行道的交通流量（每小时过车数）：

假设：(1) 全部流入网络的车流量等于流出的车流量；

(2) 全部流入一个节点的车流量等于流出该节点的车流量.

要求：(1) 建立确定未知车流量的数学模型；

(2) 确定未知点的车流量.

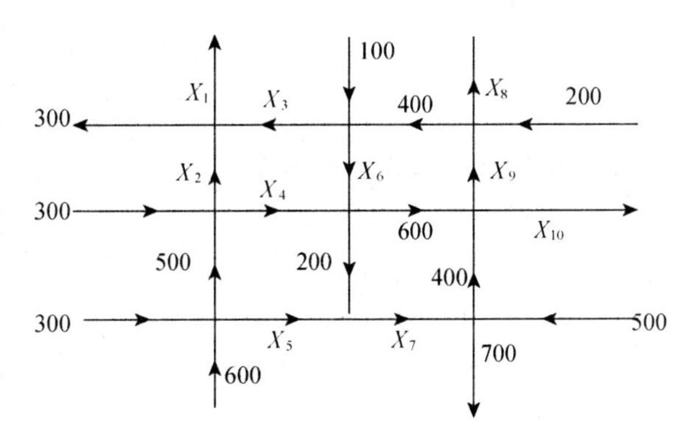

图 12-47 流量图

解 步骤 1：对每个交叉路口（共九个），建立平衡方程；

步骤 2：流入总量减去已知的流出总量即为未知流出量的总和（共三个），由此得到问题的数学模型.

步骤 3：用 rref 函数简化方程；

步骤 4：对自由未知量，取特定值，得到方程（也就是模型）的解.

说明 1：该问题一般有多个解；

说明 2：不能用左除方法求解，因为这样的解可能不是整数解.

(1) 模型建立

由前面讨论，建立下面的模型，注意到流入总量为 2000，已知流出的总量为 1000，由此得到下面的表达式：

$$\begin{cases} x_2 + x_3 - x_1 = 300, \\ x_2 + x_4 = 800, \\ x_5 = 400, \\ x_3 + x_6 = 500, \\ x_4 + x_6 = 800, \\ x_7 - x_5 = 200, \\ x_9 - x_8 = 200, \\ x_9 + x_{10} = 1000, \\ x_7 = 600, \\ x_1 + x_8 + x_{10} = 1000. \end{cases}$$

(2) 模型求解

增广矩阵为

$$
\begin{matrix}
-1 & 1 & 1 & 0 & 0 & 0 & 0 & 0 & 0 & 0 & 300 \\
0 & 1 & 0 & 1 & 0 & 0 & 0 & 0 & 0 & 0 & 800 \\
0 & 0 & 0 & 0 & 1 & 0 & 0 & 0 & 0 & 0 & 400 \\
0 & 0 & 1 & 0 & 0 & 1 & 0 & 0 & 0 & 0 & 500 \\
0 & 0 & 0 & 1 & 0 & 1 & 0 & 0 & 0 & 0 & 800 \\
0 & 0 & 0 & 0 & -1 & 0 & 1 & 0 & 0 & 0 & 200 \\
0 & 0 & 0 & 0 & 0 & 0 & 0 & -1 & 1 & 0 & 200 \\
0 & 0 & 0 & 0 & 0 & 0 & 0 & 0 & 1 & 1 & 1000 \\
0 & 0 & 0 & 0 & 0 & 0 & 1 & 0 & 0 & 0 & 600 \\
1 & 0 & 0 & 0 & 0 & 0 & 0 & 1 & 0 & 1 & 1000
\end{matrix}
$$

系数矩阵与增广矩阵的秩均为8.

行简形矩阵为

$$
\begin{matrix}
1 & 0 & 0 & 0 & 0 & 0 & 0 & 0 & 0 & 0 & 200 \\
0 & 1 & 0 & 0 & 0 & -1 & 0 & 0 & 0 & 0 & 0 \\
0 & 0 & 1 & 0 & 0 & 1 & 0 & 0 & 0 & 0 & 500 \\
0 & 0 & 0 & 1 & 0 & 1 & 0 & 0 & 0 & 0 & 800 \\
0 & 0 & 0 & 0 & 1 & 0 & 0 & 0 & 0 & 0 & 400 \\
0 & 0 & 0 & 0 & 0 & 0 & 1 & 0 & 0 & 0 & 600 \\
0 & 0 & 0 & 0 & 0 & 0 & 0 & 1 & 0 & 1 & 800 \\
0 & 0 & 0 & 0 & 0 & 0 & 0 & 0 & 1 & 1 & 1000 \\
0 & 0 & 0 & 0 & 0 & 0 & 0 & 0 & 0 & 0 & 0 \\
0 & 0 & 0 & 0 & 0 & 0 & 0 & 0 & 0 & 0 & 0
\end{matrix}
$$

可以看到，x_6，x_{10} 为自由未知量，输入语句

```
y=null(A,'r');x=pinv(A)*b;
```

得到方程的基础解系和特解分别为

$$
\begin{matrix}
0 & 1 & -1 & -1 & 0 & 1 & 0 & 0 & 0 & 0 \\
0 & 0 & 0 & 0 & 0 & 0 & 0 & -1 & -1 & 1 \\
200 & 325 & 175 & 475 & 400 & 325 & 600 & 200 & 400 & 600
\end{matrix}
$$

即方程的通解为

$$
\boldsymbol{x} = k_1 \boldsymbol{y}_1 + k_2 \boldsymbol{y}_2 + \boldsymbol{x}^*.
$$

每个不同的 k 的取值对应了问题的一个解.

若使用 Lingo 软件，则很容易得到该问题的一个解：

$$
\boldsymbol{x} = (200, 400, 100, 400, 400, 400, 600, 0, 200, 800)^{\mathrm{T}}.
$$

程序为：

Model:

```
sets:
    row/1..10/:b;
    col/1..10/:c,x;
    matrix(row,col):A;
endsets
min=@sum(col:c * x);
@for(row(i):@sum(col(j):A(i,j) * x(j))=b(i));
data:
c=1,1,1,1,1,1,1,1,1,1;
b=300, 800, 400, 500, 800, 200, 200, 1000, 600, 1000;
A=-1, 1, 1, 0, 0, 0, 0, 0, 0, 0
     0, 1, 0, 1, 0, 0, 0, 0, 0, 0
     0, 0, 0, 0, 0, 1, 0, 0, 0, 0
     0, 0, 1, 0, 0, 1, 0, 0, 0, 0
     0, 0, 0, 1, 0, 1, 0, 0, 0, 0
     0, 0, 0, 0,-1,0, 1, 0, 0, 0,
     0, 0, 0, 0, 0, 0, 0,-1, 1, 0
     0, 0, 0, 0, 0, 0, 0, 0, 1, 1
     0, 0, 0, 0, 0, 0, 1, 0, 0, 0
     1, 0, 0, 0, 0, 0, 0, 1, 0, 1;
enddata
```

注意　尽管程序求的是问题的最小值,但约束条件仅是一个等式关系,而该关系恰好就是原问题的解,所以最终的结果是一致的.

12.9　概率统计实验

1. 基础实验

实验目的　掌握利用 MatLab 的有关函数求解相关问题;理解概率的统计定义;掌握随机取数方法;掌握数据的统计分析.

例 20　(1) ① 设 $X \sim B(15,0.4)$,求 $P(4 \leqslant X \leqslant 8)$;② 画出该分布的概率函数图形;

(2) 取 $\lambda = 6$,画出泊松分布 $X \sim P(6)$ 的概率函数图形;

(3) ① 设 $X \sim N(2, 3.5)$,求 $P(1 < X < 3.5)$;$P(|X| < 3)$;② 画出该分布的密度函数曲线;

(4) 设 $X \sim N(0, 1)$,就 $\alpha = 0.01, 0.05, 0.1, 0.9, 0.95, 0.99$,求相应的(下)分位数;

(5) 设 $X \sim \chi^2(9)$,就 $\alpha = 0.01, 0.05, 0.1, 0.9, 0.95, 0.99$,求相应的(下)分位数;

(6) 设 $X\sim\chi^2(9)$，取 $\alpha=0.9$，求出分位数，标出分位数的位置并画出相应的区域，满足 $P(X<x_0)=0.9$.

(7) 设 $m=10$，$n=20$，$\alpha=0.9$，求分位数 $F_\alpha(m,\ n)$，$F_{1-\alpha}(n,\ m)$，从而验证关系

$$F_\alpha(m,\ n)=\frac{1}{F_{1-\alpha}(n,\ m)}.$$

解 (1) $p_1=P(4\leqslant X\leqslant 8)=0.8145$；

(2) 概率函数图形如图 12-48.

(3) $p_2=P(1<X<3.5)=0.4922$，$p_3=P(-3<X<3)=0.6997$；

密度函数图形如图 12-49 所示.

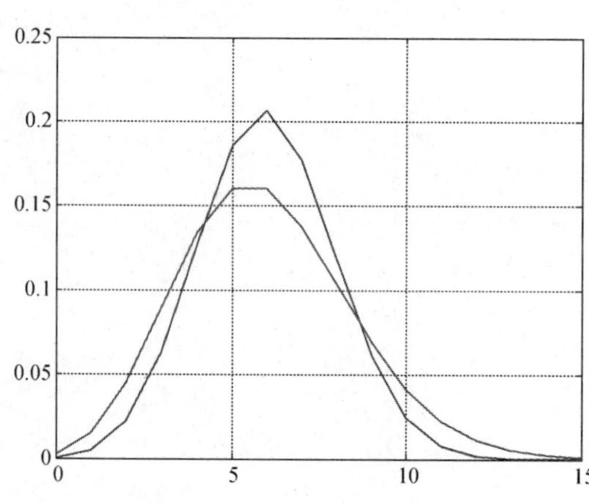

图 12-48 二次分布概率函数图

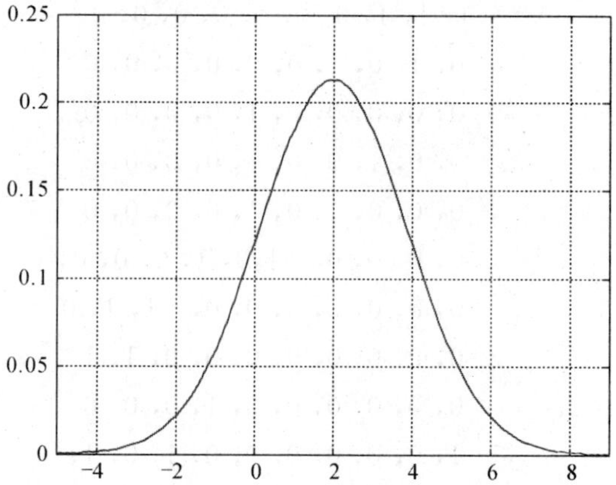

图 12-49 正态分布密度函数图

(4) 分位数为

```
-2.3263   -1.6449
 1.2816    1.6449
```

注意到对称性，即当 $p>0.5$ 时，有 $u_{1-\alpha}=-u_\alpha$；

(5) 分位数为

```
2.0879        3.3251
4.1682        14.6837
16.9190       21.6660
```

(6) 结果如图 12-50 所示.

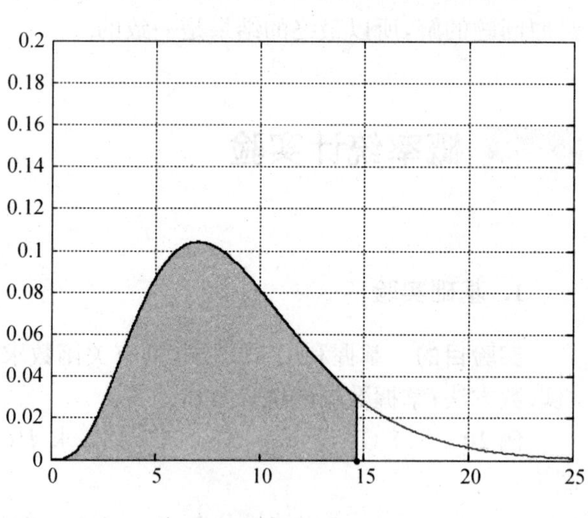

图 12-50 分位数图

(7) 分位数为

```
1.9367     0.5163     0.5163
```

注意到 $0.5163=\dfrac{1}{1.9367}$，从而说明关系 $F_\alpha(m,\ n)=\dfrac{1}{F_{1-\alpha}(n,\ m)}$.

2. 频率与概率实验

例 21　(1) 分别抛 10000，20000，50000，100000，200000 次硬币，统计正面出现次数，并填下表：

次数	10000	20000	50000	100000	200000
频数					
频率					

解　步骤 1，确定试验次数；

步骤 2，在每次实验中，确定抛硬币次数，用函数 randperm 进行模拟抛硬币实验，若取值为 1，表示出现正面，并计数；

步骤 3，统计结果(一个可能的结果).

次数	10000	20000	50000	100000	200000
频数	5006	9996	24892	49953	99963
频率	0.5006	0.4998	0.4987	0.49953	0.4998

(实验时间为 3.2946 s)

参考程序为

```
k=[1 2 5 10 20];
count=[0,0,0,0,0];
tic
for i=1:5
    count1=0;
    for n=1:k(i)*10000;
    a=randperm(2);
    if a(1)==1
        count1=count1+1;
    end
    end
    count(i)=count1;
end
for i=1:5
    A(i)=count(1,i)/(k(i)*10000);
end
t=toc;
```

例 22　掷骰子 100000 万次，计算出现点数分别是 1 ～ 6 的次数及相应的频率，完成下表：

点数	1	2	3	4	5	6
频数						
频率						

解 步骤1,建立一个计数器和六个累加器,初始值均为0;
步骤2,开始掷骰子,出现点数为 n, 则第 n 个累加器加1;
步骤3,实验结束,输出结果.
一个可能的结果是:

点数	1	2	3	4	5	6
频数	16595	16555	16570	16785	16709	16786
频率	0.1659	0.1656	0.1657	0.1679	0.1671	0.1679

程序如下:

```
n=1e5;
m=zeros(1,6);
for k=1:n
    a=randperm(6);a=a(1);
switch a
    case 1
        m(1)=m(1)+1;
    case 2
        m(2)=m(2)+1;
    case 3
        m(3)=m(3)+1;
    case 4
        m(4)=m(4)+1;
    case 5
        m(5)=m(5)+1;
    otherwise
        m(6)=m(6)+1;
    end
end
disp(m),disp(m/n)
```

3. 数据模拟

例23 用随机模拟的方法,计算积分 $\iiint\limits_{\Omega}\frac{1}{(1+x+y+z)^3}\mathrm{d}V$, 其中, Ω 由三坐标平面和

平面 $x+y+z=1$ 所围成.

解　步骤 1,取随机数,随机数服从均匀分布(在四维空间中取值);

步骤 2,对随机数进行判定;计算随机点落在曲面 $u=\dfrac{1}{(1+x+y+z)^3}$ 下的个数;

步骤 3,用频率取代概率,再由概率的几何意义得到积分近似值.

近似值为　0.0343

程序如下

```
n=1e6;
A=rand(n,4);cnt=0;
for i=1:n
    if A(i,4)<1/(1+A(i,1)+A(i,2)+A(i,3))^3...
        & A(i,1)+A(i,2)+A(i,3)<1;
    cnt=cnt+1;
    end
end
p=cnt/n;
disp(p)
```

该问题用符号积分计算结果为　0.0341:

输入语句

```
syms x y z
a=int(int(int(1/(1+x+y+z)^3,z,0,1-x-y),y,0,1-x),x,0,1);eval(a)
```

结果为

0.0341

例 24　由积分 $\int_0^1 \dfrac{1}{1+x^2}dx=\dfrac{\pi}{4}$,再由几何概率,由曲线 $y=0$, $y=\dfrac{1}{1+x^2}$, $x=1$ 的面积与单位矩形的面积之比为随机点落在该区域中的概率.由此得到 π 值的一个估计方法.

要求:分别做 200, 400, 600, 800, 1000 次实验,每次取 10 万个点,以平均值做为概率,从而得到 π 的近似估计值,完成下表:

次数	200	400	600	800	1000
近似值					

解　步骤 1,外层循环:对 $k=200, 400, \cdots$ 的循环,建立 π 的近似估计变量;

步骤 2,中层循环:对实验次数 k 的循环,建立计数器及随机数生成变量;

步骤 3,内层循环:对随机数进行判定,从而得到频率数;

步骤 4,对数据进行处理,输出计算结果.

一个可能的结果如下:

次数	200	400	600	800	1000
近似值	3.1418	3.1413	3.1414	3.1414	3.1415

参考程序为：

```
m=2:2:10;
mpi=[];n=1e5;
for k=1:5;
    p=[];
    for i=1:m(k)*100
        cnt=0;A=rand(n,2);
        for j=1:n
            if A(j,2)<1/(1+A(j,1)^2);
                cnt=cnt+1;
            end
        end
        p=[p,4*cnt/n];
    end
    mm=mean(p);
    mpi=[mpi,mm];
end
disp(mpi)
```

计算时间大约为 16 s.

若将随机点取数个数扩大到 100 万个，则计算结果为

近似值	3.1415	3.1417	3.1415	3.1416	3.1416

模拟时间为 163.2777 s，模拟情况显然优于 1e5 的情况.

例 25（排除实验） 一个只有一个收银员的小店，顾客的平均到达间隔时间服从均值为 2.5 min，标准差为 0.5 min 的正态分布，顾客购买 1 到 4 件商品的概率分别为

X	1	2	3	4
P	0.5	0.2	0.2	0.1

购买每件商品需要的时间服从均值为 1.2 min，标准差为 0.3 min 的正态分布，试模拟对 200 名顾客的收银员的总服务时间.

解题要点 顾客接受服务时间必须在前一个顾客服务结束后才能进行，否则他只能等待，因此下一顾客接受服务的时间是前一顾客服务结束时间与后一顾客到达时间的较大者.

解 步骤 1，生成第一个顾客到达时间，生成随机数以确定该顾客买商品件数，（若随机

数小于 0.5，确认该顾客买 1 件；介于 0.5 和 0.7 之间，确认买 2 件商品……）再生成提供服务时间的随机数；

步骤 2，生成第二个顾客到达时间及其他数据；

步骤 3，记录每次顾客接受服务的相关数据；

步骤 4，服务结束，输出数据.

运行结果大致为

服务总时间　516.1388(min)　顾客购买平均件数　1.9550

平均等待时间　2.3703(min)

参考程序

```
a=0;                                    %到达时间
b=[];                                   %开始服务时间
w=[];                                   %等待时间
s=[];                                   %服务时间
m=[];                                   %购买件数
e=[];                                   %结束时间
a(1)=normrnd(2.5,0.5,1,1);b(1)=a(1);
for k=1:200
    w(k)=b(k)-a(k);
    x=rand;
    if x<0.5
        m0=1;
    elseif x<0.7
        m0=2;
    elseif x<0.9
        m0=3;
    else
        m0=4;
    end
    s(k)=m0*normrnd(1.2,0.3,1,1);
    e(k)=b(k)+s(k);
    m=[m,m0];
    a(k+1)=a(k)+normrnd(2.5,0.5,1,1);
    b(k+1)=max(a(k+1),e(k));
end
    a(end)=[];b(end)=[];
    t=e(end);disp(t),                   %输出结束时间
    disp(mean(m))                       %输出购买件数
    disp(mean(w))                       %输出等待时间
```

4. 数据的统计分析

(1) 数据描写与直方图

例 26 已知数据:

245	164	215	189	168	199	196	200	254	195
228	160	231	191	170	220	192	166	236	210
193	175	225	165	183	205	149	177	149	163
257	234	201	180	227	244	216	268	213	202
206	177	198	168	168	214	165	138	129	135
197	191	214	198	174	235	207	198	206	186
254	218	184	162	179	235	213	198	190	219
190	182	191	161	204	188	180	212	230	177
178	219	226	237	128	195	158	210	188	195

完成下面操作并输出结果:

① 将数据写入一个 Excel 文件中,再将其读出;

② 生成频数表;

③ 画出直方图;

④ 计算均值、中位数、标准差与方差.

解 频数表

4	2	13	12	20	12	12	9	4	2
135	149	163	177	191	205	219	233	247	261

直方图(图 12-51).

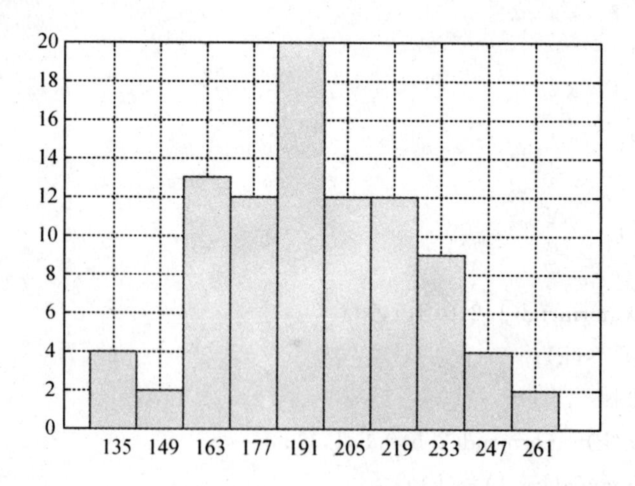

图 12-51 数据直方图

计算数据为

196.2222 195.5000 29.4755 868.8040

参考程序:

```
a=xlsread('sy9_4_1.xlsx');
b=[];
for i=1:size(a,1)
    b=[b,a(i,:)];
end
[n,x]=hist(b,10);
A=[n;x];
hist(b,10)
h=findobj(gca,'Type','patch');
set(h,'FaceColor','y','EdgeColor','b')
d1=mean(b);d2=median(b);d3=std(b);d4=var(b);
data=[d1 d2 d3 d4];disp(d)
```

（2）统计分析

实验　现有两个班级的某门课程的考试情况，数据如下：

班级 1

80	71	51	47	61	93	65	85	86	89
55	41	83	84	58	78	94	61	53	87
84	73	84	84	84	70	43	49	77	61
69	74	67	70	44	61	61	92	61	76
65	77	61	67	44	59	84	69	76	78
90	75	66	74	78	52	46	41	95	85

班级 2

67	69	51	44	72	89	71	63	81	90
63	62	93	81	94	82	86	91	55	89
92	74	84	81	87	77	32	64	95	60
74	90	75	90	49	82	63	64	77	79
89	90	75	91	67	76	89	78	94	87
88	90	48	68	74	48	41	67	90	86

要求：

（1）求出这两个班级该门课程考试成绩的均值和标准差.

（2）列出频数表和直方图.

（3）根据以上数据你能得出什么结论？

（4）做假设检验：H：$\mu_2 > \mu_1$，取置信水平 $\alpha = 0.95$.

例 27　某学校在一次体检中，随机抽取了 80 个学生的身高和体重数据：

173.9	171.0	165.0	171.8	163.8	177.1	164.6	169.9	169.4
171.3	157.8	162.9	174.1	167.4	176.6	184.5	174.6	178.3
167.2	172.6	168.0	176.9	180.9	174.6	160.1	176.4	176.3
179.3	172.2	174.9	175.1	173.2	177.9	185.3	180.6	177.3
172.6	164.4	170.3	177.1	175.5	173.9	176.9	172.8	168.4

171.1	168.9	164.9	178.3	169.5	174.8	179.3	174.0	173.4
170.3	177.6	177.3	174.2	166.7	168.4	177.5	168.0	168.1
61.7	64.2	59.3	53.4	56.9	59.3	58.8	63.3	65.2
67.0	55.3	61.4	57.3	51.4	63.0	63.3	58.6	64.2
54.8	70.5	68.1	61.8	66.5	56.3	54.5	68.8	66.5
64.3	58.3	69.5	61.5	57.5	56.7	55.4	70.0	72.7
67.0	60.4	57.4	68.0	64.1	66.8	57.9	70.1	73.0
58.8	60.9	56.5	64.5	63.9	58.2	66.4	57.6	54.5
61.4	63.5	65.3	60.5	59.2	58.2	57.5	70.0	71.4
54.1	65.01	66.0	70.3	68.4	77.0	65.5	75.9	64.4

完成下面计算：

(1) 计算身高、体重的均值、中位数、标准差和方差；

(2) 列出频数表和直方图；

(3) 检验数据是否来自正态分布；

(4) 若数据来自正态总体，进行相应的参数估计(点估计和区间估计)；

(5) 学校在10年前做过一次普查，测得身高和体重的均值分别为170.5和61.2，根据这次抽查的数据，能否得到学生的身高和体重有无明显变化的结论.

实验过程

(1) 输入数据(采用分段输入，避免输入出错)；

(2) 计算相应的统计数据并输出；

(3) 列出频数表，作出直方图；

(4) 调用正态检验函数 normplot 做正态检验；

(5) 调用函数 normfit 做相应的估计；

(6) 调用函数 ttest 做假设检验.

解 (1) 统计数据

173.4496 173.6777 6.2742 39.3656

62.1711 61.5795 5.4963 30.2092

(2) 频数表和直方图

表 12-1 **身高的频数表**

次数	2	2	8	14	13	16	15	4	3	3
x	159.4	162.5	165.7	168.8	171.9	175.1	178.2	181.4	184.5	187.6

表 12-2 **体重的频数表**

次数	3	5	10	11	9	11	8	3	6	4
y	52.5	54.27	57.0	59.2	61.5	63.7	66.0	68.2	70.4	72.6

直方图分别为图12-52和图12-53.

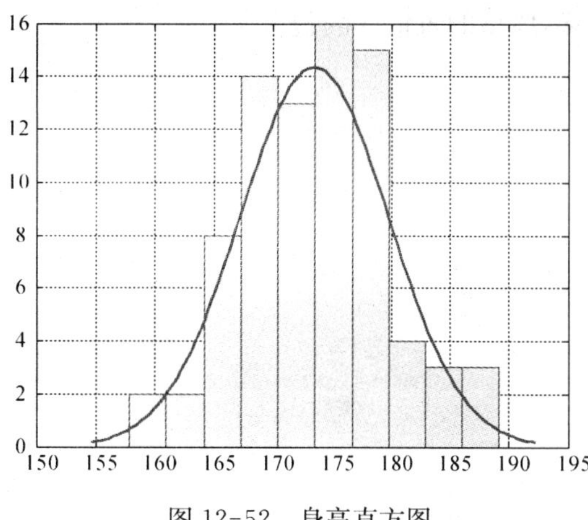

图 12-52　身高直方图

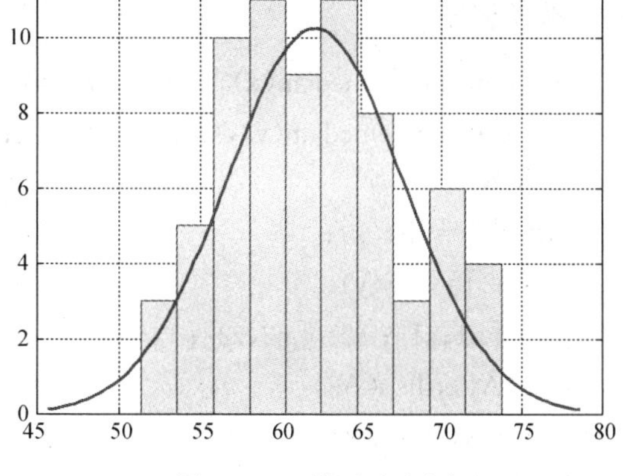

图 12-53　体重直方图

（3）正态分布的检验性

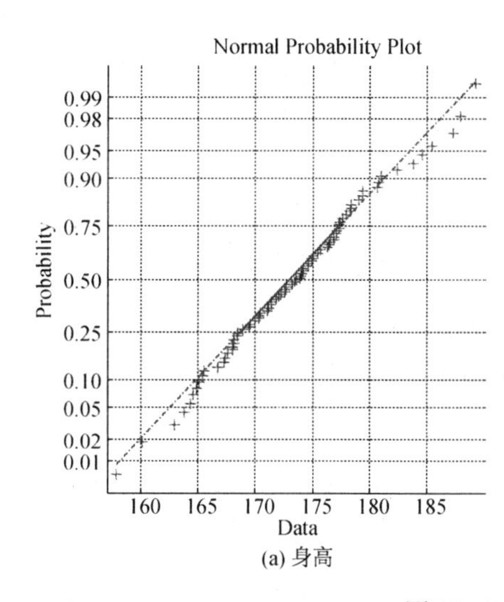

(a) 身高

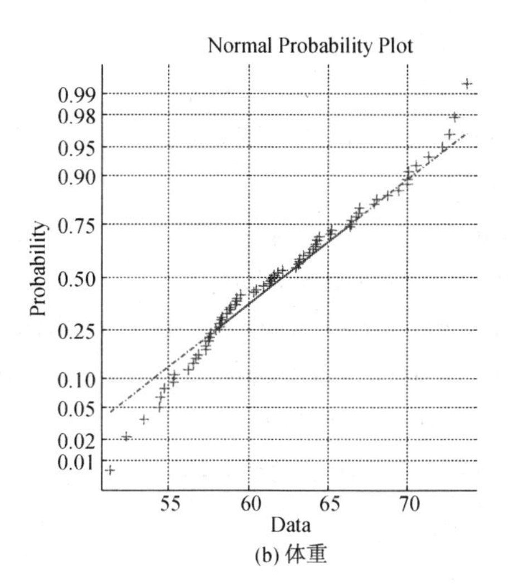

(b) 体重

图 12-54　检验图

图 12-54 表明，分布大致呈现正态分布特征.

（4）点估计和区间估计

身高均值的点估计	173.4496	区间估计	[172.0534	174.8459]
身高标准差的点估计	6.2742	区间估计	[5.4300	7.4316]
体重均值的点估计	62.1711	区间估计	[60.8606	63.4817]
体重标准差的点估计	5.4963	区间估计	[4.7126	6.5950]

（5）身高与体重的假设检验

身高：

h1=1　sig1=6.8328e−005　ci1=[172.0534　174.8459]

数据表明：拒绝原假设，即身高有明显变化，身高的置信区间不包含 170.5；

体重：

h2=0　sig2=0.1439　ci2=[60.8606　63.4817]

数据表明:接受原假设,即体重没有明显变化,体重的置信区间包含61.2.

参考程序:

```
A=[mean(x),median(x),std(x),var(x);...
    mean(y),median(y),std(y),var(y)];
disp(A)
[n1,z1]=hist(x);
[n2,z2]=hist(y);
A1=[n1;z1];A2=[n2,z2];
disp(A1),disp(A2)
histfit(x,10);grid on
h=findobj(gca,'Type','patch');
set(h,'FaceColor','y','EdgeColor','b')
figure(2);
histfit(y,10),grid on
h=findobj(gca,'Type','patch');
set(h,'FaceColor','y','EdgeColor','b')
figure(3)
subplot(1,2,1);normplot(x)
subplot(1,2,2);normplot(y)
[mu1 sigma1,mu1ci,sigma1ci]=normfit(x,0.05);
[mu2 sigma2,mu2ci,sigma2ci]=normfit(y,0.05);
[h1,sig1,ci1]=ttest(x,170.5);
[h2,sig2,ci2]=ttest(y,61.2);
```

(3) 曲线拟合

例28 设 $f(x)=\sin(x)$ 在 $[0, 4\pi]$ 取插值点,步长分别取 $\frac{\pi}{3}$ 和 $\frac{\pi}{12}$,做线性插值,在同一窗口中画出相应的折线图.若将线性插值改为样条插值,情形又将如何?

解 结果如图12-55和图12-56所示,图中看到,样条插值所得到的图形明显优于线性插值的图形.

参考程序:

```
x=0:pi/3:4*pi;y=sin(x);
x1=0:pi/12:4*pi;y1=interp1(x,y,x1);
plot(x,y,'ko',x1,y1,'b-',x1,sin(x1),'r:')
grid on
figure(2)
x1=0:pi/12:4*pi;y1=interp1(x,y,x1,'spline');
plot(x,y,'ko',x1,y1,'b-',x1,sin(x1),'r:')
grid on
```

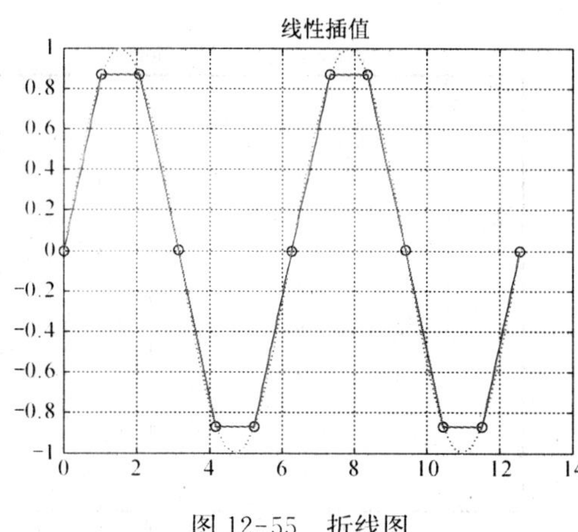

图 12-55 折线图

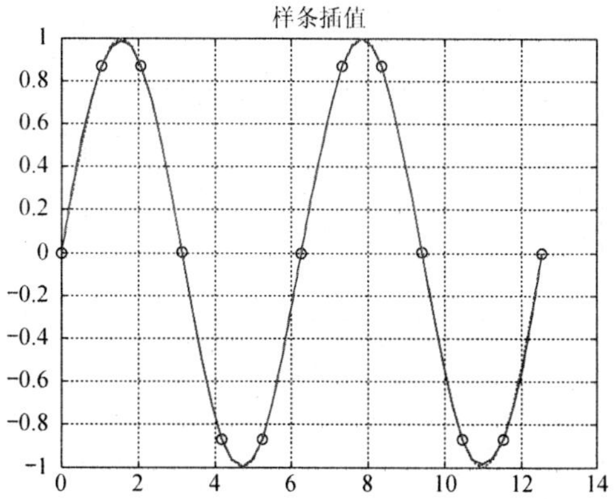

图 12-56 样条图

例 29 已知数据点如下：

x	0	0.2	0.4	0.6	0.8	1
y	2.3015	2.0068	0.4082	0.9324	0.5038	−0.0615
x	1.2	1.4	1.6	1.8	2	
y	0.00467	0.0285	0.6757	0.5939	−0.0700	

要求：(1) 用已知数据点生成一个二次多项式；

(2) 画出相应的散点图和多项式曲线图；

(3) 用该多项式近似计算二次多项式在 1.1 和 1.65 处的函数值.

解 (1) 多项式系数 p=1.1223 −3.1535 2.2712(由高到低)

(2) 图形参考图 12-57.

(3) 近似计算值 y0=0.1604 0.1235

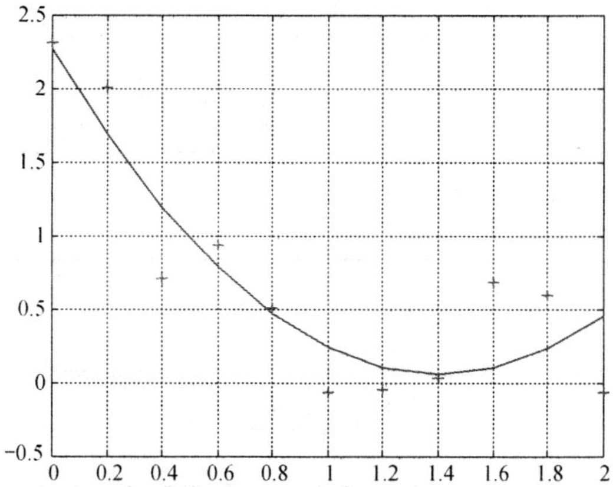

图 12-57 二次多项式拟合曲线

例 30 利用例 29 的数据做一元回归，并做出相应线性函数图形与残差图.

解 曲线图如图 12-58 所示，残差图如图 12-59 所示.

对应的数据为

b=1.5978 −0.9089

即回归方程为 $y = 1.5978 - 0.9089x$.

统计数据

s=0.5527 11.1200 0.0087

相关系数 $R^2 = 0.5527$ (不大)，

$F = 11.12 > F(1, 9) = 5.12$ (拒绝假设，回归显著)，

$p = 0.0087 < 0.05$.

总体评价：回归模型不算很成功.

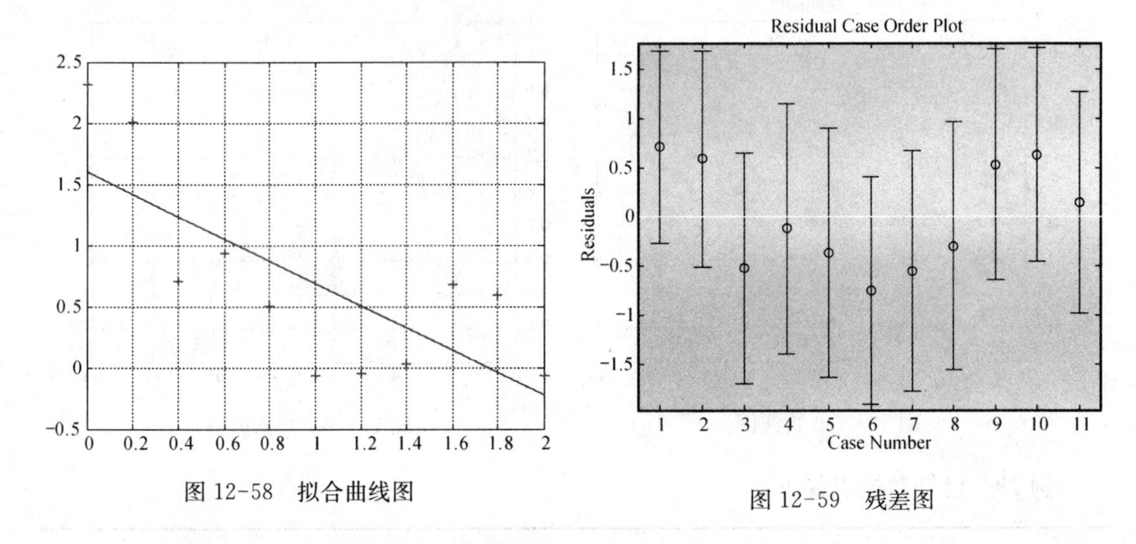

图 12-58　拟合曲线图

图 12-59　残差图

误差比较：用二次曲线得到的拟合曲线产生的误差和为 1.2124；而用回归做的误差为 2.9416.

数据表明，这样的回归所产生的误差还是比较大的.

(4) 回归分析

例 31　某食品企业为研究某种奶粉对婴幼儿身高的影响，对使用两种配方(高蛋白+高钙和低蛋白)奶粉的儿童的身高做了数据抽查，得到如下数据(其中，x 表年龄，y 表身高)：

高蛋白+高钙

x	0.2	0.4	0.7	1.0	1.2	1.5	1.8	2.0
y	54	57	63	67	69	74	80	83
x	2.1	2.4	2.5	2.7	3.0	3.2	3.5	
y	84	90	92	95	96	98	101	

低蛋白

x	0.2	0.4	0.8	1.0	1.1	1.5	1.7	1.9
y	50	52	54	60	63	66	68	69
x	2.1	2.3	2.6	2.8	3.1	3.2	3.4	
y	70	72	75	76	78	77	81	

要求：

(1) 建立两种情况下身高和年龄的回归方程；

(2) 画出相应的残差图；

(3) 列出两种情况下的身高的均值和标准差；

(4) 是否能得出结论：不同配方下的奶粉，对婴幼儿的身高有明显的影响？

实验过程

步骤 1，输入数据；

步骤 2，画出散点图，以确定数据间的相关关系是否近似为一个线性关系；

步骤 3，在上一步骤的基础上，作一元回归，建立回归方程，并对输出的统计数据做分析；

步骤 4，做假设检验.

解　(1) 数据的散点图(图 12-60). 表明，数据关系近似为线性关系.

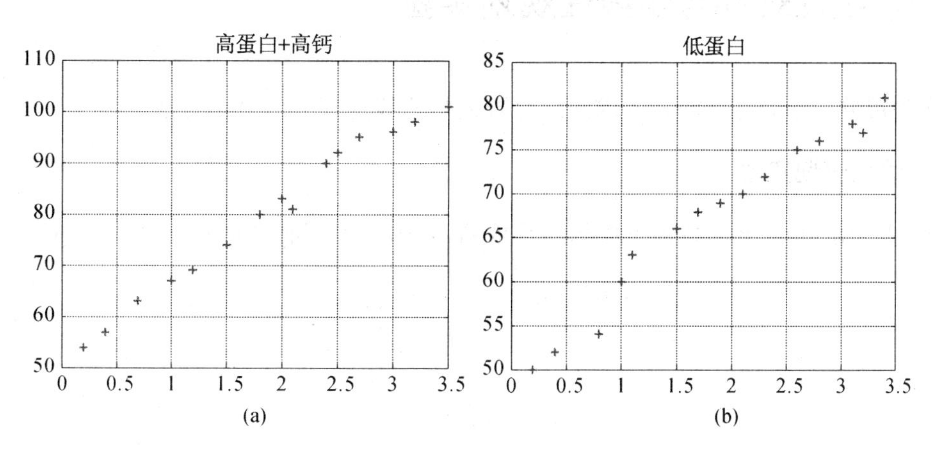

图 12-60　散点图

(2) 回归方程：

高蛋白：$y = 52.0362 + 14.8744x$；

低蛋白：$y = 49.8803 + 9.3521x$.

散点图与回归直线图形(图 12-61)表明，回归效果还是比较明显的.

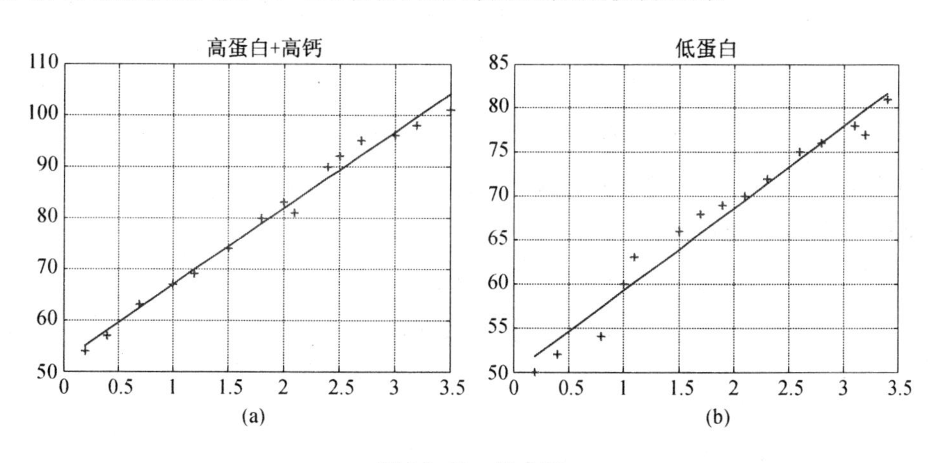

图 12-61　拟合图

(3) 问题一的回归统计数据(s1)值

0.9865　　953.2765　　0.0000　　3.4359

问题二的回归统计数据

0.9651　　359.0104　　0.0000　　3.6225

结果均相当理想,即回归很成功(finv(0.95, 1, 13)=4.6672).

(4) 最后做假设检验:

数据为

h=1, sig=0.0068 ci=[71.4721 88.5279]

结果表明:高配方的奶粉对婴幼儿的身高有着明显的促进作用.

12.10 线性规划与非线性规划实验

实验目的 掌握用MatLab求解线性规划与非线性规划的基本方法.

1. 线性规划实验

例32 用linprog函数求下面的线性规划,并用图解法加以验证:

$$\max \quad z = 3x_1 + 7x_2,$$
$$\text{s.t.}\begin{cases} 2x_1 + 3x_2 \leqslant 12, \\ -x_1 + 2x_2 \geqslant 2, \\ x_1 \geqslant 1,\ 0 < x_2 \leqslant 4. \end{cases}$$

解 程序为

```
c=[-3,-7];
A=[2 3;1 -2];b=[12,-2]';
lb=[1,0];ub=[inf,4];
[x,fval]=linprog(c,A,b,[],[],lb,ub);
disp([x',-fval])
```

结果

```
1.0000    3.3333    26.3333
```

即最优解为 $\boldsymbol{x} = (1, 3.3333)^{\mathrm{T}}$, $f = 26.3333$.

例33 求解线性规划

$$\max \quad z = 2x_1 + 3x_2 + 3x_3 + x_4,$$
$$\text{s.t.}\begin{cases} x_1 + x_2 + x_3 + x_4 \leqslant 9, \\ 2x_1 - 2x_2 + 5x_3 - x_4 = 7, \\ x_1 + x_2 - 2x_3 + x_4 \geqslant 4 \\ x_1 \geqslant 0,\ x_2 \geqslant 0 - 1 \leqslant x_3 \leqslant 4,\ x_4 \geqslant 1. \end{cases}$$

解 程序为

```
clear,clc
c=[-2 -3 -3 -1];
A=[1 1 1 1;-1 -1 2 -1];A1=[2 -2 5 -1];
```

```
b=[9,-4]';b1=7;
lb=[0 0 -1 1];ub=[inf inf 4 inf];
[x,fval]=linprog(c,A,b,A1,b1,lb,ub);
disp([x',-fval])
```

结果为

```
x=3.8033, 3.2500, 1.6667, 1.0000
fval=21.9167
```

例 34 求解下面运输问题：

	1	2	3	4	产量
1	7	6	5	4	50
2	9	7	3	6	50
3	8	9	7	3	50
需求量	20	40	30	50	

注意到这是一个产大于销的运输问题.

解 以 $a_i\,(i=1,2,3)$ 代表产量，$b_j\,(i=1,2,3,4)$ 代表需求量，x_{ij} 代表第 i 个产地到第 j 的运输量，c_{ij} 代表相应的单位运输成本，则模型为

$$\max x=\sum c_{ij}x_{ij}$$

$$\text{s. t.}\begin{cases}\displaystyle\sum_{j=1}^{4}x_{ij}\leqslant a_i,\\ \displaystyle\sum_{i=1}^{3}x_{ij}=b_j,\end{cases}$$

$$x_{ij}\geqslant 0.$$

程序为

```
c1=[7 6 5 4;9 7 3 6;8 9 7 3];
c=[c1(1,:),c1(2,:),c1(3,:)];
A=[1 1 1 1,0 0 0 0 0 0 0 0;0 0 0 0,1 1 1 1,0 0 0 0;...
    0 0 0 0,0 0 0 0,1 1 1 1];b=[50,50,50];
A1=[1 0 0 0 1 0 0 0 1 0 0 0;0 1 0 0,0 1 0 0,0 1 0 0;...
    0 0 1 0,0 0 1 0,0 0 1 0;0 0 0 1,0 0 0 1,0 0 0 1];
b1=[20,40,30,50];lb=[0 0 0 0 0 0 0 0 0 0 0 0];
[x,fval]=linprog(c,A,b,A1,b1,lb);
disp([x',fval])
```

结果为

```
x=   20.0000     30.0000     0.0000     0.0000     0.0000     10.0000
```

```
   30.0000      0.0000     0.0000     0.0000     0.0000     50.0000
fval=630.0000
```

即相应的运输方案为

	1	2	3	4	产量
1	20	30	0	0	50
2	0	10	30	0	50
3	0	0	0	50	50
需求量	20	40	30	50	

从表中可以看出,每个需求点的需求量都满足,产地2有10个单位的库存.

应用1(生产计划与库存管理)　某公司为另一公司提供一种产品,该产品每季度的需求不同,在不同季节中生产该类产品的成本也有所不同.一、二季度生产成本为每盒7元,三、四季度每盒生产成本为8元,若该产品当季度没有销售出去,每盒每季度有1元的库存费.产量和预计需求量如下表(单位:万盒):

季度	订单量/万盒	最大生产量/万盒
1	12	15
2	15	16
3	20	15
4	12	17

若当季度的订单不能满足,每季度每盒将产生一元的罚款.试确定相应的生产方案,使总成本最小.

模型分析　将成本视为运输问题中的运输成本,但注意到,下季度生产的产品不能向当前季度供货,因此将成本取为一个较大的数进行处理,由此建立运输表格如下:

季度	1	2	3	4	产量/万盒
1	7	8	9	10	15
2	20	7	8	9	16
3	20	20	8	9	15
4	20	20	20	8	17
订单量/万盒	12	15	20	12	

仿上例,建立相应的求解程序,运行后可得到问题的最优解如下:

季度	1	2	3	4	产量/万盒
1	12	3			15
2		12	4		16
3	0	0	15	0	15
4			1	12	17
订单量/万盒	12	15	20	12	

该解说明：因 $x_{43}=1$，意味着第三季度缺货，由第四季度追加，因此产生一万元的罚款，总成本为

$$z=\sum_{i=1}^{20}c_i x_i+1=449(\text{万元}).$$

对该问题用 Lingo 软件求解，则要简单得多. 求解程序为

```
Model:
    sets:
    row/1..4/:a;col/1..4/:b;
    matrix(row,col):c,x;
endsets

min=@sum(matrix(i,j):c(i,j) * x(i,j));
@for(row(i):@sum(col(j):x(i,j))<=a(i));
@for(col(j):@sum(row(i):x(i,j))=b(j));

data:
    a=15 16 15 17;
    b=12 15 20 12;
    c=7 8 9 10
       20 7 8 9
       20 20 8 9
       20 20 20 8;
enddata
```

(5) 求解下面 0-1 规划

$$\max\quad z=3x_1+2x_2-5x_3-2x_4+3x_5,$$

$$\text{s.t.}\begin{cases}x_1+x_2+x_3+2x_4+x_5\leqslant 4,\\ 7x_1+3x_3-4x_4+3x_5\leqslant 8,\\ 11x_1-6x_2+3x_4-3x_5\geqslant 3,\end{cases}$$

$$x_i=0\vee 1,\ i=1,2,3,4,5.$$

程序如下：

```
clear,clc
c=[-3 -2 5 -2 -3];
A=[1 1 1 2 1;7 0 3,-4 3;-11 6 0 -3 3];
b=[4 8 -3]';
[x,fval]=bintprog(c,A,b);
disp([x',-fval])
```

结果为

```
1 0 0 1 1 8
```

(6) 背包问题(Knapsack Problem)与求解

例 35 某人上山,旅行包的容积为 b,旅行者能携带的最大重量为 a. 总共有 m 种物品可携带,第 i 种物品的重量为 a_i,容积为 b_i,价值为 c_i. 试确定该旅行者的携带方案,使携带的总价值为最大.

模型建立 引入变量

$$x_i = \begin{cases} 1, & \text{携带了第 } i \text{ 种物品}, \\ 0, & \text{没有携带第 } i \text{ 种物品}. \end{cases}$$

则问题的模型为

$$\max \quad z = \sum_{i=1}^{m} c_i x_i,$$

$$\text{s. t.} \begin{cases} \sum_{i=1}^{m} a_i x_i \leqslant a_i \\ \sum_{i=1}^{m} b_i x_i \leqslant b_i \end{cases}$$

$$x_i = 0 \lor 1,\ i = 1, 2, \cdots, m.$$

该问题属于 0-1 规划范畴(也可用动态规划方法求解).

求解下面背包问题:

$$\max \quad z = 9x_1 + 7x_2 + 6x_3 + 4x_4 + 3x_5,$$

$$\text{s. t.} \begin{cases} 5x_1 + 4x_2 + 5x_3 + 6x_4 + 2x_5 \leqslant 20, \\ 4x_1 + 6x_2 + 4x_3 + 3x_4 + 3x_5 \leqslant 18. \end{cases}$$

$$x_i = 0 \lor 1,\ i = 1, 2, \cdots, 5.$$

程序如下:

```
c=-1*[9,7,6,4,3];
A=[5 4 5 6 2;4 6 4 3 3];
b=[20 18]';
[x,fval]=bintprog(c,A,b);
disp([x',-fval])
```

应用 2(半场模型问题)　在一场文艺演出中,有 m 个演员将登台表演,每个演员的演出时间为 t_i,总的演出时间为 T. 求相应的演出方案,使半场能安排最多的表演者.

模型建立　引入变量 x_i,

$$x_i = \begin{cases} 1, & \text{第 } i \text{ 名演员在前半场演出}, \\ 0, & \text{第 } i \text{ 名演员不在前半场演出}. \end{cases}$$

则问题的模型为

$$\max \quad z = \sum_{i=1}^{m} x_i,$$

$$\sum_{i=1}^{m} t_i x_i \leqslant T/2,$$

$$x_i = 0 \vee 1, \ i = 1, 2, \cdots, m.$$

设在一场文艺演出过程中,总共有 20 名演出者参加,其演出时间为

$$t = [6\ 7\ 7\ 6\ 8\ 5\ 6\ 4\ 7\ 6\ 7\ 6\ 5\ 3\ 5\ 6\ 4\ 7\ 6\ 6];$$

求演出方案,使前半场尽可能有较多的演员参加演出.

程序如下:

```
t=[6 7 7 6 8 5 6 4 7 6 7 6 5 3 5 6 4 7 6 6];
T=sum(t);n=length(t);
c=-1*ones(1,n);
[x,fval]=bintprog(c,t,T/2);
disp([x',fval])
```

结果为

```
X=1   0   0   1   0   1   1   1   0   1
  0   1   1   1   1   0   1   0   0   0
```

有 11 名演出者参加了前半场演出,演出时间为 56 min(总演出时间为 117 min).

2. 二次规划

(1) 用 quadprog 函数求解二次规划问题

例 36　$\max \quad z = 2x_1^2 + 3x_2^2 + 4x_3^2 + x_4^2 - 2x_1x_2 + 2x_1x_3 + x_1x_4 - x_2x_3 + x_3x_4 + 3x_1 + 4x_2 - x_3 + 2x_4$,

$$\text{s. t.} \begin{cases} x_1 + 2x_2 + x_3 + 2x_4 \leqslant 4, \\ 3x_1 + 3x_2 - 4x_3 + 3x_4 \leqslant 8, \\ 2x_1 - 6x_2 - x_3 + 3x_4 \geqslant 3, \end{cases}$$

$$x_i \geqslant 0, \ i = 1, 2, 3, 4.$$

解　程序如下:

```
H=-[4-2 2 1;-2 6 -1 0;2 -1 8 1;1 0 1 2];
```

```
c=-[3 4 -1 2];
A=[1 2 1 2;3 3 -4 3;-2 6 1 -3];
b=[4,8,-3];lb=[0 0 0 0];
[x,fval]=quadprog(H,c,A,b,[],[],lb);
disp([x',-fval])
```

结果为

```
x=3.4286        0     0.5714   -0.0000
fval=38.4490
```

(2) 产量安排问题

例 37 某部门生产 A, B, C, D 四种产品,由于仓库和其他生产资源限制,对于不同产品,日产量为 $x_i(i=1, 2, 3, 4)$ (单位:百件),日成本为

$$c(x_1)=3x_1+x_1^2,\ c(x_2)=2.5x_1+1.2x_2^2,$$
$$c(x_3)=2.1x_1+0.6x_3^2,\ c(x_4)=2.7x_1+0.85x_4^2\text{(单位:千元)},$$

这四种产品的售价分别是 12 千元/百件,13 千元/百件,14 千元/百件和 13.5 千元/百件,这四类产品工时需求分别是 1 百件/工时,1.1 百件/工时,1.2 百件/工时和 0.95 百件/工时.设每天生产总时间为 40 工时.问:四类产品各生产多少工时,能使总利润为最大?

模型建立 以 x_i 表示第 i 类产品生产的工时,由条件得到利润函数

$$f=9x_1-x_1^2+10.5\times1.1\times x_2-1.1^2\times1.2x_2^2+11.9\times1.2\times x_3-$$
$$1.2^2\times0.6x_3^2+10.8\times0.95x_1-0.85\times0.95^2x_1^2$$

而对工时的限制为

$$x_1+x_2+x_3+x_5\leqslant40.$$

由此得到规划模型:

$$\max\quad f=9x_1-x_1^2+10.5\times1.1\times x_2-1.1^2\times1.2x_2^2+11.9\times1.2\times x_3-$$
$$1.2^2\times0.6x_3^2+10.8x_1-0.85\times0.95^2x_1^2$$
$$x_1+x_2+x_3+x_5\leqslant40,$$
$$x_i\geqslant0$$

程序如下:

```
c1=[2,2.9040,1.7280,1.5342];
H=diag(c1);
c=[-9,-11.55 -14.28,-10.26];
A=[1 1 1 1];b=40;
lb=[0 0 0 0];
[x,fval]=quadprog(H,c,A,b,[],[],lb);
disp([x',-fval])
```

结果为

x=4.5000　　3.9773　　8.2639　　6.6875(小时)

fval=136.5299(千元)

3. 非线性规划

例 38　求函数 $f=(x-2)^2+(x-2y^2)$ 的极小值，初始点取为(0, 3).

解　程序如下：

```
clear,clc
f=@(x)(x(1)-2)^2+(x(1)-2*x(2))^2;x0=[0,3];
opt=optimset('Display','iter');
[x,fval]=fminsearch(f,x0,opt);
format short
disp([x,fval])
format long
disp([x,fval])
```

结果表明，经过 72 次迭代，得到问题的近似解：

```
2.0000        1.0000        0.0000        (format short)
1.999957594752691   0.999977569324721   0.000000001804237   (format long)
```

若用函数 fminunc 进行求解，则结果更优.

程序如下：

```
f=@(x)(x(1)-2)^2+(x(1)-2*x(2))^2;x0=[0,3];
opt=optimset('fminunc');
opt=optimset(opt,'Display','iter');
[x,fval]=fminunc(f,x0,opt);
format short
disp([x,fval])
format long
disp([x,fval])
```

仅经过 6 次迭代，得到更好的解：

```
Iteration   Func-count        f(x)        Step-size   optimality
    6           21        2.1821e-015         1        7.2e-010
2.0000      1.0000      0.0000      (format short)
1.999999955709649   0.999999970430752   0.000000000000002   (format long)
```

例 39　求 Rosenbrock 函数

$$f(x,\ y)=100\,(y-x^2)^2+(1-x)^2$$

的极值，初始点取为(−1.5, 2.2)(最优解为(1, 1)).

曲面和等高线分别如图 12-62(a)和图 12-65(b)所示.

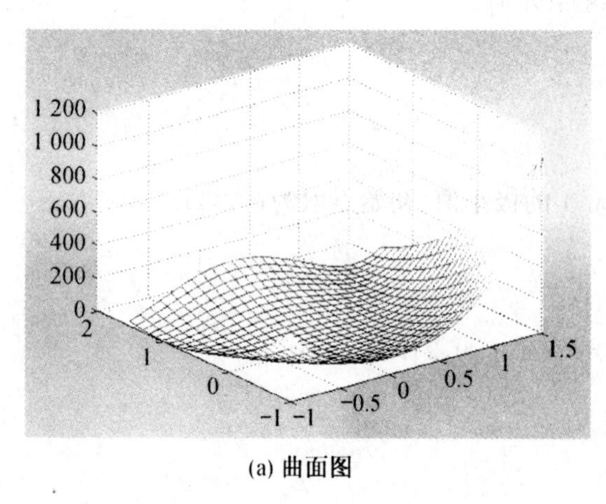

(a) 曲面图

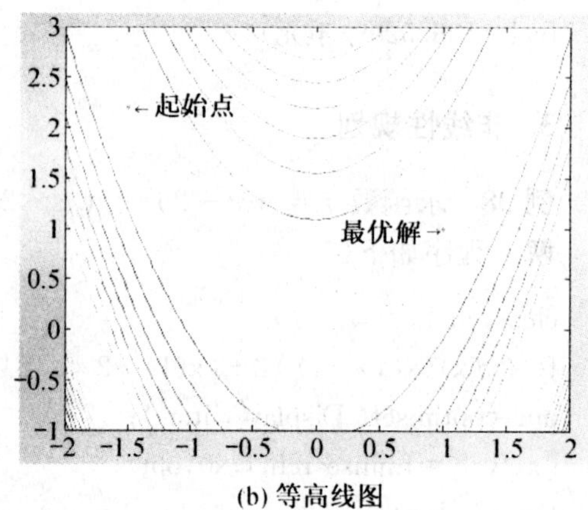

(b) 等高线图

图 12-62

经过 35 次迭代得到局部最小近似解：

Iteration	Func-count	f(x)	Step-size	optimality
35	147	2.08086e-011	1	1.03e-005

两种显示格式下的结果为

x	y	$fval$
1.0000	1.0000	0.0000
0.999995450630614	0.999990867841726	0.000000000020809

例 40 求解约束优化问题

$$\min \quad e^x(4x^2+2y^2+4xy+2y+1),$$

$$\text{s. t.}\begin{cases} xy-x-y+1.5\leqslant 0, \\ xy+10\geqslant 0, \\ x^2+y-1=0. \end{cases}$$

解 首先编写非线性约束函数文件：

```
function [c,ceq]=con1(x)
c=[x(1) * x(2)-x(1)-x(2)+1.5;-10-x(1) * x(2)];
ceq=[x(1)^2+x(2)-1];
```

再编写求解优化问题的脚本文件：

```
clear,clc
f=@(x)exp(x(1)) * (4 * x(1)^2+2 * x(2)^2+4 * x(1) * x(2)+2 * x(2)+1);
x0=[1,-1];
opt=optimset('Display','iter');
[x,fval]=fmincon(f,x0,[],[],[],[],[],[],'con1');
disp([x,fval])
```

结果为

x=1. 357737621756977　−0. 843451449509348
fval=13. 718518705795086

参考答案

第1章

1. (1) log(2.35); (2) sin(2 * pi/5); (3) atan(2); (4) (sqrt(1+log(2))-cos(pi/4))/(4+exp(3)).

2.
```
clear,clc,clf
x=-1:.1:1;
y1=x.^2;y2=x.^3;
plot(x,y1,x,y2,'r'),grid on
legend('x^2','x^3',4)
```

3. (1) syms n;symsum((-1)^n/n/2^n,1,100);
   (2) syms n;symsum(2^n/n/3^n,n,1,inf).

4. (1) syms x;int(x * sin(2 * x+1),x); (2) syms x;int(x * sqrt(2 * x-1),x,1,3).

5. A=[2 1 3 5;-1 2 7 6;8 1 2 5;9 5 6 3];det(A).

6. A=[3 1 1;1 3 1;1 1 3];inv(A).

第2章

1. A=magic(4);A1=A';A2=inv(A);a=rank(A);b=det(A);A3=A^5;A4=A.^5.

2.
```
A=magic(5);A1=diag(diag(A));
A2=rot90(A,1);C=diag(diag(A2));
A31=tril(A);A32=triu(A,1);
a=zeros(1,5);A=[A;a];
b=3 * ones(6,1);A=A;s=A(:,4:5);
A(:,4)=b;A(:,5)=[];A=[A,s];
```

3.
```
A=fix(400 * rand(10))+100;
a=200 * ones(1,10);B=diag(a);A=A+B;
s=A(1,:);A(1,:)=A(:,1)';A(:,1)=s';
s=A(1,:);m=max(s);C=diag(m * ones(1,10));A=A-C;
```

5.
```
A=[1 1 1 1;2 3 4 5;4 9 16 25;8 27 64 125];b=[1-1 1 -1]';
    D=det(A);x=[];
    for i=1:4
        B=A;B(:,i)=b;a=det(B);x=[x;a/D];
    end
```

第3章

1.
```
function y=Ch3_1(a,b,n);
if n>10, n=10;end,A=[];
```

```
    for i=1:n
        c(1)=i;c(2)=(a+b)^i;c(3)=(a-b)^i;
        c=[c(1);c(2);c(3)]; A=[A,c];
    end
```

2.
```
    function y=Ch3_2(a)
    n=length(a);
    if rem(n,2)==1          %n is an odd number
        mmedian=a((n+1)/2);
    else
        mmedian=(a(n/2)+a(n/2+1))/2;
    end
    disp([n,mmedian])
```

3.
```
    function y=Ch3_3(a);
    n=length(a);
    if rem(n,2)==1
        for i=1:n
            for j=i+1:n
                if a(j)>a(i);
                    s=a(i);a(i)=a(j);a(j)=s;
                end
            end
        end
        b=ones(1,n);
        m=(n+1)/2;
        b(m)=a(1);
        for i=2:2:n
            b(m-i/2)=a(i);
        end
        for i=3:2:n
            b(m+(i-1)/2)=a(i);
        end
    else
        a(n)=[];
        n=length(a);
        for i=1:n
        for j=i+1:n
            if a(j)>a(i);
                s=a(i);a(i)=a(j);a(j)=s;
            end
        end
    end
    b=ones(1,n);
    m=(n+1)/2;
```

```
    b(m)=a(1);
    for i=2:2:n
        b(m-i/2)=a(i);
    end
    for i=3:2:n
        b(m+(i-1)/2)=a(i);
    end
    end
```

4.
```
    function y=Ch3_4(a);
    n=length(a);
    if rem(n,2)==1
        for i=1:(n-1)/2;
            s=a(i);a(i)=a(n-i+1);a(n-i+1)=s;
        end
    else
        for i=1:n/2;
            s=a(i);a(i)=a(n/2+i);a(n/2+i)=s;
        end
    end
```

5.
```
    function y=Ch3_5_2(x)
    y=(x.^2+1).*(x>1)+(x>=-1 & x<=1)+(x-1).*(x<-1);
```

6.
```
    function y=Ch3_6(A,B,n);
    a=size(A);b=size(B);
    if n==1
        if a(2)==b(1)
            C=zeros(a(1),b(2));
            for i=1:a(1);
                for j=1:b(2);
                    for k=1:a(2)
                        C(i,j)=C(i,j)+A(i,k)*B(k,j);
                    end
                end
            end
            disp(C)
        else
            disp('Tne inner Dimension between A and B must agree!')
        end
    elseif n==2
        if a==b;
            C=zeros(a(1),a(2));
            for i=1:a(1);
                for j=1:b(2);
                    C(i,j)=A(i,j)*B(i,j);
```

```
            end
        end
        disp(C)
    else
        disp('Tne order of two matrics must be same!')
    end
else
end
```

7.

```
function y=Ch3_7(n)
syms k
s(1)=symsum(1/k,1,n);
s(2)=symsum(1/k^2,1,n);
s(3)=symsum(1/k^k,1,n);
disp(s)
```

8.

```
function y=Ch3_8(n,m)
A=fix(100*rand(1,n));
B=[];
if m==1
    for k=1:n
        if rem(A(k),2)==0
            B=[B,A(k)];
        end
    end
    disp(B)
elseif m==2
    for k=1:n
        if rem(A(k),2)==1
            B=[B,A(k)];
        end
    end
    disp(B)
elseif m==3
    disp(A)
else
    disp('No such action!')
end
```

9.

```
clear,clc
x(1)=3;x(2)=x(1)*(x(1)+1)/2;
k=1;
while x(k)<=100
    k=k+1;
    x(k)=x(k-1)*(x(k-1)+1)/2;
end
```

```
disp([k,x(k)])
```

10.
```
function y=Ch3_10(n);
A=ones(1,n);
for k=2:n
    A(k,1)=1;
    for i=2:n
        A(k,i)=A(k,i-1)+A(k-1,i);
    end
end
disp(A)
```

11.
```
clear,clc
n=20;A=fix(900*rand(n))+100;
B=[];I=[];J=[];
for i=1:n;
    for j=1:n
        if rem(A(i,j),6)==0 & rem(A(i,j),8)==0
            B=[B,A(i,j)];I=[I,i];J=[J,j];
        end
    end
end
disp(B)
disp([I;J])
```

12.
```
clear,clc
a=1e-7;S=1;k=2;
S(k)=S(1)+1/k^2;
while S(k)-S(k-1)>a & k<1000000
    k=k+1;
    S(k)=S(k-1)+1/k^2;
end
```

第 4 章

1.
```
clear,clc,clf
x=-2:.1:2;
y1=x;y2=x.^2;y3=x.^3;y4=1./x;
y5=-sqrt(2):.1:sqrt(2);x5=y5.^2;
plot(x,y1,x,y2,x,y3,x,y4,x5,y5),gridon,
axis([-2,2,-2,2])
xlabel('-2\leqx\leq2'),ylabel('y'),
legend('x','x^2','x^3','x^{-1}','x^{1/2}',2)
```

参考图形为

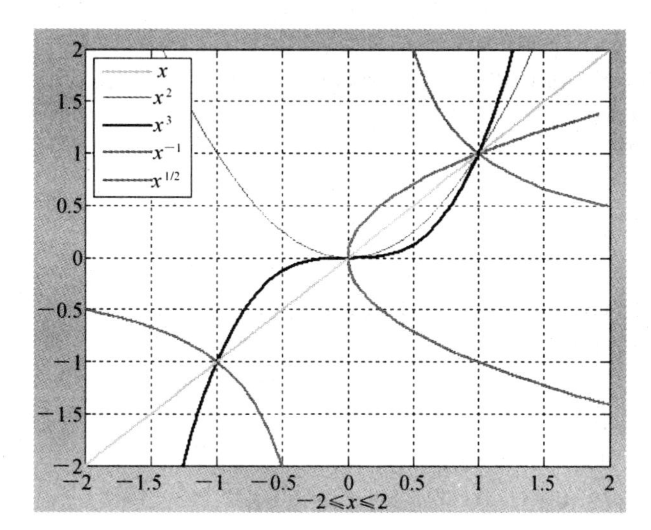

练习 4-1 图形

2.
```
x=-4*pi:.1:4*pi;
y1=sin(x);y2=2*sin(2*x);y3=sin(x/2)/2;
plot(x,y1,x,y2,x,y3);
set(gca,'XTick',-4*pi:pi:4*pi)
set(gca,'XTickLabel',{'-4pi','-3pi/2','-2pi','-pi','0','pi','2pi','3pi','4pi'})
axis([-4*pi,4*pi,-2,2]),grid
xlabel('-4\pi \leqx\leq4\pi')
text(-1.8,1.5,'\leftarrow y=2sin2x','fontsize',14,'color','g','edgecolor','red','backgroundcolor', 'm')
text(0.7,0.5,'\leftarrow y=sinx','fontsize',14,'edgecolor','red','backgroundcolor','g')
text(-4.7,-0.3,'\leftarrow y=sin(x/2)/2','color','r','fontsize',14)
```

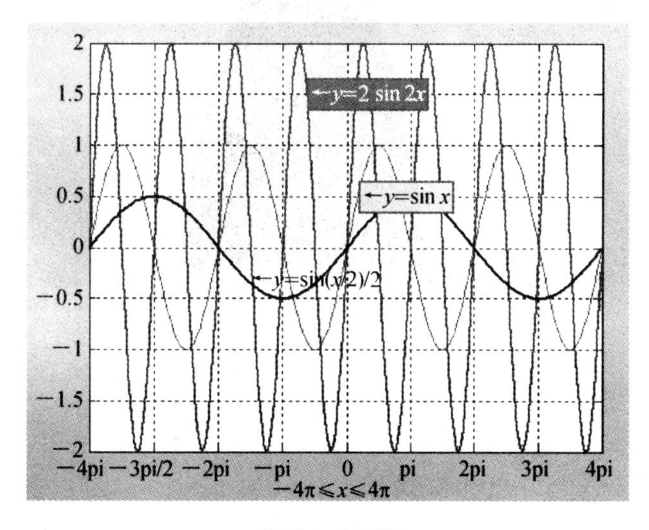

练习 4-2 图形

3.
```
clear,clc
t=0:pi/100:2*pi;
```

```
x1=2*(t-sin(t));y1=2*(1-cos(t));
x2=4*pi:-0.1:0;n=length(x2);y2=zeros(1,n);
x=[x1,x2];y=[y1,y2];
plot(x,y),fill(x,y,'y')
hold on
t=2*pi:pi/100:4*pi;
x1=2*(t-sin(t));y1=2*(1-cos(t));
x2=8*pi:-0.1:4*pi;n=length(x2);y2=zeros(1,n);
x=[x1,x2];y=[y1,y2];
fill(x,y,'b')
t=4*pi:pi/100:6*pi;
x1=2*(t-sin(t));y1=2*(1-cos(t));
x2=12*pi:-0.1:8*pi;n=length(x2);y2=zeros(1,n);
x=[x1,x2];y=[y1,y2];
fill(x,y,'g')
axis([0,12*pi,0,5]),grid on
set(gca,'XTick',0:pi:12*pi)
set(gca,'XTickLabel',{'0','pi','2pi','3pi','4pi','5pi','6pi','7pi','8pi','9pi','10pi','11pi','12pi'})
xlabel('0 \leqx\leq12\pi')
```

参考图形为

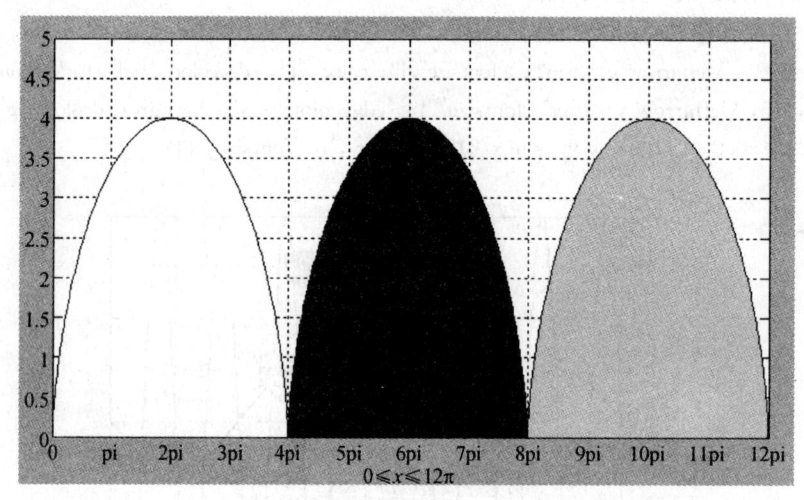

练习 4-3 图形

4.
```
clear,clc
t=0:pi/100:2*pi;
x=2*cos(t).^3;y=2*sin(t).^3;
plot(x,y),grid
figure(2)
ezplot('x^2^(1/3)+y^2^(1/3)-2^2^(1/3)',[-2,2]),grid
```

5.
```
t=0:pi/100:2*pi;r=sqrt(2*cos(2*t));
polar(t,r)
```

```
figure(2)
ezplot('(x^2+y^2)^2-4*(x^2-y^2)',[-2,2]),grid
```

6.

```
clear,clc
t=0:pi/100:2*pi;
r1=2*(1+cos(t));r2=2*(1-cos(t));
polar(t,r1),hold on
polar(t,r2)
```

7.

```
clear,clc
t=0:.01:2*pi;
r1=sin(2*t)/2;
subplot(1,2,1)
polar(t,r1,'r')
r2=5*cos(3*t);
subplot(1,2,2)
polar(t,r2,'r')
```

8.

```
x1=[0,1,1,0,0];y1=[0,0,1 1 0];
fill(x1,y1,[0.8,0.8,0.8])
axis([0,3,0,3])
x2=x1+1;hold on
fill(x2,y1,[0.8,0.6,0.8])
x3=x1+2;
fill(x3,y1,[0.7,0.6,0.9])
y2=y1+1;
fill(x1,y2,[0.4,0.6,0.8])
fill(x2,y2,[0.4,0.6,01])
fill(x3,y2,[0.9,0.6,0.8])
y3=y1+2;
fill(x1,y3,[0.4,1,0.8])
fill(x2,y3,[1,1,0.8])
fill(x3,y3,[1,1,0.5])
```

一个可能的图形如右图.

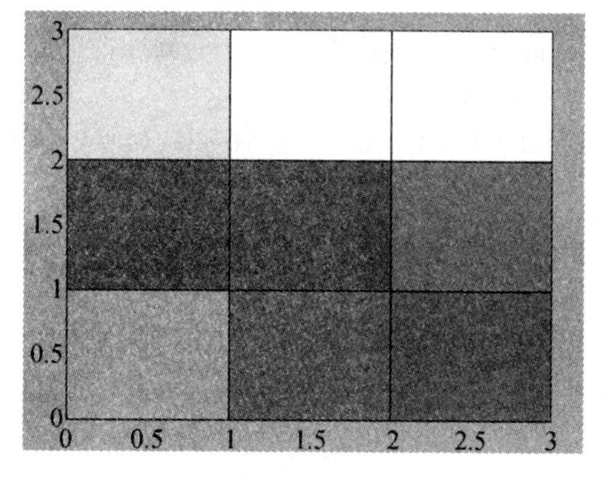

练习 4-8 图形

9.

```
x=-9:0.3:9;
[X,Y]=meshgrid(x);R=sqrt(X.^2+Y.^2)+eps;
Z=sin(R)./R;
mesh(X,Y,Z)
figure(2),meshc(X,Y,Z)
```

以极坐标形式作图

```
r=0:.1:9;t=0:pi/30:2*pi;
[R,T]=meshgrid(r,t);
x=R.*cos(T);y=R.*sin(T);n=sqrt(x.^2+y.^2)+eps;
z=sin(n)./n;
mesh(x,y,z),pause
figure(2),meshc(x,y,z)
```

第5章

1.
```
syms x
l1=limit(cos(x)^(1/x^2),x,0);
l2=limit(((2^x+3^x+4^x)/3)^(1/x),x,0);
l3=limit(((2^x+3^x+4^x)/3)^(1/x),x,0);
l4=limit((cos(x)-exp(-x^2/2))/(x^2*(x-log(1+2*x))),x,0);
```

2.
```
x(1)=pi/4;
for k=2:100;
    x(k)=sin(x(k-1));
end
k=1:100;
scatter(k,x,8,'filled'),grid
symsx
a=limit((sin(x)/x)^(1/x^2),x,0);disp(a)
```

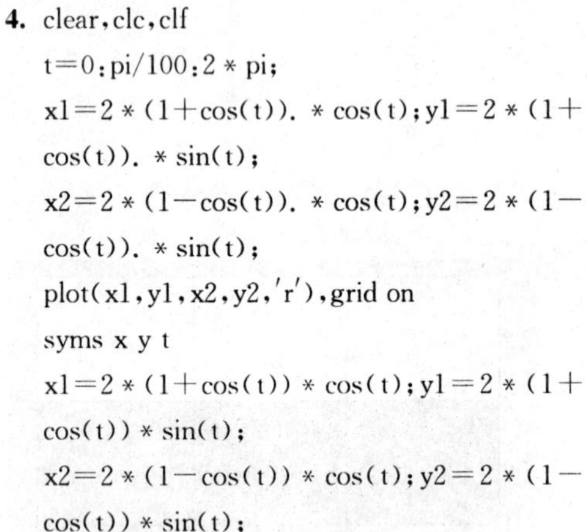

4.
```
clear,clc,clf
t=0:pi/100:2*pi;
x1=2*(1+cos(t)).*cos(t);y1=2*(1+
cos(t)).*sin(t);
x2=2*(1-cos(t)).*cos(t);y2=2*(1-
cos(t)).*sin(t);
plot(x1,y1,x2,y2,'r'),grid on
syms x y t
x1=2*(1+cos(t))*cos(t);y1=2*(1+
cos(t))*sin(t);
x2=2*(1-cos(t))*cos(t);y2=2*(1-
cos(t))*sin(t);
dx1=diff(x1,t);dy1=diff(y1,t);k1=subs
(dy1,pi/2)/subs(dx1,pi/2);
dx2=diff(x2,t);dy2=diff(y2,t);k2=subs
(dy2,pi/2)/subs(dx2,pi/2);
x=-2:2;y1=2+k1*x;y2=2+k2*x;y=[y1;y2];
hold on
plot(x,y)
```

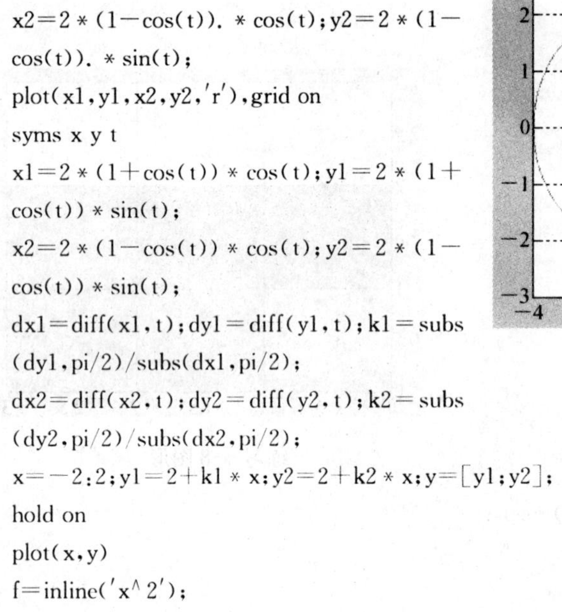

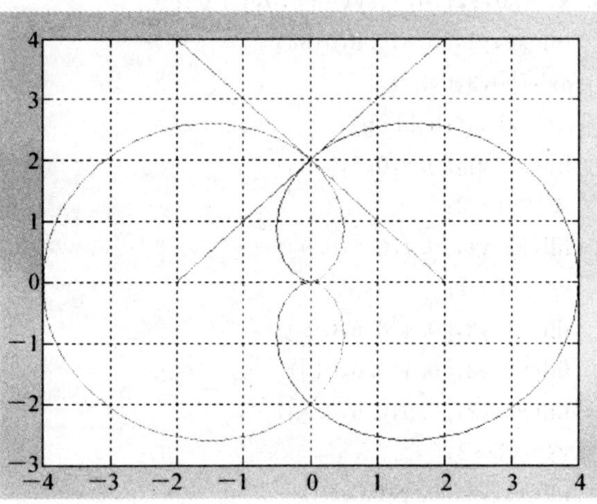

练习 5-4 图形

5.
```
f=inline('x^2');
x0=1/2;x1=3/2;
x=0:.1:2;y=x.^2;
plot(x,y),grid on
hold on
for x2=3/2:-0.1:0.6;
    y2=(f(x2)-f(x0))/(x2-x0)*(x-x0)+f(x0);
    plot(x,y,x,y2,'r'),grid on
    pause(2)
```

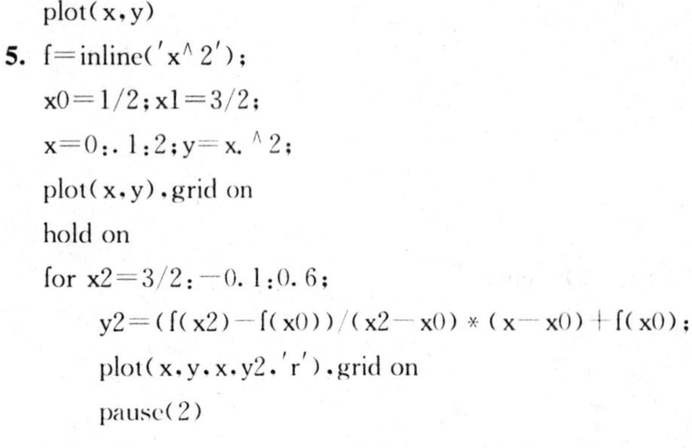

```
    axis([0, 2,-1,4])
  end
  y3=(x-x0)+f(x0);
  plot(x,y3,'g'),axis([0, 2,-1,4])
```

7.
```
V=10:1:120;y=[];n=length(V);
for i=1:n
    f=@(x)(4*acos(x/2)-x^2*tan(acos(x/2)))*25.4-V(i);
    x=fzero(f,1);
    y=[y,x];
end
plot(V,y),grid
```

8.
```
a=1;b=4;f=inline('x*log(1+x)');
k=(f(4)-f(1))/3;
syms x;y=x*log(1+x);dy=diff(y,x);
x0= solve ('log(1+x)+x/(1+x)=1.9149','x');
x=1:.1:4;
y1=x.*log(1+x);y2=k*(x-1)+f(1);
y3=k*(x-x0)+f(x0);
y=[y1;y2;y3];plot(x,y),grid
legend('y=xln(1+x)','割线','切线',4)
hold on
plot(x0,f(x0),'ro')
text(2.4,2.8,'\leftarrow 切点')
```

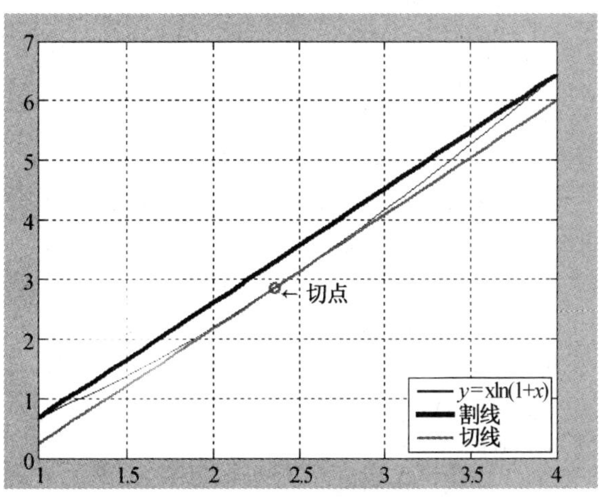

练习 5-8 图形

11.
```
f=inline('(x^2+1)*sin(x^2+x-1)');
fplot(f,[-4,3]),gridon
[x,f]=fminbnd(f,-4,3);
```

14. 解 容器体积为半球体体积与圆锥体体积之和，所以 $V=V_1+V_2=8\pi$，当水面高度为 h 时，由球缺体积公式：$V=\frac{\pi}{3}(3R-h)h^2$，由此得到 $\frac{\pi}{3}(3R-h)h^2=4\pi$，代入 $R=2$ 并消去 π，得到方程 $(6-h)h^2=12$，解之得 $h=1.6635$

```
f=inline('6*x^2-x^3-12');
a=fzero(f,2);
```

第 6 章

1.
```
clear,clc
t=0:pi/100:2*pi;r=0:.1:sqrt(2);
[R,T]=meshgrid(r,t);
x=R.*cos(T);y=R.*sin(T);z=x.^2+y.^2;
mesh(x,y,z)
figure(2)
t=0:pi/100:2*pi;r=0:.1:2;
[R,T]=meshgrid(r,t);
```

```
x=R.*cos(T);y=R.*sin(T);z=sqrt(x.^2+y.^2);z1=-z;
mesh(x,y,z),hold on,mesh(x,y,z1),hold off
figure(3)
x=0:.1:1;[X,Y]=meshgrid(x);Z=1-X-Y;mesh(X,Y,Z)
figure(4)
u=0:pi/100:2*pi;v=0:pi/100:pi;[U,V]=meshgrid(u,v);
x=sqrt(2)*cos(U).*sin(V);y=sqrt(3)*sin(U).*sin(V);z=2*cos(V);
mesh(x,y,z)
figure(5)
x=-1:.1:1;[X,Y]=meshgrid(x);Z=X.*Y;mesh(X,Y,Z)
figure(6)
R=2;r=1;syms u v;
ezmesh((R+r*cos(u))*cos(v),(R+r*cos(u))*sin(v),r*sin(u),[-pi,pi]);
axis equal;
```

2.

```
clear,clc,clf
t=[0:0.01:2*pi+0.01]';s=t';
x=2*sin(t)*cos(s);y=2*sin(t)*sin(s);z=2*cos(t)*(0*s+1);
t1=t;s1=[-2:.01:2];
x1=1+cos(t1)*(0*s1+1);y1=sin(t1)*(0*s1+1);
z1=(0*t1+1)*s1;
figure('color',[1,1,1])
h=surf(x,y,z);
hold on
h1=surf(x1,y1,z1);
view(120,9),
light('position',[2,1,2])
lighting phong;
shading interp;axis off
camlight(-220,-170)
axis equal
set(h,'facecolor',[0,0.8,0]);
set(h1,'facecolor',[1,0,1])
```

3.

```
x=0:.003:1;
[X,Y]=meshgrid(x);
Z=X.*Y;
a=size(X);
for i=1:a(1)
    for j=1:a(2);
        if X(i,j)+Y(i,j)>1
            Z(i,j)=0;
        end
    end
end
```

```
figure('color',[1,1,1])
h=surf(X,Y,Z);
light('position',[2,1,2])
lighting phong;
shading interp;axis off
camlight(-220,-170)
set(h,'facecolor',[0.8,0.5,0.6]);
y1=0:.02:1;
[Y1,Z1]=meshgrid(y1);
X1=1-Y1;
hold on
mesh(X1,Y1,Z1)
xlabel('X'),ylabel('Y'),zlabel('Z'),
axis([0,1,0,1,0,0.2])
t=0:.01:1;
x=t;y=1-t;z=x.*y;
plot3(x,y,z,'r')
```

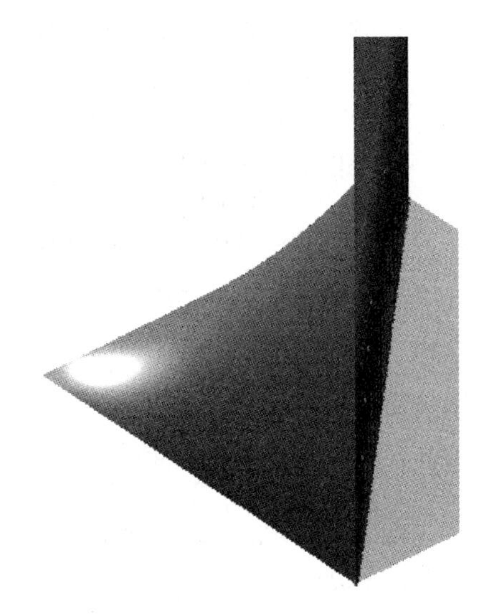

练习 6-3 图形

6.
```
syms x y
z=x^2/y;a=[1,1];a=a/norm(1,1);
zx=diff(z,x);zx1=subs(zx,1);zx2=subs(zx1,2);
zy=diff(z,y);zy1=subs(zy,1);zy2=subs(zy1,2);
nz=[zx2,zy2];
df=nz.*a;diff(df)
```

7.
```
fun=('-x(1)*x(2)');
x0=[0,1];
A=[];b=[];Aeq=[1 1];beq=1;lb=[0,0];ub=[];
[x,fval]=fmincon(fun,x0,A,b,Aeq,beq,lb,ub);
disp([x,fval])
```

9.
```
syms x y z)
I1=int(int(x+y^2,y,1,x),x,1,2);
I2=int(int(sin(y)/y,y,sqrt(x),1),x,0,1);
a=solve('x=3-x','x');b=solve('2*x=3-x','x');
I31=int(x+y^2,y,x,2*x);I32=int(x+y^2,y,x,3-x);
I3=int(I31,0,b)+int(I32,b,a);
I4=int(int(int(x+2*y+3*z,z,0,(12-x-3*y)/6),y,0,(12-x)/3),x,0, 2);
I5=2*pi*int(int(y^3+y*z,z,2*y^2,6-y^2),y,0,sqrt(2));
I6=int(int(int(1/(1+x+y+z)^3,z,0,1-x-y),y,0,1-x),x,0,1);
```

10. 解 形体是由两张抛物面和一个圆环形成的,外抛物面在 xOy 坐标面上的投影为单位圆,内抛物面在 xOy 坐标面上的投影为半径为$\frac{1}{\sqrt{2}}$的圆,先由曲面积分求出抛物面的面积再加上圆环面积得到立体的表面积.

```
t=0:pi/1000:2*pi;r=0:.001:1;
[R,T]=meshgrid(r,t);
```

```
x=R. * cos(T);y=R. * sin(T);
z=2 * (x. ^ 2+y. ^ 2);
mesh(x,y,z)
t=0:pi/1000:2 * pi;r=0:.001:1/sqrt(2);
[R,T]=meshgrid(r,t);
x=R. * cos(T);y=R. * sin(T);
z=4 * (x. ^ 2+y. ^ 2);
hold on
mesh(x,y,z)
syms x
S1=2 * pi * int(x * sqrt(1+16 * x^ 2),x,0,
1);
S2=2 * pi * int(x * sqrt(1+64 * x^ 2),x,0,1/
sqrt(2));
S=S1+S2+pi/2;
```

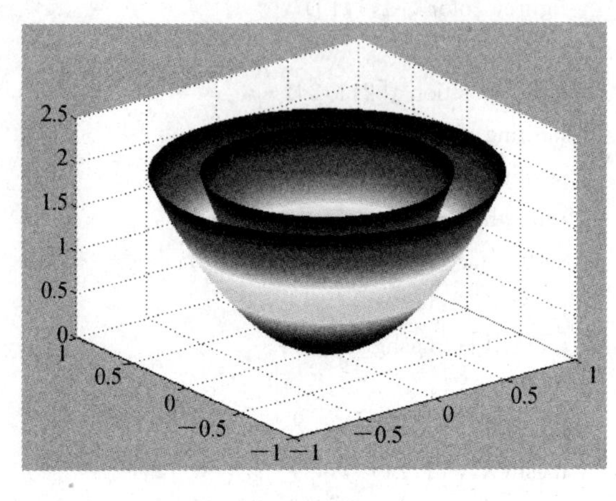

练习 6-10 图形

第7章

1.
```
syms k n
L1=limit(symsum(1/(k * (k+1) * (k+2)),k,1,n),n,inf);
L2=limit(symsum(1/(k * (k+4)),k,1,n),n,inf);
L3=limit(symsum(1/k^ 2,k,1,n),n,inf);
L4=limit(symsum(1/(2 * k-1)^ 2,k,1,n),n,inf);
L5=limit(symsum((-1)^ (k-1)/k,k,1,n),n,inf);
L6=limit(symsum(k/gamma(k+1),k,1,n),n,inf);
disp([L1,L2,L3,L4,L5,L6])
```

2.
```
syms k n
L1=limit(symsum(1/(k * (k+1) * (k+2)),k,1,n),n,inf);
L2=limit(symsum(1/(k * (k+4)),k,1,n),n,inf);
L3=limit(symsum(1/k^ 2,k,1,n),n,inf);
L4=limit(symsum(1/(2 * k-1)^ 2,k,1,n),n,inf);
L5=limit(symsum((-1)^ (k-1)/k,k,1,n),n,inf);
L6=limit(symsum(1/(2 * k-1)/2^ k,k,1,n),n,inf);
disp([L1,L2,L3,L4,L5,L6]).
```

3.
```
syms k n x
L1=limit(symsum(x^ k/k,k,1,n),n,inf);
L2=limit(symsum(x^ (k-1)/gamma(k),k,1,n),n,inf);
L3=limit(symsum((-x)^ (k-1)/k/2^ k,k,1,n),n,inf);
L4=limit(symsum(x^ (k+1)/k/(k+1),k,1,n),n,inf);
L5=limit(symsum(x^ k * k/gamma(k-1),k,1,n),n,inf);
disp([L1,L2,L3,:4,L5])
```

6.
```
x1=-pi:pi/30:0;x2=0:pi/30:pi;
y1=x1-2;y2=x2+1;
x=[x1,x2];y=[y1,y2];
```

```
plot(x,y,'r'),grid on,hold on
axis([-pi,pi,-2-pi,pi+1])
symsx
for i=1:19
    a(i)=int((x+1)*cos(i*x),0,pi)/pi
+int((x-2)*cos(i*x),-pi,0)/pi;
    b(i)=int((x+1)*sin(i*x),0,pi)/pi
+int((x-2)*sin(i*x),-pi,0)/pi;
    c(i)=(cos(i*x));s(i)=(sin(i*x));
end
a0=int(x+1,0,pi)/pi+int(x-2,-pi,
0)/pi;
T=a0/2+sum(a.*c+b.*s);
t=-pi:pi/30:pi;
T=subs(T,t);
plot(t,T), title('n=19')
```

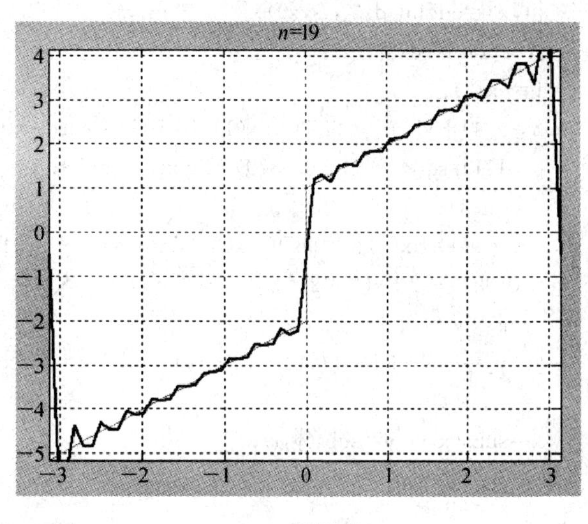

$n=19$ 的图形

第 8 章

1.
```
clear,clc,clf
y=dsolve('Dy=2*x+y','y(0)=1/2','x');
x=0:.1:2;y=subs(y,x);
plot(x,y),grid
y=dsolve('D2y-7*Dy+10*y=20*x+3*exp(x)-exp(3*x)','y(1)=2.1','Dy(1)=2','x');
x=1:.01:1.5;
y=subs(y,x);figure(2);
plot(x,y),grid
[x,y]=dsolve('Dx=y+1','Dy=x+1','x(0)=-2','y(0)=2','t');
t=0:.01:2;
x=subs(x,t);y=subs(y,t);
figure(3);
plot(x,y),grid
```

2.
```
clear,clc
f=inline('2*x+y');
ts=0:.1:2;x0=1/2;
[t,x]=ode45(f,ts,x0);
plot(t,x),grid                  %题 1
ts=1:.01:1.5;x0=[2,1];
[t,x]=ode45('dx1',ts,x0);
plot(t,x(:,1)),grid             %题 2
ts=0:.01:2;x0=[-2,2];
[t,x]=ode45('dx2',ts,x0);
plot(t,x(:,1),t,x(:,2)),grid    %题 3
```

3.
```
ts=0:.1:2;x0=[1.2,0,0,-1.04935371];
```

[t,x]=ode45('dx3',ts,x0);
function f=dx3(t,x);
f=[x(2);
2*x(4)+x(1)-0.9879*(x(1)+0.0121)/sqrt((x(1)+0.0121)^2+x(3)^2)^3-0.9879*(x(1)-0.0121)/sqrt((x(1)+0.9879)^2+x(3)^2)^3;...
x(3);
-2*x(1)+x(3)-0.9879*x(3)/sqrt((x(1)+0.0121)^2+x(3)^2)^3-0.0121*x(3)/sqrt((x(1)+0.9879)^2+x(3)^2)^3];

4. syms x y t
[x,y]=dsolve('Dx=0.01*(20-y)*y','Dy=2','x(0)=0','y(0)=0');
t=0:001:10;
x=subs(x,t);y=subs(y,t);
plot(x,y),grid

第9章

1. p=[1,-2,5,-2];x=[3,5.2,-2.5];a=polyval(p,2);y=polyval(p,x);

2. p1=[1,0 0 0 2];r1=roots(p1); %题1
symsx,f=(2*x^3+2)^3-6;p=expand(f);
p2=sym2poly(p); %将符号多项式转化为向量形式再求根
r2=roots(p2); %题2
p3=[1 0 0 0 2 0 4 0 1];r3=roots(p3);
p4=[3,zeros(1,19),5,zeros(1,3),7,zeros(1,4),5,-4,0,0];
f=poly2sym(p4); %确定多项式一致
r4=roots(p4);

3. p1=[6 -4 13 -7 1,-5];p2=[1 0 1 -2];
[q,r]=deconv(p1,p2);
q=poly2sym(q);r=poly2sym(r); %返回多项式形式

4. (1) p1=[1,zeros(1,9),-1];f=poly2sym(p1);factor(f)

(2) a=zeros(1,3);p2=[1,a,1,a,1,a,1,a,1,a,1];f=poly2sym(p2); factor(f).

5. (1) p2=[1 2];syms x,f=(x-1)^2*(x+1);p1=sym2poly(f);
[a,b,r]=residue(p2,p1);;

结果 a=-0.2500 1.5000 0.2500
b=1.0000 1.0000 -1.0000
r=[]

即 $\dfrac{x+1}{(x-1)^2(x+1)}=\dfrac{-0.25}{x-1}+\dfrac{1.5}{(x-1)^2}+\dfrac{0.25}{x+1}$

(2) $\dfrac{x^3+2x-1}{(x^2-1)(x^2+x+1)^2}$;

(3) $\dfrac{x^6+3x^4-2x^2+x-3}{(x-1)(x+1)^2}$.

6. clear,clc
A=[3 1 1;2 1 2; 1 2 3];a=det(A);
A=2*ones(5);B=3*eye(5);A=A+B;

```
    b=det(A);a=[a,b];
    c=1:7;A=vander(c);
    b=(-1)^21*det(A);a=[a,b];
    disp(a)
```

7.
```
n=11;A=ones(n);
for i=2:(n+1)/2;
    a=[zeros(1,i-1),...                %换行
        2*ones(1,n-2*(i-1)),zeros(1,i-1)];
    for j=i:n-i+1
        A(j,:)=A(j,:)+a;
    end
end
disp(A)
```

修改 n 值,可以得到相类似的矩阵,例如对 $n=11$, 得到矩阵为

```
1  1  1  1  1  1  1  1  1  1  1
1  3  3  3  3  3  3  3  3  3  1
1  3  5  5  5  5  5  5  5  3  1
1  3  5  7  7  7  7  7  5  3  1
1  3  5  7  9  9  9  7  5  3  1
1  3  5  7  9  11 9  7  5  3  1
1  3  5  7  9  9  9  7  5  3  1
1  3  5  7  7  7  7  7  5  3  1
1  3  5  5  5  5  5  5  5  3  1
1  3  3  3  3  3  3  3  3  3  1
1  1  1  1  1  1  1  1  1  1  1
```

8.
```
n=15;
a1=5*ones(1,n);A1=diag(a1);
a2=6*ones(1,n-1);A2=diag(a2,1);
a3=2*ones(1,n-1);A3=diag(a3,-1);
A=A1+A2+A3;
disp(A)
```

9.
```
A=[1 1 1 1;1 0 -1 1;3 1 -1 3;3 2 1 3];
r=rank(A);t=trace(A);
disp([r t])
A1=rref(A);
B1=null(A);B2=null(A,'r');
```

10.
```
A=[3 4 4;2 2 1;1 2 2];n=size(A);
A1=[A,eye(n)];
for i=1:n
    A1(i,:)=A1(i,:)/A1(i,i);
    for j=i+1:n;
        A1(j,:)=A1(j,:)-A1(j,i)*A1(i,:);
    end
```

```
    end
    for i=n:-1:2
        for j=i-1:-1:1
            A1(j,:)=A1(j,:)-A1(j,i)*A1(i,:);
        end
    end
    disp(A1)
    B=A1(:,4:6);disp(B)
    disp(inv(A))
```

13.
```
    A=[1 -3 -1 1;3 -1 -3 4;1 5 -9,-8];
    b=[1 4 6]';A1=[A,b];
    r1=rank(A);r2=rank(A1);
    if r1==r2;
        B=null(A,'r');x=A\b;
        disp(B),disp(x)
    else
        x=A\b;disp(x)
    end
```

16.
```
    A=[5 2 9 -6;2 5 -6 9;9 -6 5 2;-6 9 2 5];
    L=eig(A);m=length(A);P=[];
    for i=1:m
        a=null(A-L(i)*eye(m));
        a=a/norm(a);P=[P,a];
    end
    B=inv(P)*A*P;disp(B)
    [V,D]=eig(A);B1=inv(V)*A*V;disp(B1)
```

17.
```
    a1=[1 0 0 0]';a2=[1 1 0 0]';a3=[1 1 1 0]';a4=[1 1 1 1 ]';A=[a1 a2 a3 a4];
    b1=[2 1 -1 1]';b2=[0 3 1 0]';b3=[5 3 2 1]';b4=[6 6 1 3]';B=[b1 b2 b3 b4];
    P=inv(A)*B;disp(P)
    x=[2 2 3 1]';
    y1=inv(A)*x;y2=inv(B)*x;
    disp([y1,y2])
    x1=null(A-B);disp(x1)
```

第 10 章

1.
```
    n=7;p=0.1;P1=binopdf(3,n,p);P2=binocdf(5,n,p)-binocdf(1,n,p);
    x=2:5;P3=sum(binopdf(x,n,p));
    disp([P1,P2,P3])
    Lambda=5;P1=poisspdf(4,Lambda);P2=poisscdf(6,Lambda)-poisscdf(2,Lambda);
    disp([P1,P2])
    mu=1/0.2;
    P1=expcdf(5,mu)-expcdf(1,mu);P2=1-expcdf(3,mu);
    disp([P1,P2])
```

```
mu=2;sigma=sqrt(5);
P1=normcdf(4,mu,sigma)-normcdf(-1,mu,sigma);P2=1-normcdf(0,mu,sigma);
disp([P1,P2])
```

2.
```
clear,clc,clf
n=3:3:21;m=length(n);p=0.25;
y=[];hold on
for i=1:m
    x=0:n(i);
    y=binopdf(x,n(i),p);
    plot(x,y),grid on
end
axis([0,12,0,0.5])
Lambda=2:2:10;
x=0:20;y=[];
m=length(Lambda);
for i=1:m;
    a=poisspdf(x,Lambda(i));y=[y;a];
end
figure(2);plot(x,y),grid on
legend('\lambda=2','\lambda=4','\lambda=6','\lambda=8','\lambda=10')
mu=2:2:10;m=length(mu);
x=0:20;y=[];m=length(mu);
for i=1:m;
    a=exppdf(x,Lambda(i));y=[y;a];
end
figure(3);plot(x,y),grid on
legend('\mu=2','\mu=4','\mu=6','\mu=8','\mu=10')
figure(4)
x=-4:.1:4;y=normpdf(x);
subplot(1,2,1)
plot(x,y),grid
x=-5:.1:10;y=normpdf(x,2.5,sqrt(4.9));
subplot(1,2,2)
plot(x,y),grid
```

3.
```
clear,clc
a=[0.1,0.9,0.95,0.99,0.995,0.999];
b=norminv(a);disp(b)
n=7:3:16;a=[0.005,0.01,0.05,0.1,0.9,0.95,0.99,0.995];
A=[];
for i=1:4
    b=chi2inv(a,n(i));
    A=[A;b];
end
```

```
disp(A)
n=7:3:16;a=[0.9,0.95,0.99,0.995,0.999,0.9995];
A=[];
for i=1:4
    b=tinv(a,n(i));
    A=[A;b];
end
disp(A)
```

(1) 设 $X\sim N(0,1)$

α	0.1	0.9	0.95	0.99	0.995	0.999
u_α	−1.2816	1.2816	1.6649	2.3263	2.5758	3.0902

(2) $X\sim\chi^2(n)$

n \ α	0.005	0.01	0.05	0.1	0.9	0.95	0.99	0.995
7	0.9893	1.2390	2.1673	2.8331	12.0170	14.0671	18.4753	20.2777
10	2.1559	2.5582	3.9403	4.8652	15.9872	18.3070	23.2093	25.1882
13	3.5650	4.1069	5.8919	7.0415	19.8119	22.3620	27.6882	29.8195
16	5.1422	5.8122	7.9616	9.3122	23.5418	26.2962	31.9999	34.2672

(3) 设 $X\sim t(n)$

n \ α	0.9	0.95	0.99	0.995	0.999	0.9995
7	1.4149	1.8946	2.9980	3.4995	4.7853	5.4079
10	1.3722	1.8125	2.7638	3.1693	4.1437	4.5869
13	1.3502	1.7709	2.6503	3.0123	3.8520	4.2208
16	1.3368	1.7459	2.5835	2.9208	3.6862	4.0150

4.

```
clear,clc
n=[5000, 25000,50000,100000,500000];
m=length(n);p=[];
for i=1:m
    A=rand(1,n(i));cnt=0;
    for k=1:n(i)
        if A(k)<0.5;
            cnt=cnt+1;
        end
    end
    p=[p,cnt/n(i)];
end
disp(p)
```

一个可能的结果为

n	5000	25000	50000	100000	500000
频率	0.5014	0.4968	0.4974	0.4996	0.5003

5.
```
clear,clc
n=[5000, 25000,50000,100000,500000];
p=[];
for i=1:5;
    cnt=0;
    for k=1:n(i)
        a=randperm(6);b=randperm(6);
        x=a(1);y=b(1);
        if x+y==8
            cnt=cnt+1;
        end
    end
    pl=cnt/n(i);
    p=[p,pl];
end
disp(p)
```

一个可能的结果为

n	5000	25000	50000	100000	500000
频率	0.1346	0.1344	0.1376	0.1406	0.1380

（该概率为 $\frac{5}{36}\approx 0.1389$ ）

6.
```
clear,clc
a=2:12;b=[1:6,5:-1:1];p=b/36;
ex=sum(a.*p);Dx=sum(a.^2.*p)-(ex)^2;
disp(ex),disp(Dx)
n=10000;
b=(85000-n*ex)/(100*sqrt(Dx));a=(65000-n*ex)/(100*sqrt(Dx));
p=normcdf(b)-normcdf(a);disp(p)
```

下面是数据模拟程序

```
clear,clc
n=1e3;m=1e4;cnt=0;
for i=1:n
    s=0;
    for k=1:m
        a=randperm(6);b=randperm(6);
        s=s+a(1)+b(1);
    end
    if s>65000 & s<80000
        cnt=cnt+1;
```

```
    end
end
p=cnt/n;disp(p)
```

两个概率均为1.

7.
```
clear,clc
a=[14.5,14.7,14.6,15.3,15.2,14.9,15.3,15.0,15.2,15.1,14.9,15.2];
[mu1,sigma1]=normfit(a);
b=[15.2,15.3,15.4,14.9,15.6,15.3,15.2,14.9,15.1,15.6,14.9,14.9];
[mu2,sigma2]=normfit(b);
disp([mu1,mu2,sigma1,sigma2])
length(a),length(b)
[h,sig,ci]=ttest2(a,b,sigma1,sigma2,0.1,'unequal')
```

9.
```
clear,clc
x=1:6;
y=[6.6357,3.9887,2.0982,0.0524,-2.0560,-3.7823];
plot(x,y,'r+'),grid on,hold on
p=polyfit(x,y,1);
y1=polyval(p,x);
plot(x,y1)
s=sum((y-y1).^2);disp(s)
y2=polyval(p,7);disp(y2)
```

10.
```
clear,clc,clf
x=[1,1.3,1.7,2.2,2.8,3.3];
y=[3.7095  4.5077  9.3364  13.0691 22.0566 29.6221];
scatter(x,y,10,'r','filled')
p=polyfit(x,y,2);
y1=polyval(p,x);
hold on,grid on
plot(x,y1)
s=sum((y-y1).^2);disp(s)
y2=polyval(p,3.5);disp(y2)
```

13.
```
clear,clc
t=[0.25,0.5,1 1.5 2 3 4 6 7 8];
x=[19.23 18.17 15.50 14.20 12.91 9.55 7.46 5.23 4.22,3.01];
plot(t,x,'+'),grid on,hold on
fun=inline('k(1)*exp(-k(2)*t)','k','t');
k0=[1,-1];
[k,r]=nlinfit(t,x,fun,k0);
disp(k)
fun=inline('20.2295*exp(-0.237*t)');
y=fun(t);
plot(t,y,'r')
```

14.
```
clear,clc
```

```
x=1:6;
y=[6.6357,3.9887,2.0982,0.0524,-2.0560,-3.7823];
plot(x,y,'r+'),grid on,hold on
a=ones(1,6);
x=[a',x'];y=y';
[b,bint,r,rint s]=regress(y,x);
y1=b(1)+b(2)*x;
plot(x,y1)
rcoplot(r,rint)
```

15.

```
clear,clc,clf
x1=[1.37 11.34 9.67 0.76 17.67 15.91 15.74 5.41];
x2=[9.08 1.89 3.06 10.2 0.05 0.73 1.03 6.25];
y1=[4.93 1.86 2.33 5.78 0.06 0.43 0.87 3.86];
n=length(y1);
x=[ones(n,1),x1',x2'];
[b,bint,r,rint,stats]=regress(y1',x);
x=0:0.2:18;y=0:0.2:11;
[X,Y]=meshgrid(x,y);
Z=b(1)*ones(56,91)+b(2)*X+b(3)*Y;
mesh(X,Y,Z),holdon
```

参考图为

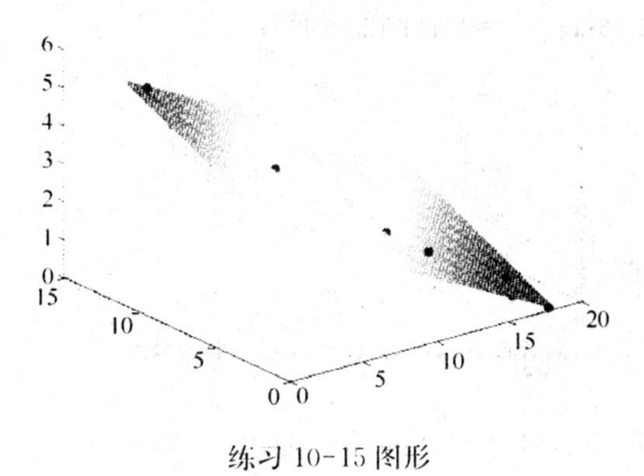

练习 10-15 图形

16.

```
clear,clc
n=1e6;cnt=0;
A=rand(n,3);A(:,1)=A(:,1)*2;A(:,2)=A(:,2)*2;A(:,3)=A(:,3)*3;
for i=1:n
    if A(i,3)>(A(i,1)^2+A(i,2)^2)/4 & sum(A(i,:).^2)<5
        cnt=cnt+1;
    end
end
```

```
p=cnt/n;disp(p*48)
```

第11章

1. (1)
```
c=[-3,1,1];
A=[1-2 1;4,-1 -2];b=[11,-3];
A1=[-2 0 1];b1=1;lb=[0 0 0];
[x,f]=linprog(c,A,b,A1,b1,lb);
disp([x',f])
```
(2)
```
clear,clc
c=[4 4 4 -2];
A=[-1 2 3 1;1-1 2 2;-2 -1 2 1];
b=[15 8 -2]';
lb=[0,0,0,1]';
ub=[8,6,5 inf]';
A1=[];b1=[];
[x,f]=linprog(c,A,b,A1,b1,lb);
disp([x',f])
```
3.
```
clear,clc
c=[3 2 -5 -2 3];c=-c;
A=[1 1 2 2 1;5 3 -3 1 2;-10 5 0 -3 3];
b=[5 10-3]';A1=[];b1=[];
[x,fval]=bintprog(c,A,b,A1,b1);
```
4.
```
clear,clc
c1=[7 9 11 13;13 12 15 16;14 16 19 15;11 12 16 14];
c=[];
for i=1:4
    c=[c,c1(i,:)];
end
A=[];
for i=1:4
    A=[A;zeros(1,4*(i-1)),ones(1,4),zeros(1,4*(4-i))];
end
a1=[1 0 0 0 ];a2=[0,1 0 0 ];a3=[0 0 1 00];a4=[0 0 0 1 ];
A2=[a1 a1 a1 a1;a2 a2 a2 a2;a3 a3 a3 a3; a4 a4 a4 a4];
A=[A;A2];
b=ones(8,1);
[x,fval]=bintprog(c,[],[],A,b);
y=[];x=x';
for i=1:4
    y=[y;x(1,4*(i-1)+1:4*(i-1)+4)];
end
x=y; disp(x),disp(fval)
```
5.
```
clear,clc
```

```
c1=[25 29 34 36 41;39 37 28 25 34;34 27 29 35 35;28 35 37 34 39];
c=[];
for i=1:4
    c=[c,c1(i,:)];
end
A2=[];
for i=1:4
    A2=[A2;zeros(1,5*(i-1)),ones(1,5),zeros(1,5*(5-i-1))];
end
a1=[1 0 0 0 0];a2=[0,1 0 0 0];a3=[0 0 1 0 0];a4=[0 0 0 1 0];a5=[0 0 0 0 1];
A1=[a1 a1 a1 a1,;a2 a2 a2 a2;a3 a3 a3 a3; a4 a4 a4 a4;a5 a5 a5 a5 ];
A=[-A2;A2];b=[-1 -1 -1 -1 2 2 2 2]';
b1=ones(5,1);
[x,fval]=bintprog(c,A,b,A1,b1);
y=[];x=x';
for i=1:4
    y=[y;x(1,5*(i-1)+1:5*(i-1)+5)];
end
x=y; disp(x),disp(fval)
```

6.
```
clear,clc
H=[3-1 0 0;-1 2 -1 0;0 -1 1 1;0 0 1 2];
c=[1 2 -1 3];
A=[3 2 -2 2];b=5;
A1=[1 2 1 -1];b1=1;
[x,f]=quadprog(H,c,A,b,A1,b1);
disp([x',f])
```

7.
```
f=@(x)2*x(1)^2+x(2)^2-2*x(1)*x(2)+2*x(1)-2*x(2);
x0=[0,0];
[x,fval]=fminsearch(f,x0);
disp([x,fval])
```

8.
```
x0=[10,10,10];
fun='-x(1)*x(2)*x(3)';
A=[-1,-2,-3;1 2 3];b=[0,72];
[x,fval,h]=fmincon(fun,x0,A,b);
disp([x,fval])
```

9.
```
x0=[1,1];
fun='2*x(1)*x(2)';
A=[-1,-2];b=-1;
[x,fval,h]=fmincon(fun,x0,A,b,[],[],[],[],'con9');
disp([x,fval,h])
function [c,ceq]=con9(x);
c=x(1)^2+x(2)^2-1;
ceq=[];
```

10.
```
fun='exp(x(1)*x(2)*x(3)*x(4)*x(5))'
A=[-1 0 0 0 0;0-1 0 0 0;0 0 -1 0 0;;0 0 0 -1 0;0 0 0 0 -1;...
   1 0 0 0 0;0 1 0 0 0;0 0 1 0 0;;0 0 0 1 0;0 0 0 0 1];
b=[2.3*ones(1,7),3.2*ones(1,3)]';x0=[-2 2 2 -1 -1]
[x,fval,h]=fmincon(fun,x0,A,b,[],[],[],[],'con10');
disp([x,fval,h])
function [c,ceq]=con10(x);
c=[];
ceq=[x(1)^2+x(2)^2+x(3)^2+x(4)^2+x(5)^2-10;...,
   x(2)*x(3)-5*x(4)*x(5);x(1)^3+x(2)^3+1];
```

参考文献

[1] 同济大学数学系. 高等数学[M]. 6版. 北京:高等教育出版社,2007.

[2] 同济大学数学系. 微积分[M]. 3版. 北京:高等教育出版社,2007.

[3] 萧树铁. 大学数学实验[M]. 2版. 北京:高等教育出版社,2006.

[4] 姜启源. 大学数学实验[M]. 2版. 北京:清华大学出版社,2010.

[5] 同济大学数学系. 线性代数[M]. 5版. 北京:高等教育出版社,2007.

[6] 朱德通. 最优化模型与实验[M]. 上海:同济大学出版社,2005.

[7] 同济大学数学系. 概率统计[M]. 4版. 上海:同济大学出版社,2009.

[8] 同济大学计算数学教研室. 现代数值数学和计算[M]. 上海:同济大学出版社,2004.

[9]《运筹学》教材编写组. 运筹学[M]. 北京:清华大学出版社,2005.

[10] 卓金武. MATLAB在数学建模中的应用[M]. 北京:北京航空航天出版社,2010.

[11] 汪晓银. 数学建模与数学实验[M]. 2版. 北京:科学出版社,2010.

[12] 同济大学数学系. 工程数学[M]. 上海:同济大学出版社,2002.

[13] 许丽佳. MATLAB程序设计及应用[M]. 北京:清华大学出版社,2011.

[14] 陈怀琛. 线性代数实验及MATLAB入门[M]. 北京:电子工业出版社,2005.

[15] 姜启源. 数学模型[M]. 4版. 北京:高等教育出版社,2011.

[16] 韩明. 数学实验[M]. 2版. 上海:同济大学出版社,2012.

[17] 薛毅. 运筹学与实验[M]. 北京:电子工业出版社,2008.